涂料基础配方与工艺

TULIAO JICHU PEIFANG YU GONGYI

胡飞燕 温立哲 徐朝华 刘芳 编著

東華大學出版社

内 容 提 要

本书侧重实际工艺与技术操作，内容涵盖了涂料的基础知识、涂料的原辅材料及检测、涂料配方设计、色漆的生产工艺及其性能检测，对金属涂料、塑料涂料、木器涂料、建筑涂料几种专用涂料进行了详尽的介绍，注重理论与实践相结合。

本书内容贴近涂料生产实际，简单易懂，重要内容均通过具体的生产实例进行进一步的解读，既可作为涂料企业员工培训读本，也可作为高等学校、职业院校涂料专业或化工类专业（涂料方向）的教材和参考书。

图书在版编目(CIP)数据

涂料基础配方与工艺 / 胡飞燕等编著. — 上海：东华大学出版社，2013.6

ISBN 978-7-5669-0294-8

Ⅰ.①涂… Ⅱ.①胡… Ⅲ.①涂料—配方②涂料—生产工艺 Ⅳ.①TQ630.6

中国版本图书馆 CIP 数据核字(2013)第 129477 号

责任编辑：杜燕峰
封面设计：魏依东

涂料基础配方与工艺
胡飞燕　温立哲　徐朝华　刘　芳　编著
东华大学出版社出版
上海市延安西路 1882 号
出版社网址：http://www.dhupress.net
天猫旗舰店：http://dhdx.tmall.com
邮政编码：200051　电话：(021)62193056
新华书店上海发行所发行　常熟大宏印刷有限公司印刷
开本：787 mm×1092 mm　1/16　印张：13.5　字数：337 千字
2013 年 6 月第 1 版　2019 年 1 月第 2 次印刷
ISBN 978-7-5669-0294-8
定价：32.00 元

前　　言

目前，我国涂料年产量愈千万吨，是全球第一大涂料生产国，涂料行业对于涂料技术应用型人才的需求十分旺盛。随着行业的发展，涂料行业对人才的要求也越来越高，涂料工作者迫切需要提高自身技能。

为了进一步促进人才培养和涂料科技的发展，编者结合近年来的实践、科研与教学经验，组织编写了《涂料基础配方与工艺》一书。书中引入大量实践生产例子和配方，内容贴近涂料生产实际，简单易懂，实操性强，重要内容均通过具体的生产实例进行进一步的解读。读者通过本书的学习能有效提高从事涂料行业的技术技能和实践能力。全书一共8个单元，内容涵盖了涂料的基础知识、涂料的原辅材料及检测、涂料配方设计、色漆的生产工艺及其性能检测，对金属涂料、塑料涂料、木器涂料、建筑涂料几种专用涂料亦进行了详尽的介绍。本书第1、2、4、7单元由胡飞燕编写，第3、5单元由温立哲、胡飞燕编写，第6、8单元由徐朝华、刘芳编写，全书由胡飞燕统稿。

本书重基础，重实践，重技能，在章节中穿插各种涂料的配方、制作工艺、检测方法和生产设备图片，是一本涂料人入门、涂料工作者提高技能的实用技术用书。它不仅为从事涂料行业的相关人员提供了合适的培训读本，而且可以满足国内高等院校、职业院校涂料专业或以涂料为主要方向的化工专业教学的需求，是师生适用的教材和参考书。

本书在编写过程中得到了江门职业技术学院化工实验实训中心、江门市新会区金桥化工厂、江门制漆厂有限公司、江门市恒光新材料有限公司、广东嘉宝莉化工集团等涂料企业的支持和一些学生、朋友的帮助，在此深表感谢。由于编者水平有限，书中疏漏之处在所难免，敬请读者批评指正。

编　者

2013年3月

前言

目　录

第 1 单元

涂料的基础知识

涂料，是一种可以采用不同的施工工艺涂覆在物件的表面上，形成具有一定强度且连续的固态薄膜的材料。这样形成的膜通称涂膜，又称漆膜或涂层。早期的涂料以油脂和天然树脂为原料，传统称为油漆；随着科学的发展，各种合成树脂和改性油已成为造漆的主要原料，并已逐渐趋向不使用植物油。因此，油漆的含义已发生了根本的变化，而称其为有机涂料或简称涂料。但在行业里，“油漆”的称呼流传至今，如金属漆、塑料漆、木器漆、乳胶漆等，这些名称在涂料工厂使用得更为普遍和广泛，为使全书更贴近实践情境在书中也多有用到。与之相对应的金属涂料、塑料涂料、木器涂料、乳胶涂料或称建筑涂料（内外墙涂料、混凝土涂料）等则是较为书面的表达方式。

1.1　涂料发展概况

涂料的发展史一般可分为三个阶段：

(1) 天然成膜物质的使用；

(2) 涂料工业的形成；

(3) 合成树脂涂料的生产。

1.1.1　天然成膜物质的使用

人类生产和使用涂料的历史可以上溯到石器时代。从已经发现的大量考古资料证实，在距今 7 000 年前的原始社会，人类就已使用野兽的油脂、草类和树木的汁液与天然颜料等配制原始的涂饰物质，用羽毛、树枝等进行绘画，以达到装饰的目的，这可以说是涂料的雏型，也是涂料发展的原始阶段。随着人类社会的进步，在进入铜器时代以后，当时的文明古国在直接利用天然物质配制涂料方面都有不同的进展。

中国是发展涂料最早的国家之一，所取得的成就显示出中国人民的聪明智慧。早在商代（公元前约 17～11 世纪）就已经从野生漆树取下天然漆用于装饰器具以及宫殿、庙宇。到春秋时代(公元前770～476年)就已掌握了熬炼桐油制涂料的技术,战国时代(公元前475年～前221年)已能用生漆和桐油复配涂料,这就说明了中国较早地掌握了对天然物质加工利用配制涂料的技术和使用多种成膜物质的技术,也开创了在涂料中使用助剂的技术,推动涂料发展到一个新时代。从长沙马王堆汉墓出土的漆棺和漆器的漆膜坚韧,保护性能优异,充分说明在公元前2世纪,中国使用生漆的技术已非常成熟。由桐油和大漆的应用而形成“油漆”的习惯称呼,一直流传至今。世界上其他文明古国对涂料的生产和应用也作出过贡献:公元前巴比伦人已使用沥青作为木船的防腐涂料,希腊人掌握了蜂蜡涂饰技术,埃及人用阿拉伯树胶制作涂料等。

由此开始,涂料逐渐成为人类生活必需品。随着社会的前进,人类通过上千年的实践,掌握了利用多种天然物质制作涂料的技术,不断发展涂料品种。但18世纪前的近2 000年的过程中,由于社会生产力的限制,涂料的生产和应用还主要依靠实践的经验,保留生产和应用合一的形式,由应用者自己生产,且都是个体或小作坊的手工作业生产方式,其中一部分还是作为工艺品进行生产的。

1.1.2 涂料工业的形成

17世纪中叶,欧洲各国的工业革命促使涂料发展进入一个新时期。一方面,由于社会生产力的发展和生活水平的提高,对涂料的品种和质量不断提出新的要求,推动涂料向前发展;另一方面,科学技术的进步,化学学科特别是有机化学的建立为涂料的开发研究提供了理论基础,而其他工业的建立为涂料的大批量生产准备了条件。18世纪以后,首先在欧洲涂料有了迅速的发展,厂家广泛利用各种天然物质,采用新的加工技术,涂料品种不断增加,涂料质量明显提高。在1790年英国建立起第一个油漆厂以后,涂料开始形成工业生产体系,涂料从手工艺品正式转变为工业产品,涂料的生产和应用开始分离,生产技术由涂料施工工匠转到生产工厂,由手工作业转变为机器生产,开始出现了独立的涂料工业。同时,由于当时工业化生产的需要,涂料的科学研究受到重视,逐步形成了一个属于有机化学领域的分支学科,开始了用科学理论指导发展的阶段。到19世纪下半叶,涂料工业经过百年的发展已成为当时重要的化学工业之一,涂料的科学研究成为重要研究内容,涂料科学理论内容逐步完善,形成一个专门的学科。

1.1.3 合成树脂涂料的生产

19世纪中期,随着合成树脂的出现,涂料成膜物质发生了根本的变革,形成了合成树脂涂料时期。

1855年,英国人A·泊克斯取得了用硝酸纤维素(硝化棉)制造涂料的专利权,建立了第一个生产合成树脂涂料的工厂。

1909年,美国化学家L. H贝克兰试制成功醇溶性酚醛树脂。

1925年,硝酸纤维素涂料的生产达到高潮。与其同时,酚醛树脂涂料也广泛应用于木器家具行业。

1927年,美国通用电气公司的R. H基恩尔突破了植物醇解技术,发明了用于干性油脂肪酸制备醇酸树脂的工艺，醇酸树脂涂料迅速发展为主流的涂料品种，摆脱了以干性油和天然树脂混合炼制涂料的传统方法，开创了涂料工业的新纪元。

第二次世界大战结束后，合成树脂涂料发展很快，品种很多。

英、美、荷(壳牌公司)、瑞士(汽巴公司)在40年代后其首先生产环氧树脂，为发展新型防腐漆涂料和工业底漆提供了新的原料。50年代初，性能广泛的聚氨酯涂料在联邦德国拜耳公司投入工业化生产。1950年，美国杜邦公司开发了丙烯酸树脂涂料，逐渐成为汽车涂料的主要品种，并发展到轻工、建筑等部门。第二次世界大战后，丁苯乳胶过剩，美国积极研究用丁苯乳胶制造水乳胶涂料。20世纪50～60年代，又开发了聚醋酸乙烯酯胶乳和丙烯酸乳胶涂料。这些都是建筑涂料的最大品种。1952年杜邦德国克纳萨克·格里赛恩公司发明了乙烯类树脂热塑粉末涂料。壳牌化学公司开发了环氧粉末涂料。美国福特汽车公司1961年开发了电沉积涂料，并实现工业化生产。此外，1968年联邦德国拜耳公司首先在市场出售光固化木器漆。乳胶涂料、水溶性涂料、粉末涂料和光固化涂料，使涂料产品中的有机溶剂用量大幅度下降，甚至不使用有机溶剂，开辟了低污染涂料的新领域。随着电子技术和航天技术的发展，以有机硅树脂为主的元素有机树脂涂料在20世纪50～60年代发展迅速，在耐高温涂料领域占据重要地位。这一时期开发并实现工业化生产的还有杂环树脂涂料、橡胶类涂料、乙烯基树脂涂料、聚酯涂料、无机高分子涂料品种。

20世纪70年代以来，由于石油危机的冲击，涂料工业向节省资源、能源，减少污染、有利于生态平衡和提高经济效益的方向发展，具体表现为高固体涂料、水型涂料、粉末涂料和辐射固化涂料的开发。

80年代涂料发展的重要标志是杜邦公司发现的基因转移聚合方法，基因转移聚合可以控制聚合物相对分子质量和相对分子质量分布以及共聚物的组成，是制备高固体份涂料用聚合物的理想聚合方法。有人认为它是高分子化学发展的一个新的里程碑，但却首先在涂料上得到应用。

90年代初，世界发达国家进行了“绿色革命”，对涂料工业是个挑战，促进了涂料工业向“绿色”涂料方向大步迈进。以工业涂料为例，在北美和欧洲，1992年常现溶剂型涂料占49%，到2000年降为26%；水性涂料、高固体份涂料、光固化涂料和粉末涂料由1992年的51%增加到2002年的74%。

近30年来涂料的新产品、新技术不断发展，生产规模不断扩大，涂料成为现代国民经济和人民生活必需的重要材料。2002年，我国涂料年产量达到201.57万吨，首次超过日本，成为世界第二大涂料生产国。2009年中国涂料产量达755.44万吨，首次跃居世界第一。

现代的涂料工业已成为现代化学工业的一个重要行业，涂料科学也已发展为现代高分子科学中的一个分支，涂料科学的进展也推动了涂料生产和应用向新的高度发展。

1.2　涂料的发展方向

涂料工业的技术发展主要体现在“四化”——水性化、粉末化、高固体份化和光固化，如图1-1所示。

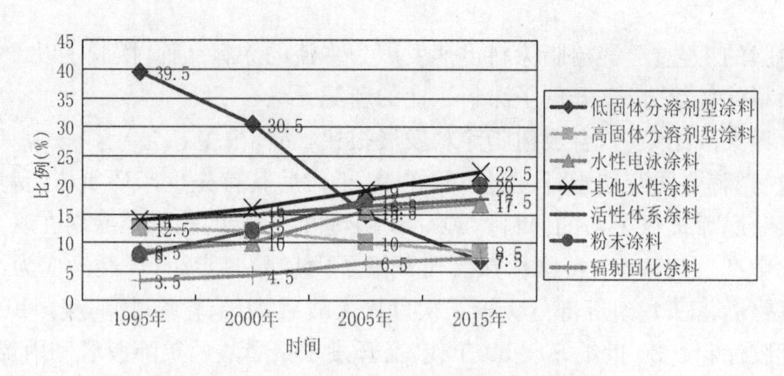

图 1-1　世界涂料工业总体技术的发展

1. 涂料的水性化

在水性涂料中，乳胶涂料占绝对优势，此外，水分散体涂料在木器、金属涂料领域的技术、市场发展很快。水性涂料重要的研究方向有以下几个方面：

（1）成膜机理的研究。这方面的研究主要是改善涂膜的性能；

（2）施工应用的研究；

（3）水性聚氨酯涂料。这是近年来迅速发展的一类水性涂料，它具有一般聚氨酯涂料所固有的高强度、耐磨等优异性能，而且对环境无污染，中毒和着火的危险性小。由于水性聚氨脂树脂分子内存在氨基甲酸酯键，所以水性聚氨酯涂料的柔韧性、机械强度、耐磨性、耐化学药品及耐久性等都十分优异，欧、美、日均将其视为高性能的现代涂料品种大力研究开发。

2. 涂料的粉末化

在涂料工业中，粉末涂料属于发展最快的一类。由于世界上出现了严重的大气污染，环保法规对污染控制日益严格，要求开发无公害、资源节约型涂料品种。因此，无溶剂、100％地转化成膜、具有保护和装饰综合性能的粉末涂料，便因其具有独有的经济效益和社会效益而获得飞速发展。

3. 涂料的高固体份化

在环境保护措施日益强化的情况下，高固体份涂料有了迅速发展。采用脂肪族多异氰酸酯和聚已内酯多元醇等低黏度聚合物多元醇，可制成固体份高达 100％的聚氨酯涂料。该涂料各项性能均佳，施工性好。用低黏度 IPDI 三聚体和高固体份羟基丙烯酸树脂或聚酯树脂配制的双组份热固性聚氨酯涂料，其固体含量可达 70％以上，且黏度低，便于施工，室温或低温可固化，是一种非常理想的高装饰性高固体份聚氨酯涂料。

4. 涂料的光固化

光固化涂料也是一种不用溶剂、节省能源的涂料，目前在木质和塑料产品的涂装领域广泛应用。在欧洲和发达国家，光固化涂料市场潜力大，很受大企业青睐，主要是流水作业的需要。美国现有 700 多条大型光固化涂装线，德国、日本等大约有 40％的木质或塑料包装物采用光固化涂料。最近又开发出聚氨酯丙烯酸光固化涂料，它是将有丙烯酸酯端基聚氨酯齐聚物溶于活性稀释剂（光聚合性丙烯酸单体）中而制成的。它既保持了丙烯酸树脂的光固化特性，也具有特别好的柔性、附着力、耐化学腐蚀性和耐磨性。

1.3　涂料的作用

人类自古以来就使用涂料。古埃及人的木乃伊箱和闻名世界的中国瓷器，到现代生活中我们所接触的各类生产和生活用具，都离不开涂料。概括起来涂料的作用大致有如下几方面：

1. 保护作用

涂料涂布于物体表面形成漆膜，一方面能保持物体表面的完整，另一方面能使物体与环境隔绝起来，免受各种环境条件，如日光、空气、雨水、腐蚀性气体和化学药品等所引起的损害。对金属来说，有些涂料还能起缓蚀作用，如磷化底漆可使金属表面钝化。一座钢铁桥梁如果不用涂料保护，其寿命只有几年，而用涂料保护并且维修得当，则可以有百年以上的寿命。

2. 装饰作用

房屋、家具、日常用品涂上涂料使人感到美观。机器设备涂上锤纹漆，不但美观，而且可以经常用水或上光油擦洗打光。

3. 色彩标志

目前，应用涂料作标志的色彩在国际上已逐渐标准化。各种化学品、危险品的容器可利用涂料的色彩作为标志；各种管道、机械设备也可用各种颜色的涂料作为标志；道路划线、交通运输也可用不同色彩的涂料来表示警告、危险、停止、前进等信号。

4. 特殊用途

这方面的用途日益广泛。船底被海生物附殖后就会影响航行速度，在船底使用防污漆就能使海生物不再附殖；导电的涂料可移去静电，而电阻大的涂料却可达到加热保温的目的；空间计划中需要能吸收或反射辐射的涂料，导弹外壳的涂料在其进入大气层时能消耗自身同时也能使摩擦生成的强热消散，从而保护了导弹外壳；吸收声音的涂料可使潜艇增加下潜深度。

5. 其他作用

在日常生活中，涂料可用于纸、塑料薄膜、皮革服装等上面，使它们有抗水或抗皱的性能。

1.4　涂料的组成

涂料一般由不挥发分和挥发分组成。它在物体表面涂布后，其挥发分逐渐挥发逸去，留下不挥发分干燥后成膜，所以不挥发分又称为成膜物质。成膜物质又可分为主要、次要、辅助成膜物质三类。

主要成膜物质可以单独成膜，也可以与黏结材料等次要成膜物质共同成膜，它是涂料的基础，简称基料。涂料的各组分可由多种原材料组成，见表1-1。

表 1-1 涂料的组成

组 成		原 料
主要成膜物质	油料	动物油：鲨鱼油、带鱼油、牛油等 植物油：桐油、豆油、蓖麻油等
	树脂	天然树脂：虫胶、松香、天然沥青等 人造树脂：硝化纤维素、醋酸纤维素、各种松香衍生物等 合成树脂：酚醛、醇酸、氨基、丙烯酸酯树脂等
次要成膜物质	颜料	无机颜料：钛白粉、氧化锌、铬黄、铁蓝、炭黑等 有机颜料：甲苯胺红、酞菁蓝、耐晒黄等 防锈颜料：红丹、锌铬黄、偏硼酸钡等
	填料	滑石粉、碳酸钙、硫酸钡等
辅助成膜物质	助剂	增塑剂、催干剂、固化剂、稳定剂、防霉剂、防污剂、乳化剂、润湿剂、防结皮剂等
挥发分	溶剂与稀释剂	石油溶剂（如 200 号油漆溶剂）、苯、甲苯、二甲苯、氯苯、松节油、环戊二烯、醋酸丁酯、丁醇、乙醇等

表中组成是对一般色漆而言，由于涂料的品种不同，有些组成可以省略。如各种罩光清漆就是没有颜料和体质颜料的透明体；腻子是加入大量体质颜料的稠厚浆状体；色漆（磁漆、调和漆和底漆在内）是加入适量的颜料和体质颜料的不透明体。有低黏度的液体树脂做基料，不加入挥发性的稀释剂的称为无溶剂涂料；基料呈粉状而又不加入溶剂的称为粉末涂料；一般用有机溶剂的称为溶剂型涂料；而用水作稀释剂的称为水性涂料。

1.5 涂料的分类及命名

1.5.1 涂料的分类

对品种繁多的涂料进行分类是十分必要的，这有助于涂料产品的系列化和标准化。国际上涂料的分类有以下几种。

(1) 按施工方法，分为：刷用涂料、辊涂涂料、喷涂涂料、浸涂涂料、淋涂涂料、电泳涂料等。

(2) 按涂料使用对象，分为：金属涂料、塑料涂料、木器涂料、混凝土涂料、玻璃涂料、纸张涂料、皮革涂料、纤维涂料等。本书将针对前四种涂料进行着重讲解。

另按使用的具体物件，又分为：汽车涂料、家用电器涂料、自行车涂料、ABS 塑料涂料、家具涂料、内外墙涂料、锅炉漆、交通标志漆、船舶涂料、飞机涂料等。

(3) 按涂料施工工艺，分为：底漆、腻子、二道底漆、面漆、罩光漆等。

(4) 按漆膜外观分：

凡不含颜料呈透明状态的液体树脂涂料统称为清漆，如酚醛清漆、醇酸清漆、硝基清漆等。凡不含颜料呈透明状态可用于涂饰的油称为清油，如熟桐油（俗称光油）、亚麻油、苏子油等。含有颜料呈不透明状态的浑浊液态涂料统称为色漆，可分为磁漆与调合漆两大类：主要成膜物质为树脂的色漆统称为磁漆，如各色酚醛磁漆、硝基磁漆、聚氨酯磁漆、丙烯酸磁漆等；主要成膜物质仅为油料或是以油料为主的色漆统称为调合漆，如各色油性调合漆、油基调合漆、酚醛调合漆、醇酸调合漆等。

按照涂膜的光泽状况，分为光漆、半光漆和无光漆；按照涂膜表面外观，分为皱纹漆、锤纹漆、桔形漆、浮雕漆等。

(5) 按产品形态，分为：溶剂型涂料、无溶剂型涂料、水性涂料（包括分散型与水乳型涂料）及粉末涂料。

(6) 按产品效果，分为：绝缘漆、防锈漆、防污漆、防腐漆、导电漆、耐热漆、防火漆；

(7) 按干燥方式，分为：常温干燥涂料、烘干涂料、湿气固化涂料、光固化涂料、电子束固化涂料；

(8) 按成膜物质，分为：醇酸树脂漆、环氧树脂漆、氯化橡胶漆、丙烯酸树脂漆、聚氨酯漆、乙烯基树脂漆等，见表1-2，这也是目前使用最广泛的分类方法。

表 1-2　涂料分类

序号	代号	发音	成膜物质类别	主要成膜物质
1	Y	衣	油性漆类	天然动植物油、清油（熟油）、合成油
2	T	特	天然树脂漆类	松香及其衍生物、虫胶、乳酪素、动物胶、大漆及其衍生物
3	F	佛	酚醛树脂漆类	改性酚醛树脂、纯酚醛树脂、二甲苯树脂
4	L	肋	沥青漆类	天然沥青、石油沥青、煤焦沥青、硬质酸沥青
5	C	雌	醇酸树脂漆类	甘油醇酸树脂、季戊四醇醇酸树脂、改性醇酸树脂
6	A	啊	氨基树脂漆类	脲醛树脂、三聚氰胺甲醛树脂
7	Q	欺	硝基漆类	硝基纤维素、改性硝基纤维素
8	M	模	纤维素漆类	乙基纤维、苄基纤维、羟甲基纤维、醋酸纤维、醋酸丁酯纤维、其他纤维及酯类
9	G	哥	过氯乙烯漆类	过氯乙烯树脂、改性过氯乙烯树脂
10	X	希	乙烯漆类	氯乙烯共聚树脂、聚醋酸乙烯及其共聚物、聚乙烯醇缩醛树脂、聚二乙烯乙炔树脂
11	B	玻	丙烯酸漆类	丙烯酸酯树脂、丙烯酸共聚物及其他改性树脂
12	Z	资	聚酯漆类	饱和聚酯树脂、不饱和聚酯树脂
13	H	喝	环氧树脂漆类	环氧树脂、改性环氧树脂
14	S	思	聚氨酯漆类	聚氨基甲酸酯
15	W	吴	元素有机漆类	有机硅、有机钛、有机铝等元素有机聚合物
16	J	基	橡胶漆类	天然橡胶及其衍生物、合成橡胶及其衍生物
17	E	额	其他漆类	未包括在以上所列的其他成膜物质，如无机高分子材料、聚酰亚胺树脂等
			辅助材料	稀释剂、防潮剂、催干剂、脱漆剂、固化剂

1.5.2 涂料的命名

我国对涂料的命名原则,规定如下:

1. 全名

颜料或颜色名称+成膜物质名称+基本名称。对于某些有专业用途及特性的产品,必要时在成膜物质后面加以说明,如醇酸导电磁漆,白硝基外用磁漆等。

命名时涂料的颜色位于名称的最前面,如红醇酸磁漆。若颜料对涂膜性能起显著作用,则可用颜料的名称代替颜色的名称,仍置于涂料名称的最前面,如锌黄酚醛防锈漆等。涂料名称中的成膜物质名称应作适当简化,如聚氨基甲酸酯简化成聚氨酯。如果基料中含有多种成膜物质时,选取起主要作用的一种成膜物质命名,如松香改性酚醛树脂占树脂总量的50%或者50%以上时,则划入酚醛漆类;小于50%则划入天然树脂漆类。必要时可选取两种成膜物质命名,主要成膜物质名称在前,次要成膜物质名称在后,如环氧硝基磁漆,主要成膜物质为环氧树脂,次要成膜物质为硝化纤维素。基本名称仍采用我国已广泛使用的名称,如清漆、磁漆、罐头漆、甲板漆等。在成膜物质和基本名称之间,必要时可标明专业用途、特性等。凡是烘烤干燥的涂料,名称中都要有“烘干”或“烘”字样。如果没有,即表明涂料是常温干燥或烘烤干燥均可。

2. 型号

涂料的型号由三部分组成,第一部分是成膜物质,用汉语拼音字母表示,见表1-2;第二部分是基本名称,用两位数字表示,基本名称编号见表1-3;第三部分是序号(一位或两位数字),以表示同类品种间的组成、配比或用途的不同,见表1-4。

表1-3 基本名称编号表

代号	基本名称	代号	基本名称	代号	基本名称
00	清油	14	透明漆	30	(浸渍)绝缘漆
01	清漆	15	斑纹漆、裂纹漆、桔纹漆	31	(覆盖)绝缘漆
02	厚漆	16	锤纹漆	32	抗弧(磁)漆、互感器漆
03	调合漆	17	皱纹漆	33	(黏合)绝缘漆
04	磁漆	18	金属(效应)漆、闪光漆	34	漆包线漆
05	粉末涂料	20	铅笔漆	35	硅钢片漆
06	底漆	22	木器漆	36	电容器漆
07	腻子	23	罐头漆	37	电阻漆、电位器漆
09	大漆	24	家电用漆	38	半导体漆
11	电泳漆	26	自行车漆	39	半导体漆
12	乳胶漆	27	玩具漆	40	防污漆
13	水溶(性)漆	28	塑料用漆	41	水线漆

（续　表）

代号	基本名称	代号	基本名称	代号	基本名称
42	甲板漆、甲板防滑漆	63	涂布漆	83	烟囱漆
43	船壳漆	64	可剥漆	84	黑板漆
44	船底漆	65	卷材涂料	86	标志漆、路标漆、马路划线漆
45	饮水舱漆	66	光固化涂料	87	汽车漆（车身）
46	油舱漆	67	隔热涂料	88	汽车漆（底盘）
47	车间（预涂）底漆	70	工程机械用漆	89	其他汽车漆
50	耐酸漆、耐碱漆	71	工程机械用漆	90	汽车修补漆
52	防腐漆	72	农机用漆	93	集装箱漆
53	防锈漆	73	发电、输配电设备用漆	94	铁路车辆用漆
54	耐油漆	77	内墙涂料	95	桥梁漆、输电塔漆及其他（大型露天）钢结构漆
55	耐水漆	78	外墙涂料	96	航空、航天用漆
60	防火漆	79	屋面防水涂料	98	胶液
61	耐热漆	80	地板漆、地坪漆	99	其他
62	示温漆	82	锅炉漆		

这样一个型号就只表示一个涂料品种，涂料基本名称和序号间加“-”，如 C-03-2，C 代表成膜物质醇酸树脂，03 代表基本名称调和漆，2 代表序号，Q-01-17 代表硝基清漆、H-07-5 代表环氧腻子等，涂料及辅助材料型号和名称举例见表 1-5。

表 1-4　涂料产品的序号代号

涂料品种		代号	
清漆、底漆、腻子		自干	烘干
		1～29	30 以上
磁漆	有光	1～49	50～59
	半光	60～69	70～79
	无光	80～89	90～99
专业用漆	清漆	1～9	10～29
	有光磁漆	30～49	50～59
	半光磁漆	60～64	65～69
	无光磁漆	70～74	75～79
	底漆	80～89	90～99

表 1-5　涂料及辅助材料型号和名称举例

型号	名称	型号	名称
Q01-17	硝基清漆	H52-98	铁红环氧酚醛烘干防腐底漆
C04-2	白醇酸磁漆	H36-51	绿环氧电容器烘漆
Y53-31	红丹油性防锈漆	G64-1	过氯乙烯可剥漆
A04-81	黑氨基无光烘干磁漆	X-5	丙烯酸漆稀释剂
Q04-36	白硝基球台磁漆	H-1	环氧漆固化剂

在氨基漆类中，清漆、磁漆、腻子的序号划分不符合此原则，而是按自干类型漆划分。酸固化氨基自干漆也按此规定，但在型号前用星号“*”加以标志。氨基专业用漆按涂料专业用漆的序号统一划分。

1.6　涂料的成膜

涂料涂布于物体表面上后，由液体或不连续的粉末状态转变为致密的固体连续薄膜的过程，称为涂料的成膜。这个由“湿膜”按照不同的机理、通过不同的方式、变成固态的连续的“干膜”的过程，通常称为“干燥”或“固化”。干燥或固化过程是涂料成膜过程的核心阶段，它是涂料施工的主要内容之一。由于这一过程不仅占用很多时间，而且有时能耗很高，因而对涂料施工的效率和经济性产生重大的影响。

涂膜的固化机理有三种类型：一种是物理机理，为非转化型成膜物质涂料的成膜机理；其余两种是化学机理，是转化型成膜物质组成的涂料的成膜机理。

第一，物理机理固化，只靠涂料中液体（溶剂或分散相）蒸发而得到干硬涂膜的干燥过程称为物理机理固化。高聚物在制成涂料时已经具有较大的相对分子质量，失去溶剂后就变硬而不黏，在干燥过程中，高聚物不发生化学反应。

第二，涂料与空气发生反应的交联固化。氧气能与干性植物油和其他不饱和化合物反应而产生游离基并引起聚合反应，水分也能和异氰酸酯发生反应，这两种反应都能得到交联的涂膜，所以在储存期间，涂料罐必须密封良好，与空气隔绝，通常用低相对分子质量的聚合物（相对分子质量 1 000～5 000）或相对分子质量较大的简单分子，这样涂料的固体份可以高一些。

第三，涂料之间发生反应的交联固化。涂料在储存间必须保持稳定，可以用双罐装涂料法或是选用在常温下互不发生反应，只是在高温下或是受到辐射时才发生反应的组分。

三种机理之间的比较，见表 1-6。

表 1-6　涂料成膜机理特点比较

干燥机理	涂料中液体的挥发	涂料和空气间的交联反应	涂料组分之间
涂料中成膜物质的相对分子质量	高	低	低或高
涂料的固体份	a.（溶液型涂料）低，10%～35% b.（乳液型涂料）中到高，40%～70%	中到高 25%～100%	中到高 30%～100%
涂膜中聚合类型	线型	交联型	交联型
抛光性、修补性、再流平性	好	可或差	可或差
不加热时的干燥速度	快	慢到适中	较快
最低的干燥温度	无实际限制（对溶液型而言）	在冷天很慢	不一定，一般为 10～15℃
储运情况	好	涂料罐必须密封	除烘干和辐射固化型之外必须双罐装

第2单元

涂料原辅材料及其检测

涂料由主要成膜物质、次要成膜物质（颜、填料）、辅助成膜物质（助剂）和挥发性物质（溶剂）四部分组成，本章将对此四部分原辅材料作进一步详细介绍，并介绍相关检测方法。

2.1 涂料基料(漆料)

涂料基料就是涂料的主要成膜物质，也称漆料，它是涂料配方中最重要的一个组分，没有它，涂料就不可能形成一层连续的涂膜。可用作涂料基料的物质主要是各种各样的聚合物（树脂），对于某些在涂料成膜过程中能通过化学反应转化成聚合物的低相对分子质量化合物，如不饱和聚酯涂料中的活性单体苯乙烯及无溶剂环氧涂料中的活性稀释剂等，我们也应当把它们看成是基料组分。基料不仅是涂料的必不可少的基本组分，而且基料的化学性质还决定了涂料的主要性能和应用方式，因此我们可以说基料（树脂）是整个涂料配方的基础。

涂料基料（树脂）按它们的成膜机理来分，可分成转化型和非转化型两大类。转化型涂料的基料在成膜之前处于未聚合或部分聚合的状态，而它们被施工在底材上之后，就通过化学反应（聚合反应）形成固态的涂膜。非转化型涂料的基料是相对分子质量较高的聚合物，它们可以溶解在溶剂中或分散在分散介质中而构成涂料。当涂料施工后，溶剂或分散介质挥发，留下的基料就在底材上形成一层连续均匀的涂膜，因此非转化型涂料也称为挥发型涂料。

本节将简要介绍的转化型涂料基料有油脂、油基树脂、醇酸树脂、氨基树脂、环氧树脂、酚醛树脂、热固性丙烯酸树脂、聚氨基甲酸酯树脂（聚氨酯）和有机硅树脂；非转化型基料有纤维素衍生物、氯化橡胶、热塑性丙烯酸酯树脂和乙烯类树脂等。

2.1.1 转化型涂料基料

1. 油脂和油基树脂

在涂料配方中，油脂的使用已有很久的历史。在20世纪中期之前，用油脂制成的涂料使用极其广泛，这也就是过去我们把涂料称为油漆的原因。但是随着性能较好的合成树脂的出现，油脂在涂料中的使用量越来越少。用油脂熬炼成的聚合油在国外除了有时还少量用作钢铁或木材表面使用的底漆的基料外，已很少使用。我国由于涂料工业的发展水平与国外先进国家相比还有相当距离，用油脂制成的涂料产量仍占有相当的比重。油脂在国外除了少量用于制备油基树脂漆之外，主要用于制造油改性的醇酸树脂。而油改性醇酸树脂在当代涂料工业中是使用得最广泛的一种合成树脂。

油脂主要指植物油(某些动物油如鱼油等也可制造涂料)。植物油根据在常温下能否与空气反应干燥成膜的能力可分为干性油、半干性油和不干性油三种(干性油：分子中平均双键数 6 个以上，碘值在 140 g 以上；半干性油：分子中平均双键数在 4～6 个之间，碘值在100～140 g；不干性油：分子中平均双键数在 4 个以下，碘值在 100 g 以下)。桐油、亚麻仁油和梓油是三种典型的干性油，它们的干燥性能都较好。豆油、葵花油和棉籽油是半干性油，它们也能干燥，但干燥速度较慢。蓖麻油、椰子油和橄榄油是不干性油，它们在空气中不能自行干燥。某些不干性油经过化学处理后也可以变成干性油。如蓖麻油在酸性催化剂存在下加热到 270℃左右能使它的分子脱去一分水而变成脱水蓖麻油，脱水蓖麻油是一种干性较好的干性油。

油脂的干燥过程是一个复杂的氧化反应过程，它的机理主要是：干性油结构中脂肪酸链上的双键受空气中氧的作用，发生游离基聚合作用。由于反应中有氧的参与，所以常称为氧化聚合反应或自动氧化反应。虽然干性油的氧化成膜能自动进行，但它们的反应速度还是比较慢的，人们通常用加入催干剂(如环烷酸钴或环烷酸铅)的办法使干燥速度加快。

干性油经加热并加入催干剂可制清油，还可用于制油基树脂漆。油基树脂漆的基料由油和树脂所组成。使用的油类主要是干性油，如亚麻仁油、桐油、梓油或脱水蓖麻油；所用的树脂由于软化点通常较高，常温下大多是固体，因而常称为硬树脂。可用的硬树脂有天然树脂和合成树脂两类，天然树脂中过去有贝壳松脂等，现在已很少使用。现在常用的是经过一定化学合成的天然树脂或纯的合成树脂，如松香酯胶(松香甘油酯)，氧茚-茚(古马隆)树脂、松香改性酚醛树脂和纯酚醛树脂。油基树脂漆的制备方法根据所用的树脂和油的种类的不同而有所不同。典型的方法是将油和树脂一起加热，或先将油加热到一定的温度后将树脂慢慢地加入，然后继续加热到树脂与油成均相，待漆料达到一定黏度后，迅速降温并用适当的溶剂，如 200 号溶剂汽油稀释。在油基树脂漆中较重要的是由酚醛类树脂与豆油或亚麻仁油所组成的品种。

油基树脂漆中也应加催干剂，但它们的干燥速度往往比清油快得多，其硬度、光泽和流平性也很好。油基树脂漆的性能不仅决定于组分中油类和树脂的品种，并且决定于油类和树脂的质量比。这个质量比常称为油度(见表 2-1)，短油度和含松香类树脂的漆膜耐久性较差。

表 2-1　油度的分类

油度	油∶树脂(质量比)	特　　性	用　　途
短油度	0.5～1.5∶1.0	干燥快，涂膜硬而脆	腻子和内用清漆
中油度	1.5～3.0∶1.0	干燥稍慢，涂膜硬度略低	色漆和清漆
长油度	3.0～5.0∶1.0	干燥慢，涂膜柔软，耐久性好	外用色漆和清漆

2. 醇酸树脂

醇酸树脂是涂料工业中使用得最广泛的一种基料。和油基树脂不同，醇酸树脂是一种合成的聚酯树脂。它们是由多元醇(如甘油)和多元酸或酐(如邻苯二甲酸酐)以及植物油或植物油脂肪酸互相反应而合成的。

醇酸树脂的制造主要有两种方法。第一种是醇解法，其合成工艺见图 2-1。在醇解法中先将精制的植物油与多元醇发生醇解反应生成植物油脂肪酸的单甘油酯和甘油二酯，然后再加多元酸反应，制得油改性醇酸树脂。第二种是脂肪酸法，生产工艺见图 2-2。在这个方法中，不直接用植物油作为反应原料，而是用植物油脂肪酸作为原料，与多元醇和多元酸一起在240℃左右反应，直至酯化接近完全。植物油脂肪酸可将油脂皂化后制得。除了用植物油脂肪酸制备油改性醇酸树脂之外，在这个方法中我们还可以用其他一元羧酸，如合成脂肪酸和苯甲酸等制备各种改性的醇酸树脂。用脂肪酸法制备的醇酸树脂一般比用醇解法制备的色泽较浅，因为脂肪酸的纯度较油脂为高。

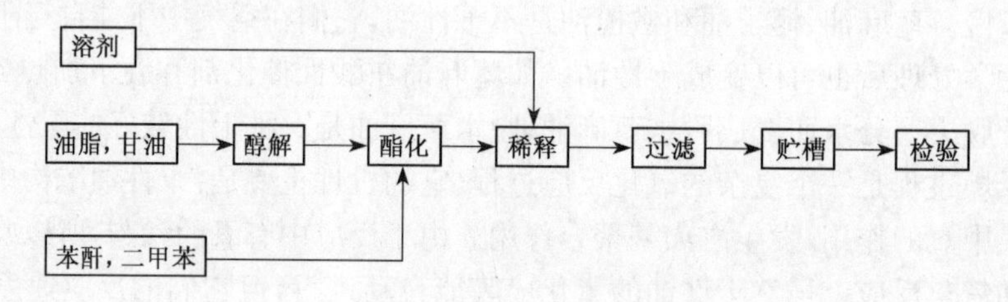

图 2-1　醇解法制备醇酸树脂生产工艺

醇解：

$$n_1\begin{array}{l}CH_2-O-\overset{O}{\overset{\|}{C}}-R_1\\ CH-O-\overset{O}{\overset{\|}{C}}-R_2\\ CH_2-O-\overset{O}{\overset{\|}{C}}-R_3\end{array} + m_1\begin{array}{l}CH_2-OH\\ CH-OH\\ CH_2-OH\end{array} \xrightarrow[220\sim240℃]{LiOH} \begin{array}{l}CH_2-O-\overset{O}{\overset{\|}{C}}-R_1\\ CH-OH\\ CH_2-O-\overset{O}{\overset{\|}{C}}-R_3\end{array} + \begin{array}{l}CH_2-OH\\ CH-O-\overset{O}{\overset{\|}{C}}-R_2\\ CH_2-OH\end{array}$$

聚酯化：

$$n_2\begin{array}{l}CH_2-OH\\ CH-O-\overset{O}{\overset{\|}{C}}-R_2\\ CH_2-OH\end{array} + m_2\,C_6H_4(CO)_2O \xrightarrow{180\sim220℃} \sim\!\sim O-CH_2-\underset{\underset{O=C-R_2}{|}}{\underset{O}{|}}{CH}-CH_2-O-\overset{O}{\overset{\|}{C}}-C_6H_4-\overset{O}{\overset{\|}{C}}-O\sim\!\sim + H_2O$$

醇解法制备醇酸树脂中的醇解反应

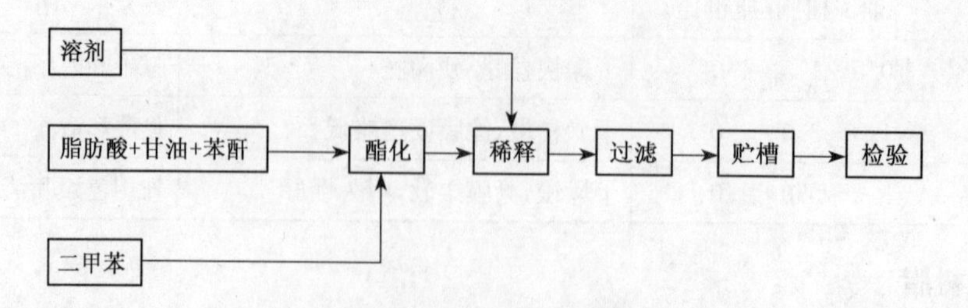

图 2-2　脂肪酸法制备醇酸树脂生产工艺

$$\begin{array}{l}CH_2OH\\ |\\ CHOH\\ |\\ CH_2OH\end{array} + C_6H_4(CO)_2O + RCOOH \longrightarrow H-O-CH_2-\underset{\underset{\underset{R}{|}}{\underset{C=O}{|}}}{\underset{O}{|}}{CH}-CH_2-O-\overset{O}{\overset{\|}{C}}-C_6H_4-\overset{O}{\overset{\|}{C}}-O-CH_2-\underset{\underset{\underset{R}{|}}{\underset{C=O}{|}}}{\underset{O}{|}}{CH}-CH_2-O-\overset{O}{\overset{\|}{C}}-C_6H_4-\overset{O}{\overset{\|}{C}}-OH$$

脂肪酸法制备醇酸树脂的反应方程式

用上述两种方法制备的油改性醇酸树脂可根据所用的油脂(或其脂肪酸)的品种以及油度来分类(见表 2-2)。在醇酸树脂中,油度的计算与上述在油基树脂漆中的方法有所不同,在这里油度是指树脂中油脂的质量百分数(用脂防酸法生产时,应将脂肪酸折算成油脂分子来计算)。短油度和中油度醇酸树脂常常用不干性油和半干性油来改性,而长油度醇酸树脂则使用干性油和半干性油(或它们的脂肪酸)来改性。在醇酸树脂中通常使用的干性油是亚麻仁油、梓油和脱水蓖麻油,半干性油常用豆油和松浆油(造纸工业中用亚硫酸盐法制木浆时所得的一种副产品),不干性油则常用蓖麻油和椰子油。

表 2-2　油改性醇酸树脂

醇酸树脂分类	油度(%)	特　　点	用　　途
短油度醇酸树脂	20～45	1. 干燥时主要不是按氧化聚合的机理 2. 用芳烃类溶剂 3. 涂膜硬度高,柔软性较差	作烘漆的一个组份
中油度醇酸树脂	45～60	1. 气干(氧化聚合行干燥)或烘干 2. 用芳烃和脂肪烃混合溶剂溶解 3. 涂膜柔软性较好	1. 作烘漆的组分 2. 户外处理 3. 快速气干涂料
长油度醇酸树脂	60～80	1. 氧化聚合型气干燥 2. 溶于脂肪烃溶剂涂膜柔软性更好	外用气干涂料的基料

干性油和半干性油改性的醇酸树脂能以自动氧化反应机理而在空气中干燥,但不干性油醇酸树脂尤其是短油度的不干性油醇酸树脂必须与氨基树脂拼用后才能烘烤成膜。不干性油醇酸树脂也可用作某些基料树脂如硝基纤维素的增塑剂。

醇酸树脂实际上是聚酯树脂的一种,酯键是它的特性基团。由于酯键在酸或碱的作用下会断裂,因此醇酸树脂不宜在酸性或碱性环境中使用。醇酸树脂基料具有价格便宜、施工简单、对施工环境要求不高、涂膜丰满坚硬、耐久性和耐候性较好、装饰性和保护性都比较好等优点。缺点是干燥较慢、涂膜不易达到较高的要求,不适于高装饰性的场合。醇酸漆主要用于一般木器、家具及家庭装修的涂装,一般金属装饰涂装、要求不高的金属防腐涂装、一般农机、汽车、仪器仪表、工业设备的涂装等方面。

3. 氨基树脂

胺类化合物或酰胺类化合物与醛能发生缩聚反应而生成氨基树脂。在氨基树脂中最主要的品种有脲甲醛树脂和三聚氰胺甲醛树脂。脲甲醛树脂和三聚氰胺甲醛树脂在涂料常用的溶剂中都不溶解，如果和低分子醇类（如甲醇或丁醇）反应生成醇醚化氨基树脂后，它们在涂料溶剂中就能溶解了，涂料用氨基树脂就是将上述合成树脂再用醇醚化。在氨基树脂中加入少量强酸或将氨基树脂在 100～150℃进行烘烤，能形成固化的涂膜，但涂膜往往很脆，附着力差，故氨基树脂单独不能制漆，只有和其他树脂配合才能制得性能优良的涂料。

氨基树脂基料主要由两部分组成：其一是氨基树脂组分，主要有丁醚化三聚氰胺甲醛树脂、甲醚化三聚氰胺甲醛树脂、丁醚化脲醛树脂等树脂；其二是羟基树脂部分，主要有中短油度醇酸树脂、含羟丙烯酸树脂、环氧树脂等树脂。不干性油改性的中短油度醇酸树脂（或无油醇酸树脂）与氨基树脂拼用是常用的工业烘漆的基料。醇酸树脂与氨基树脂的配比约为 3∶1 左右，如用干性油改性醇酸树脂与氨基树脂拼用，则氨基树脂的用量可少一些，其配比为 5∶1 左右。

脲甲醛树脂和三聚氰胺甲醛树脂两者相比，前者在溶剂中的溶解性较好，但户外耐候性较差；后者能在稍低一些烘烤温度下固化并且涂膜的各种性能较好，因而在当前涂料工业中使用的氨基树脂主要是三聚氰胺甲醛树脂。

氨基漆除了用于木器涂料的脲醛树脂漆（俗称酸固化漆）外，主要品种都需要加热固化，固化后的漆膜性能极佳，漆膜坚硬丰满、光亮艳丽、牢固耐久，具有很好的装饰作用及保护作用。缺点是对涂装设备的要求较高、能耗高，不适合于小型生产。氨基漆主要用于汽车面漆、家具涂装、家用电器涂装、各种金属表面涂装、仪器仪表及工业设备的涂装。

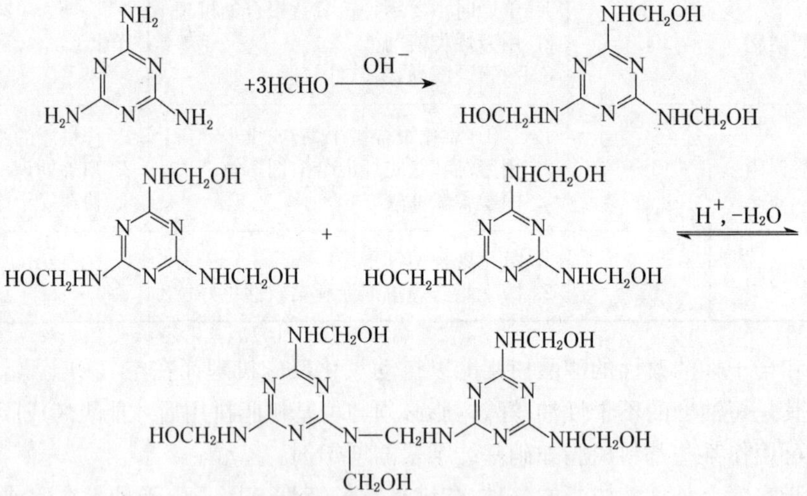

三聚氰胺甲醛树脂的合成反应

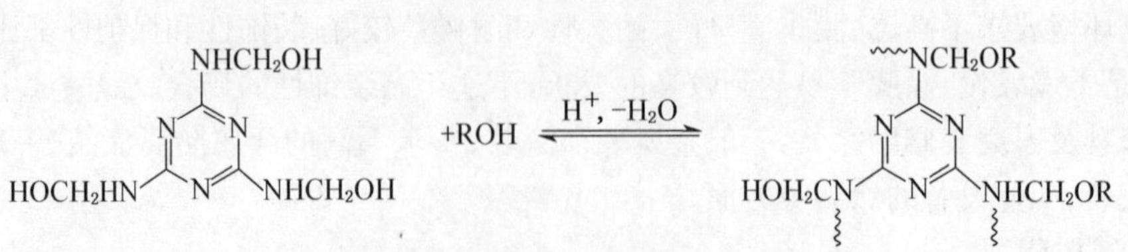

三聚氰胺甲醛树脂的醚化

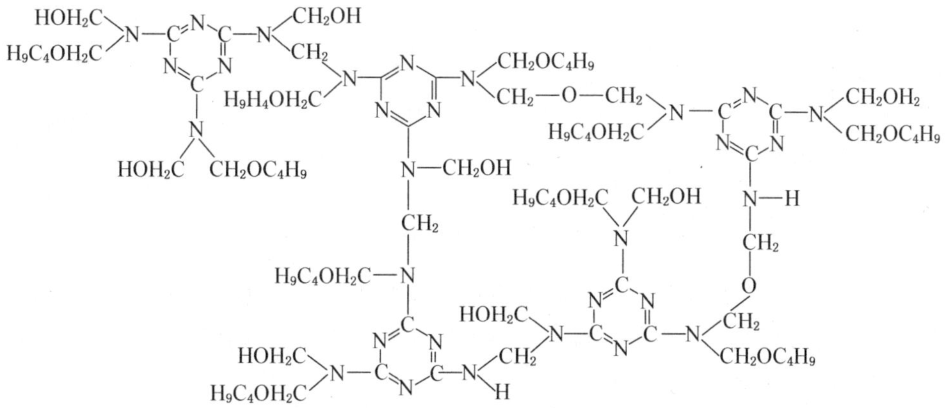

丁醇醚化的三聚氰胺甲醛树脂

4. 环氧树脂与环氧酯

环氧树脂是指分子中含有两个以上环氧树脂基团的聚合物。按原料组分分，有双酚型环氧树脂、非双酚型环氧树脂以及脂环族环氧化合物和脂肪族环氧化合物等新型环氧树脂。在国产环氧树脂中，双酚 A 环氧树脂是产量最大、应用最广泛、价格也较低廉的通用型环氧树脂，简称环氧树脂，在碱催化下由双酚 A 和环氧氯丙烷开环聚合得到，其反应式如下：

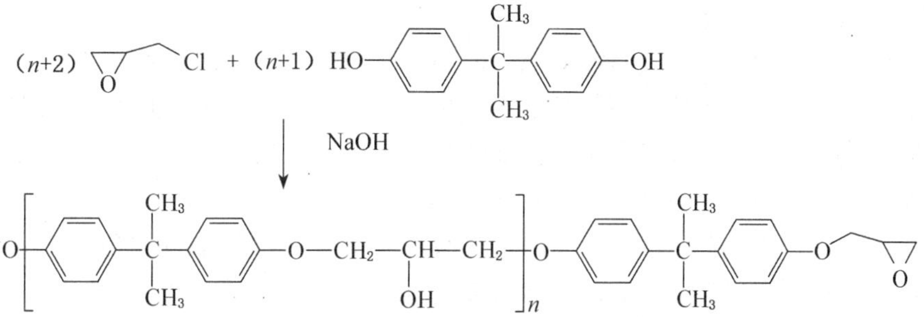

环氧树脂是热塑性线型结构的化合物，相对分子质量在 340～7 000 的范围内。常温下，当树脂相对分子质量在 500 以下时是液体，当树脂相对分子质量大于 500 时则逐渐过渡到固体。环氧树脂不能直接作涂料使用，必须加入固化剂并在一定条件下进行固化交联反应，生成不溶(熔)体型网状结构，才有实际应用价值。因此，固化剂是环氧树脂涂料必不可少的组分。

固化剂也称交联剂，利用固化剂中的官能团与环氧树脂中的羟基或环氧基反应，可使环氧树脂扩链、交联，从而达到固化的目的。在工业上应用最广泛的固化剂有胺类、酸酐类和含有活性基团的合成树脂。

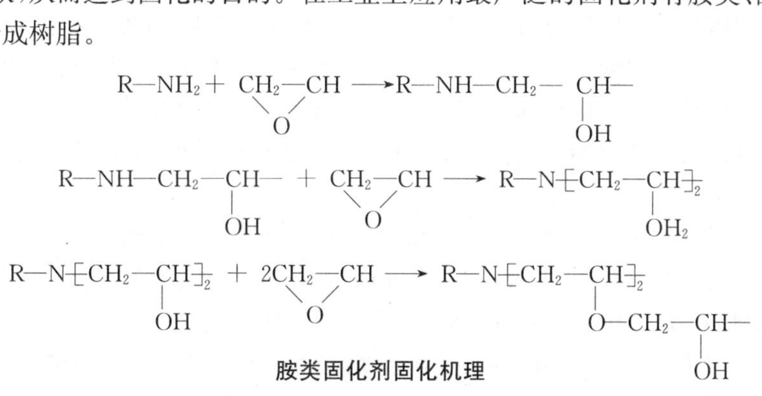

$$R{-}NH_2 + CH_2{-}CH(O) \longrightarrow R{-}NH{-}CH_2{-}CH(OH){-}$$

$$R{-}NH{-}CH_2{-}CH(OH){-} + CH_2{-}CH(O) \longrightarrow R{-}N{+}CH_2{-}CH(OH_2){+}_2$$

$$R{-}N{+}CH_2{-}CH(OH){+}_2 + 2CH_2{-}CH(O) \longrightarrow R{-}N{+}CH_2{-}CH(O{-}CH_2{-}CH(OH){-}){+}_2$$

胺类固化剂固化机理

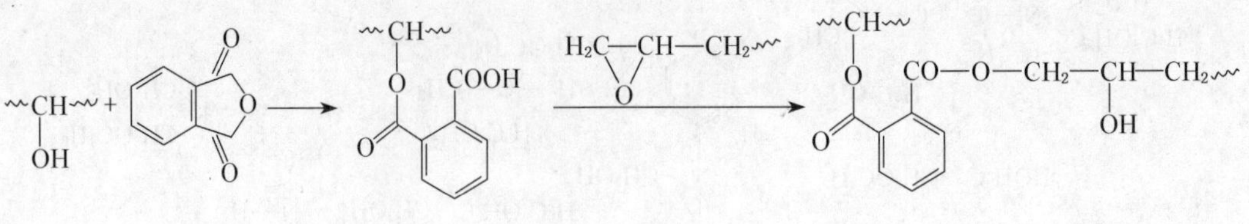

酸酐类固化剂固化机理

由于多元脂肪胺、胺加成物和聚酰胺树脂在常温下就能与环氧树脂起反应，因此应当将它们与环氧树脂分开包装，在使用前再将它们混入环氧树脂中。由这些固化剂和环氧树脂组成的涂料系统称为"冷固化型环氧涂料"。

环氧树脂还可与其他涂料用树脂如酚醛树脂、氨基树脂拼用而组成热固型的环氧涂料系统。环氧酚醛和环氧氨基系统都需要高温烘烤才能交联成膜，烘烤温度通常在 180～200℃之间。在环氧氨基系统中如加入少量酸性催化剂，则可使固化温度降低为 150℃。这两种热固型环氧涂料系统的烘干膜都具有优良的耐化学药品性和耐热性。前者的耐酸碱、耐溶剂和耐腐蚀性是环氧树脂漆中最好的，但漆膜色泽较深，常用作各种耐腐蚀涂料；后者涂膜韧柔韧性好，颜色浅，光泽高，适用于作各种仪器设备的涂饰。

在环氧涂料中加入沥青能进一步提高它的耐水性和防腐蚀性。环氧沥青涂料主要作船舶和海上设施防锈之用。

环氧树脂中含有环氧基和羟基，能与植物油脂肪酸反应而形成环氧酯。环氧酯和醇酸树脂相似，但由于环氧酯中酯键在侧链上而不是像醇酸树脂中那样在主链上，因而具有较好的抗化学品性。干性油、半干性油和不干性油的脂肪酸都可以用来制造环氧酯。它们的种类和用量(和在醇酸树脂中一样，它们在树脂中的重量百分数可用油度来表示)对环氧酯涂膜的性能有较大的影响。用干性油或半干性油脂肪酸制备的长油度环氧酯是气干型的，中油度的干性油或半干性油脂肪酸环氧酯需烘烤才能干固。短油度的半干性油或不干性油环氧酯通常与氨基树脂拼用烘干成膜，氨基树脂的加入使环氧酯涂膜具有更大的硬度和更好的抗化学品性。

5. 酚醛树脂

苯酚与甲醛在催化剂存在下能反应生成低相对分子质量的酚醛树脂。当酚与醛的摩尔配比中酚过量并用酸性催化剂时，得到的是线型酚醛树脂（又称诺伏拉克树脂）。当醛过量并用碱性催化剂时，得到的是可溶性酚醛树脂(又称立索尔树脂)。

线型酚醛树脂和可溶性酚醛树脂在涂料工业中都很少使用，因为它们在油类中的溶解性很差。如果用对位取代的酚，如对叔丁基苯酚来代替苯酚制备酚醛树脂，得到的酚醛树脂是油溶性的。另外，可溶性酚醛树脂生成后如再与松香加热反应则能得到一种带羟基的加成物，然后用多元醇如甘油对其进行酯化，得到的树脂称为松香改性酚醛树脂，在油脂中有很好的溶解性。

在前面油基树脂一节中，我们已经知道油溶性纯酚醛树脂和松香改性酚醛树脂都可用来制备油基树脂涂料，用油溶性纯酚醛树脂制备的涂料具有较好的耐久性和耐化学品性，用松香改性酚醛树脂制备的油基树脂漆价格较低，但户外耐久性较差，漆膜容易老化发脆。酚醛树脂涂料一般主要用于防腐涂料、绝缘涂料、一般金属涂料、一般装饰性涂料等方面。

6. 丙烯酸树脂

涂料用丙烯酸树脂通常是丙烯酸类单体的共聚物,丙烯酸类及甲基丙烯酸类单体是合成丙烯酸树脂的重要单体。该类单体品种多,用途广,活性适中,可均聚也可与其他许多单体共聚,按单体赋予树脂膜的性能,可分为硬单体、软单体、交联单体和功能性单体等,见表 2-3。此外,常用的非丙烯酸单体有苯乙烯、丙烯腈、醋酸乙烯酯、氯乙烯、二乙烯基苯、乙(丁)二醇二丙烯酸酯等。

表 2-3　合成丙烯酸树脂常用单体及赋予树脂膜的性能

单体名称	功　　能
甲基丙烯酸甲酯、甲基丙烯酸乙酯、苯乙烯、丙烯腈、甲基丙烯酸和丙烯酸	提高硬度,称之为硬单体
丙烯酸乙酯、丙烯酸正丁酯、丙烯酸-2-乙基己酯	提高柔韧性,促进成膜,称之为软单体
丙烯酸羟乙酯、丙烯酸羟丙酯、N-羟甲基丙烯酰胺、丙烯酸缩水甘油酯、丙烯酸、甲基丙烯酸、丙烯酰胺、丙烯酸烯丙酯、	引入官能团或交联点,提高附着力,称之为交联单体
丙烯酸甲酯与甲基丙烯酸的低级烷基酯、苯乙烯	抗污染性
甲基丙烯酸甲酯、苯乙烯、甲基丙烯酸月桂酯,丙烯酸羟乙酯	耐水性
丙烯腈、甲基丙烯酸丁酯、甲基丙烯酸月桂酯	耐溶剂性
丙烯酸乙酯、丙烯酸正丁酯、丙烯酸-2-乙基己酯、甲基丙烯酸甲酯、甲基丙烯酸丁酯	保光、保色性
丙烯酸、甲基丙烯酸	实现水溶性,增加附着力,称之为水溶性单体、表面活性单体

根据选用不同的树脂结构、配方、生产工艺以及溶剂和助剂,丙烯酸树脂可分为溶剂型、水分散型、水稀释型和粉末型几大品种。溶剂型丙烯酸树脂又分为热塑性和热固性两大类。

热塑性的丙烯酸酯树脂属于非转化型涂料基料,是以甲基丙烯酸甲酯或一定数量的苯乙烯为主体,配以丙烯酸乙酯、丁酯等单体共聚合而成的,相对分子质量约在 7 500～120 000 的范围内。这类涂料具有优良的耐候性、保光性、耐化学药品性和耐水性,抛光性好,附着力强。但由于树脂的相对分子质量较高,黏度较大,故施工性能较差。由此制得的漆膜不丰满,且与其他树脂的相容性较差。为了提高漆膜的干燥性和硬度,可将这类树脂与硝化棉、醋丁纤维素等并用,并在此基础上添加增塑剂以改善柔韧性。为了进一步提高产品的耐久性,可采用有机硅改性丙烯酸酯树脂。如果采用醇酸树脂改性,则漆膜的丰满度、挠度提高,价格降低。

20 世纪 50 年代中后期,丙烯酸涂料在美国几乎取代了汽车用的硝基漆,但热塑性丙烯酸涂料的固体含量太低,它的体积浓度只有 12%左右,大量溶剂逸入大气中,因此进入 20 世纪 70 年代后用量急剧下降,代之而发展的是热固性丙烯酸涂料,是一种特别有前途的高固体分的丙烯酸涂料。

热固性丙烯酸树脂一般通过羟基、羧基、胺基、环氧基和交联剂(如氨基树脂、多异氰酸酯及环氧树脂等)反应,最常见的热固性丙烯酸树脂是羟基丙烯酸树脂。表 2-4 列举了用于热固性丙烯酸树脂常用的功能团单体及其交联剂。

表 2-4 热固性丙烯酸树脂常用功能团单体及交联剂

官能团	单 体	交 联 剂
环氧基	(甲基)丙烯缩水甘油酯、烷基缩水甘油醚	酸、酸酐、胺等环氧树脂用交联剂
氨基	(甲基)丙烯酸-N，N-二甲基胺乙酯	环氧树脂、二异氰酸酯、多羟基化合物
酸酐	马来酸酐、衣康酸酐	环氧树脂、多异氰酸酯
羟基	烯丙醇、多元醇缩水烯丙基醚、(甲基)丙烯酸羟乙酯、(甲基)丙烯酸羟丙酯	氨基树脂、二异氰酸酯、环氧树脂、二元醛
羧基	(甲基)丙烯酸	氨基树脂、环氧树脂、二异氰酸酯、多羟基化合物
酰胺	(甲基)丙烯酰胺、马来酰亚胺	环氧树脂、羧基聚合物、氨基树脂

热固性丙烯酸涂料除了有较高的固体份以外，它还有更好的光泽和外观、更好的抗化学、抗溶剂及抗碱、抗热性等，可以制成高耐候性、高丰满度、高弹性、高硬度的涂料。缺点是双组分涂料，施工比较麻烦，许多品种还需要加热固化或辐射固化，对环境条件要求比较高，一般都需要较好的设备，较熟练的涂装技巧。

$$\text{[CH(COOH)—CH}_2\text{]}_a\text{[C(CH}_3\text{)(COOCH}_3\text{)—CH}_2\text{]}_b\text{[CH(COO(CH}_2\text{)}_2\text{OH)—CH}_2\text{]}_c\text{[C(CH}_3\text{)(COO(CH}_2\text{)}_3\text{CH}_3\text{)—CH}_2\text{]}_d\text{[CH(C}_6\text{H}_5\text{)—CH}_2\text{]}_e$$

热固性丙烯酸树脂

7. 聚氨基甲酸酯树脂(聚氨酯)

多异氰酸酯和多羟基化合物反应生成的聚合物称为聚氨基甲酸酯，简称聚氨酯。在涂料工业中常用的多异氰酸酯通常是二异氰酸酯，如甲苯二异氰酸酯(TDI)、二苯基甲烷二异氰酸酯(MDI)和已二异氰酸酯(HDI)等。如果二异氰酸酯与二羟基化合物(如脂肪族二元醇)反应，生成的是线型聚合物。如果与水或多羟基化合物(包括某些植物油、聚酯和聚醚)反应，生成的是交联的体型聚合物。

二异氰酸酯与多羟基化合物反应生成聚氨酯

$$n\,\text{NCO—R—NCO} + n\,\text{HO—R}'\text{—OH} \longrightarrow \text{[R—NH—C(=O)—O—R}'\text{—O—C(=O)—NH]}_n$$

异氰酸酯与水的反应

$$n\text{R—NCO} \xrightarrow{H_2O} n\text{R—NH—COOH} \xrightarrow{-CO_2} n\text{R—NH}_2 \xrightarrow{n\text{—R}'\text{—NCO}} \text{(R—HN—C(=O)—N+R}'\text{)}_n$$

聚氨酯树脂基料可分为两大类，一类是单罐装的，另一类是双罐装的。单罐装基料中又分为三种类型：空气中氧固化型，潮气固化型和热烘烤固化型。双罐装基料都是冷固化型的（即常温固化型的），加入催化剂或进行烘烤能加速它们的固化速度。常见的聚氨酯涂料品种见表 2-5。

表 2-5　聚氨酯涂料的主要品种

<table>
<tr><th rowspan="3">性质</th><th colspan="5">品种</th></tr>
<tr><th colspan="3">单罐装（又称单组分）</th><th colspan="2">双罐装（又称双组分）</th></tr>
<tr><th>氨酯油</th><th>封闭型</th><th>潮气固化</th><th>催化固化</th><th>羟基固化</th></tr>
<tr><td>固化条件</td><td>氧固化</td><td>热烘烤；氨酯交换</td><td>—NCO＋H_2O→聚脲</td><td>—NCO＋H_2O＋催化剂→聚脲及三聚异氰酸酯</td><td>—NCO＋OH→—NHCOO—</td></tr>
<tr><td>游离异氰酸酯</td><td>无</td><td>较多</td><td>较多</td><td>较多</td><td>较少</td></tr>
<tr><td>干燥时间(h)</td><td>0.5～0.3</td><td>0.5～2(高温烘烤)</td><td>按湿度大小约数小时</td><td>约 0.5～4.0</td><td>2.0～8.0</td></tr>
<tr><td>耐化学品性</td><td>尚好</td><td>优异</td><td>良好到优异</td><td>良好到优异</td><td>优异</td></tr>
<tr><td>施工期限</td><td>长</td><td>长</td><td>约 1 d</td><td>数小时</td><td>约 1 d</td></tr>
<tr><td>颜料分散方法</td><td>常规</td><td>常规</td><td colspan="2">稍困难，采取特殊操作；不可含催化性的颜料</td><td>含羟基组分先与颜料研磨成浆</td></tr>
<tr><td>主要用途</td><td>地板漆、一般维护漆</td><td>自焊电磁线漆其他绝缘漆</td><td colspan="2">地板漆、耐石油涂料、化工耐腐蚀涂料</td><td>用于木材、钢铁、混凝土、皮革等的涂料</td></tr>
</table>

氧固化型的单罐装聚氨酯涂料又称氨酯油和氨酯醇酸。它们在结构上和制造方法上都有和干性油改性醇酸类似的地方，只是以二异氰酸酯取代了醇酸树脂中的二元酸（邻苯二甲酸酐）。二元酸被二异氰酸酯完全取代的称为氨酯油，部分取代的称为氨酯醇酸。氨酯油和氨酯醇酸中，异氰酸酯的用量都低于它和体系中羟基完全反应的化学计算量，因此它们不存在未反应的游离异氰酸酯基，在常温下有较好的贮藏稳定性。它们的干燥机理和干性油改性醇酸树脂一样，都是依靠干性油脂肪酸中的不饱和双键的自动氧化作用而聚合成膜的，所以叫氧固化型。一般说来，氧固化型聚氨酯涂料与醇酸树脂相比，干燥速度较快，硬度较高，耐磨性、抗水和抗弱碱性等都有相当的提高，但易泛黄。应当指出，氧固化型聚氨酯虽然有价格较低，使用方便等特点，但在所有类型的聚氨酯涂料基料中，它是性能最差的一种。

潮气固化型聚氨酯是由分子的末端含有异氰酸酯基的预聚物所组成的。这种预聚物是稍过量的二异氰酸脂与含羟基化合物的反应产物。它们的异氰酸酯端基能与空气中的潮气（水分）作用，从而引起一连串的反应而致预聚物进一步聚合形成涂膜。这种涂膜的硬度、柔韧性、抗化学性和耐磨性都较好。

热烘烤固化型聚氨酯也是由异氰酸酯和含羟基化合物反应生成的预聚物所组成的，但是它末端的异氰酸酯基已通过与苯酚的反应而封闭。在常温下，封闭了的异氰酸酯没有反应活性，涂料具有很好的贮藏稳定性。但加热后，异氰酸酯基与苯酚形成的键会断裂，苯酚挥发，异氰酸酯基恢复了它的反应活性就会与同时存在于涂料系统中的含羟基组分反应而形成交联的聚氨酯涂膜，这种涂膜具有优良的机械性能和抗化学性能。

双罐装聚氨酯涂料中有预聚物催化固化型和预聚物羟基固化型两种。预聚物催化固化型聚氨酯涂料的一个组分在结构上与上述的潮气固化型聚氨酯涂料基本上相似，是用过量的二异氰酸酯与含羟基化合物反应而成的预聚物，其端基含有异氰酸酯基。但该预聚物结构中交联密度较低，游离的异氰酸酯基含量较少，单靠空气中的潮气固化的速度太慢。因而需要使用催化剂才能使固化迅速和完全。催化剂常用二甲基乙醇胺，平时与预聚物分开包装，使用前再混合。

预聚物羟基固化型双罐装聚氨酯涂料的一个组分是二异氰酸酯与多元醇的加合物（预聚物），也可以是异氰酸酯与水反应生成的缩二脲或异氰酸酯的三聚体。另一个组分是含羟基的聚合物，如含羟基的聚酯、聚醚和聚丙烯酸酯等。当这两个组分混合后，在常温下它们就能反应形成氨酯键而交联成膜。因此它们要分开包装。改变异氰酸酯预聚物组分和含羟基聚合物组分之间的配比能调节涂膜的性能。由于在空气中存在着潮气要消耗一些异氰酸酯基，因此异氰酸酯预聚物的用量通常略微过量，但过量太多会使涂膜发脆。

双罐装聚氨酯涂料的涂膜具有优良的综合性能，如机械性能、耐化学品性、耐油性、耐磨性和耐久性。使用脂肪族异氰酸酯的聚氨酯涂料还具有良好的耐候性和保色保光性，用芳香族异氰酸酯的涂膜有泛黄的倾向。

8. 有机硅树脂

和大多数涂料用树脂不同，有机硅树脂的骨架是无机的。它们由交替的硅原子和氧原子所组成。在有机硅树脂中，有机基团是连接在硅原子上的。这种硅氧主链的聚合物的化学名称应称为聚硅氧烷，但习惯上人们通称它们为有机硅聚合物。有机硅聚合物主要有三种类型：硅橡胶、硅树脂和硅油。其中，在涂料工业中最重要的是硅树脂。

硅树脂是由甲基氯硅烷和苯基氯硅烷经水解、缩聚等步骤而制备的，是线型和支化型聚合物的混合物。经过烘烤后，有机硅树脂能发生进一步的缩聚反应而形成高度交联的体型结构。有机硅树脂中所含甲基和苯基的比例对涂膜的性能有很大的影响。甲基含量高的硅树脂的涂膜硬度高，憎水性好，但对颜料和其他树脂的混溶性差。苯基含量高的硅树酯的涂膜热稳定性好，坚韧性好，与颜料和其他树脂的混溶性好，但耐溶剂性较差。

纯有机硅树脂只能烘烤成膜，涂膜具有耐热、耐水和耐候等优良性能，但也有些缺点如需高温烘干、对底层附着力较差等，因此可用与其他树脂拼用或共聚的方法来进行改性，所用的改性树脂有醇酸、聚氨基等。改性有机硅树脂具有两种树脂的优点而弥补了彼此的缺点。

2.1.2 非转化型涂料基料

1. 纤维素聚合物

纤维素是构成植物细胞膜的主要物质，是最常见的一种天然高分子化合物，工业用纤维素的主要来源是木材和棉花纤维。纤维素本身不溶于水和各种溶剂，但纤维素经过各种化学处理后所得到的衍生物能在一定的溶剂中溶解，并在工业中得到应用，如硝基纤维素（NC）和醋酸丁酯纤维素（CAB）就是两种能用作涂料基料的纤维素衍生物。

（1）硝基纤维素

硝基纤维素（俗称硝化棉）是纤维素用硝基和硫酸处理后再使它在一定的温度和压力下进行水解而制得的。水解产物用乙醇脱水后即为各种规格的硝基纤维素，其中含氮量在11.2%～12.2%（其中11.7%～12.2%的更多）的适于用作涂料，是白色或微黄色纤维状物，密度1.6左右，不溶于水，能溶于酮或酯类有机溶剂。

硝基纤维素涂料又称硝基漆、喷漆、蜡克等，一般由硝化棉、合成树脂、增塑剂、颜填料及溶剂稀释剂组成，为单组分涂料，是依靠其溶剂和稀释剂的挥发而成膜的，组分中的合成树脂有松香改性树脂、醇酸树脂及氨基树脂等，主要用来改善固含量、漆膜光泽、附着力、户外耐候性以及降低成本等。

硝基漆是目前比较常见的木器及装修用涂料。优点是装饰作用好，施工简便、干燥迅速、对涂装环境的要求不高，具有较好的硬度和亮度，不易出现漆膜弊病，修补容易。缺点是固含量较低，需要较多的施工道数才能达到较好的装饰效果；耐久性不太好，尤其是内用硝基漆，其保色保光性不好，近年来由于性能较好的合成树脂的出现，硝基纤维素在这两方面的应用已逐渐减少。

（2）醋酸丁酯纤维素

醋酸丁酯纤维素是另一种在涂料工业中应用的纤维素衍生物。醋酸丁酯纤维素在成膜机理上与硝基纤维素相同，但醋酸丁酯纤维素在抗水性、耐候性、柔韧性和溶解性上要比硝基纤维素好得多。因而在国外，特别是在美国，醋酸丁酯纤维素已取代了相当大部分的硝基纤维素。用醋酸丁酯纤维素和热塑性丙烯酸酯树脂为基料的涂料具有优良的耐候性，很适宜作汽车漆及其他用途。

2. 氯化橡胶

氯化橡胶是天然橡胶的一种氯化衍生物。将天然生橡胶经过素炼后溶于氯仿或四氯化碳中，在约80～100℃下通氯气就得到了氯化橡胶，含氯量约为60%～65%左右。

氯化橡胶能溶于芳香烃溶剂中而用作涂料基料，溶剂挥发后它就干固成膜。氯化橡胶涂料中必须加有相当多的增塑剂才能获得满意的柔韧性。氯化橡胶涂料中还常拼入许多其他涂料用树脂如醇酸树脂等作增塑剂来提高涂膜的抗水性和抗化学性。氯化橡胶涂料主要作重防腐蚀和耐化学品涂料之用。

3. 乙烯类树脂

乙烯类树脂是乙烯类单体的聚合物的通称。乙烯类单体是指乙烯分子中一个氢原子被其他原子或基团如羟基、醋酸基、氯等所取代的不饱和化合物。在涂料中最常用的乙烯类树脂是聚氯乙烯、聚醋酸乙烯及其共聚物。

聚氯乙烯是一种具有耐水、耐酸、耐碱、耐氧化剂及其他化学药品等优良性能的一种热塑性聚合物。由于聚氯乙烯的分子比较规整，容易结晶，因此它的溶解性较差，除了能溶解于某些氯化溶剂、酮类等强溶剂之外，不溶于常用的涂料溶剂。为了使其能在涂料中应用，人们常把聚氯乙烯分散在增塑剂或增塑剂和烃类等溶剂的混合物中。聚氯乙烯在增塑剂中的分散液称为塑溶胶，而其中还加有烃类等有机溶剂的，则称为有机溶胶。塑溶胶和有机溶胶需要烘烤才能成膜，但它们的成膜既不是靠化学反应，也不是靠溶剂的挥发，而是通过增塑剂在烘烤温度下渗入融化的聚氯乙烯树脂的颗粒，使它们聚结在一起而实现的。

除了聚氯乙烯树脂之外，在塑溶胶中还可使用氯乙烯和醋酸乙烯的共聚物。但氯乙烯和醋酸乙烯的共聚物在涂料中的应用还是以溶解在酮类、酯类等溶剂中形成挥发性的溶剂型涂料为主。涂料用氯醋共聚物中醋酸乙烯的含量为3%到20%范围内，通常为13%。醋酸乙烯在共聚物中的含量越高，共聚物的溶解性越好，柔韧性也越好，但硬度和耐化学腐蚀性下降。在氯醋共聚物中增加含极性基团如羧基的第三单体，能增加它对金属底材的附着力。常用的第三单体是顺丁烯二酸酐。也可将氯乙烯/醋酸乙烯共聚树脂予以部分皂化以使该共聚体含有羟基而使其提高与其他树脂的混溶性。

聚乙烯醇缩丁醛也是一种涂料用乙烯类树脂。它是由聚乙烯醇在酸性介质中与丁醛缩合而成的。聚乙烯醇缩丁醛在涂料中主要用作磷化底漆（又称洗涤底漆）的一个组分。磷化底漆是在涂一般底漆之前对金属进行磷化处理用的一种底漆，涂膜很薄，可以增加底漆对金属底材的附着力和防锈力，在工业涂装中应用很广。

其他涂料用乙烯类树脂尚有过氯乙烯树脂和偏氯乙烯-氯乙烯的共聚树脂。过氯乙烯是聚氯乙烯进一步氯化的产物，具有优良的耐化学腐蚀性和耐候性，过氯乙烯涂料也是一种挥发性热塑性涂料，常用于化工防腐和车辆用漆。偏氯乙烯-氯乙烯共聚树脂可溶于芳烃溶剂，性能与过氯乙烯树脂相似。偏氯乙烯和氯乙烯的乳液聚合物可用于建筑涂料。

2.1.3 其他基料

上面叙述的转化型和非转化型涂料基料都是聚合物。下面介绍两种不属于聚合物但在涂料中也有相当用途的基料，它们是沥青和无机硅酸盐。

1. 沥青

沥青是沥青涂料的主要基料，有天然沥青和人造沥青两大类，人造沥青中又有石油沥青和煤焦沥青之分。天然沥青是从沥青矿中采掘出来的，一般具有较高的软化点；石油沥青是石油原油精炼过程中的高沸点剩余物，而煤焦沥青则是煤焦油在炼制过程中的高沸点剩余物。人造沥青的各种性能随着原料产地和加工条件的不同而有所区别。当沥青溶解于烃类溶剂后，溶剂挥发，它就在底材上形成一层涂膜。沥青涂膜具有耐水、耐酸、耐碱和电气绝缘等特性。在沥青涂料中拼入各种树脂如酚醛树脂、环氧树脂、聚氨酯树脂等后能大大提高沥青涂料的各种性能，沥青涂料主要用作防水和防腐蚀涂料。环氧沥青涂料是一种耐海水性能极好的重防腐蚀涂料。

2. 无机硅酸盐

无机硅酸盐是由二氧化硅（石英砂）和碳酸钠或碳酸钾共溶后而得到的，将锌粉以及氧化锌或氧化钙加入无机硅酸盐的水溶液中之后就组成了无机硅酸盐富锌涂料。这种涂料涂到底材表面之后，随着水分的蒸发以及与空气中的二氧化碳的相互作用会形成了硅酸胶体，硅酸再与氧化锌或氧化钙，并在某种程度上与锌粉反应，生成复杂的无机硅酸盐而固化成膜。加入磷酸钾或硅酸锂之类的化合物能加快固化速度。无机硅酸盐富锌涂料具有优良的耐久性、耐温性和耐腐蚀性，但它不耐酸和强碱，在潮湿条件下会干燥不良。如干燥正常，它们的耐水性，尤其是耐海水腐蚀性特别好，因而它们常用作海上设施的防锈底漆。这种无机硅酸盐富锌涂料通常是双罐装的。

有机—无机硅酸盐富锌涂料是由正硅酸乙酯缩合物与锌粉等所组成的，具有比上述无机硅酸盐涂料优良的性能和较长的施工时限。这类涂料中有单罐装的，也有双罐装的。

2.2　颜料和填料

颜料是不溶于涂料基料的微细粉末状的固体物质。将它们分散在涂料中之后，会赋予或增进涂料的某些性能。这些性能包括色彩、遮盖力、耐久性、机械强度和对金属底材的防腐蚀性等。

按化学结构分，颜料可分成无机颜料和有机颜料两种。这两种颜料在特性和用途上都有很大的不同，它们在涂料中都使用得很普遍，但有机颜料主要用在装饰性涂料配方中，而无机颜料则在保护性涂料中使用较多。

按其作用分，颜料可分为四大类，即着色颜料、防锈颜料、体质颜料(填料)、特种功能颜料。

特种功能颜料是指除了具备着色功能外，还有其他特种功能作用的颜料。如珠光颜料，可获得珍珠般光泽、彩虹效应和金属光泽，这样的颜料有天然珍珠精(鱼鳞箔)、片晶状碱式碳酸铅、氧氯化铋、云母钛等；还有荧光颜料、示温颜料、耐高温彩色复合颜料等，都是特种功能性颜料。

大多数颜料是结晶体，晶体的形态常常对颜料的特性有较大的影响。颜料质点的大小和形状也是颜料的两个重要性能指标，因为它们对颜料在基料中的团聚和涂料在贮藏过程中发生颜料沉底作用的难易、基料对颜料的润混作用以及涂膜的光泽都有直接的影响。描述颜料性能的其它指标有色泽、着色力、颜色牢度和遮盖力等。颜料的密度也是它的一个重要指标，因为从颜料密度的大小可以推断一种颜料是否易于发生沉底作用，而且颜料密度也是计算颜料在涂料中所占的体积百分数的一个重要数据。

颜料除了要有较好的上述各种物理性能之外，还应有较好的分散性能和机械强度。因为在涂料中颜料分散在基料中，它们应当尽可能长时间地处于稳定的分散状态，即使有颜料沉淀现象发生，也应很容易经搅动而重新分散。颜料在分散过程中往往还受到较大的剪切力，如球磨、辊轧等，因此应当有较好的机械强度。

由此可见，选择颜料时要考虑的因素是很多的，读者可以从颜料手册等关于颜料的专门参考书中查到颜料的各种性能数据，本节将简单介绍着色颜料、防锈颜料和体质颜料。

2.2.1　着色颜料

颜料工业的发达带动了许多种有机和无机颜料的出现，使涂料工艺师可以配制出各种各样颜色和色相的色漆来。有机颜料在色漆中主要起着色作用，而无机颜料除了着色作用以外还有其他功能，有时甚至其他功能占主导。常见的着色颜料如表 2-6 所示。

表 2-6　涂料常用的着色颜料

颜料颜色	化学组成	品　种
白色颜料	无机颜料	钛白粉(TiO_2)、锌白(ZnO)、 锑白 Sb_2O_3、铅白、锌钡白($ZnS+BaSO_4$立德粉)
黑色颜料	无机颜料	炭黑(C)、铁黑(Fe_3O_4)、硫化锑(Sb_2S_3)等
	有机颜料	苯胺黑
红色颜料	无机颜料	铁红(Fe_2O_3)、镉红、钼红
	有机颜料	甲苯胺红、大红粉、立索红
黄色颜料	无机颜料	铅铬黄($PbCrO_4$)、锌铬黄、氧化铁黄、镉黄等
	有机颜料	耐晒黄、联苯胺黄
蓝色颜料	无机颜料	铁蓝、钴蓝($CoO\cdot Al_2O_3$)、群青
	有机颜料	酞菁蓝($Fe(NH_4)Fe(CN)_5$)等
绿色颜料	无机颜料	氧化铬绿、铅铬绿等
	有机颜料	酞菁绿等
金属光泽	金属粉末	铝粉、铜粉

1. 白色颜料

(1) 二氧化钛　TiO_2

二氧化钛又称钛白粉，是一种合成的无机颜料。它的化学结构稳定，没有毒性，在涂料工业中应用很广，既可用于保护性涂料也可用于装饰性涂料。工业上，二氧化钛颜料有两种晶型结构，一种为金红石型，另一种为锐钛型。金红石型二氧化钛结构比较紧密，因而比重较大，折光指数高，稳定性和耐久性较好。

金红石型二氧化钛的折光指数是 2.7，锐钛型二氧化钛的为 2.5。二氧化钛的这种很高的折光指数使得它们在涂膜中具有比其他任何白色颜料高得多的遮盖力。金红石型二氧化钛在光化学反应活性上是惰性的，因而在涂膜中能通过将吸收的光散射而使涂膜免受因光照面引起的降解。与此相反，锐钛型二氧化钛具有一定的光化学活性，用它着色的涂膜受阳光照射后会发生较严重的粉化，因而锐钛型二氧化钛主要在室内涂料中使用，与金红石型二氧化钛相比，它的白度较好。

(2) 氧化锌　ZnO

氧化锌是一种合成的碱性颜料。在涂料中加入大量氧化锌(约占涂膜总重量的30%)时，能抑止霉菌在涂膜中的生长。由于它带有碱性，在酸价较高的基料中使用时，能与基料反应而生成锌皂。锌皂的形成会增加涂膜的机械强度，但在户外曝晒时则易使涂膜发脆。

(3) 锑白　Sb_2O_3

锑白(氧化锑)是一种惰性的无机合成颜料，它在涂料中广泛应用在防火涂料中。它与含氯的树脂一起使用时，在遇到明火时能产生氯化锑蒸气覆盖火焰而阻止火焰蔓延。锑白的遮盖力也较高。

(4) 铅白　$2PbCO_3 \cdot Pb(OH)_2$

铅白也是一种合成的碱性颜料，它的使用历史很久，由于它有毒性，现在使用量已较少。它还带有碱性，与酸价较高的基料一起使用会生成铅皂。铅皂的生成能增加涂膜的弹性，这对用作木材底漆有利。铅白很容易粉化，而且在空气中含硫量较高的污染地区使用时，还会因生成硫化铅而使涂膜发黑。

另一种白色铅颜料碱式硫酸铅主要用于防腐蚀底漆，将在下面叙述。

(5) 锌钡白　$ZnS \cdot BaSO_4$

锌钡白又称立德粉。它的特点是白度较高，遮盖力较强，但耐候性耐光性不太好，因而常在户内使用。因为它是中性颜料，可在酸价高的基料中使用。

2. 黑色颜料

(1) 氧化铁黑　Fe_3O_4

氧化铁黑的着色力较低，主要用于腻子(填孔剂)底漆和二道底漆。氧化铁黑具有很好的抗化学性，但在高温下易氧化成铁红而变为红色。

(2) 炭黑

炭黑是烃类物质的碳化产物。原料来源、所含杂质和制造方法的不同会影响炭黑的性质。碳含量较高的炭黑的质地细密，色泽纯正、遮盖力较高。碳含量越低，炭黑的品质越低。

炭黑的耐光牢度高、耐酸、耐碱、耐溶剂，它们的遮盖力和着色力很高，能在各种涂料系统中使用。

(3) 硫化锑　Sb_2S_3

硫化锑是一种灰黑色矿物颜料，显现绿光，使之在红外照片上看上去像植物，因此它的细粉可以用作伪装涂料。

(4) 苯胺黑

苯胺黑是有机颜料中唯一的黑色颜料，也是广泛使用的一种有机颜料。由于一般黑色颜料多采用价廉的无机炭黑颜料，因此这种溶剂型黑颜料在涂料工业上应用不多。

3. 红色颜料

(1) 氧化铁红(Fe_2O_3)

氧化铁红有天然和合成的两种。天然氧化铁红又称红土(或土红)，含有较多的杂质，并由于红土的氧化铁的含量不一样，其颜色也不一样，可从橙红到深棕。天然铁红的遮盖力随氧化铁含量的增加而增加。合成铁红的纯度较高，因而质地较软，着色力较高。天然铁红和合成铁红都耐碱和有机酸，但不耐无机酸和高温。氧化铁红能吸收紫外线，因而能提高涂膜的耐侯性。

(2) 镉红　$3CdS \cdot 2CdSe$

镉红是硫化镉和硒化镉的混合物，通常硫化物占55%，硒化物占45%。

(3) 钼红

钼红是钼酸铅和铬酸铅的混合结晶，呈鲜红色，含铬酸铅时呈橙色，耐旋光性强、遮盖力、着色力好，常用于农业机械涂料。

(4) 有机红颜料

有机颜料色彩鲜明、着色力强、相对密度小、无毒性，但遮盖力、耐旋光性、耐热性、耐溶性不如无机颜料。有机颜料中一般包含有发色基团或着色基团，如偶氮基团，以及助色基团，如氨基。

① 甲苯胺红　它是一种无毒的偶氮颜料，颜色鲜红，具有很好的耐光性、耐酸耐碱性，遮盖力高，短期耐热达 180℃。但它们的耐光性随着白色颜料的加入而降低，用甲苯胺红制得的粉红色漆较易褪色。另外，它们溶于芳香族溶剂，微溶于脂肪族溶剂和醇类，因此它们用在某些非转化型涂料和烘干型涂料中时容易渗色。

② 大红粉　它是不溶性的偶氮颜料，遮盖力较好，不溶于水，微溶于油，有一定的耐光、耐酸和耐热性。它经白颜料冲淡时耐光性差，价格较廉，是目前为涂料工业、印刷工业、塑料及文教部门常用的红色颜料。

③ 立索红　即蓝光色淀性红，是一种色淀性偶氮颜料。分子结构中的钠盐微溶于水，不溶于醇和油脂，对石灰不起作用，耐旋光性中等。钼盐红色较钠盐深，钙盐颜色最深。钡盐的耐旋光性比钠盐好，耐酸性较好，耐热性比钠盐好，极难溶于水，明显地带蓝光色调，吸油值较高，渗色性较小，适用于硝基漆及油基漆。

另外尚有两种红色无机颜料，即红丹和碱式硅铬酸铅，它们都是防锈颜料，将在下节叙述。

4. 黄色颜料

(1) 铬黄　$PbCrO_4$

铬黄又称铅铬黄，根据它的制造条件和成分的不同，其颜色可以从柠檬黄到深黄(或甚至猩红色)之间变化。铬黄具有较高的着色力、遮盖力和耐光牢度。但在含硫的污染环境中容易变色，如接触的是硫化氢，则会发暗；如接触的是二氧化硫则会漂白。铬黄还会与碱性底材反应而引起失色。尽管如此，铬黄仍是一种使用较广的无机黄色颜料，不论在底漆还是面漆，保护性漆还是装饰性漆中都可以使用。

(2) 锌铬黄　$ZnCrO_4$

锌铬黄颜料的主要成分为铬酸锌，它有三种规格。第一种规格是着色型锌铬黄，它具有根好的耐光牢度和对碱及二氧化硫的颜色稳定性，但它的遮盖力较低。铬酸锌稍带碱性，用在酸性的基料中时，会引起漆料在贮存期间的黏度增大。第二种规格是防腐型锌铬黄，也称单盐基锌铬黄，这种锌铬黄颜料中必须不含氯离子，氯离子是上述第一种着色型锌铬黄中可能存在的杂质。第三种规格是四盐基锌黄，主要用于磷化底漆中。后两种规格将在防腐颜料一节中再作叙述。

(3) 氧化铁黄　$Fe_2O_3 \cdot H_2O$

氧化铁黄有天然和合成两种。天然的铁黄又称土黄，颜色从浅黄到暗黄棕色。合成的铁黄由于纯度较高，颜色比天然铁黄较鲜些，亮度亦较高。两者均耐碱和有机酸，但遇无机酸会反应而失色，在高温下也会变色。氧化铁黄会吸收紫外线，因而用在户外涂料中能起到保护作用。

(4) 镉黄　CdS

镉黄是合成的无机颜料，根据制备的工艺不同，颜色可从浅黄变化到橙黄，色彩较鲜艳。镉黄耐热(耐温约达 500℃)，耐晒、耐碱但不耐酸。它们主要用于耐碱和耐高温的涂料中。

(5) 有机黄颜料

① 耐晒黄：这是一种偶氮颜料，颜色从橙黄色到嫩黄色。未冲淡的本色颜料其耐晒性好，这是它们最大的特点，但以白颜料冲淡时其耐晒性下降。它们的遮盖力较好，由于没有毒性，因此常用来代替铅铬黄。耐晒黄溶于酮、酯和芳香族溶剂，但难溶于脂肪族烃，这使得耐晒黄

经常在用脂肪烃作溶剂的常温干燥型涂料和乳胶漆中使用。

② 联苯胺黄:这是一类不溶性的偶氮黄颜料,包括从黄至红的色相。它们的遮盖力比耐晒黄好,并且不溶于大多数涂料用溶剂。它们也没有毒性,有很好的耐酸、耐碱性、耐热可达1 400℃。但它们的耐晒性较差不宜外用,因而仅适于在室内使用,尤宜用于室内用烘漆中代替铬黄颜料。

5. 蓝色颜料

(1) 铁蓝　$KFe[Fe(CN)_6]$

铁蓝,也称普鲁士蓝、华蓝。它具有较高的着色力、耐晒牢度和一定的抗酸性,但它的遮盖力低,遇碱或在高温时分解为氧化铁。

(2) 群青　$3Na_2O \cdot 3Al_2O_3 \cdot 6SiO_2 \cdot 2Na_2S$

群青是含有多硫化钠的复杂的硅酸铝颜料。它具有较好的耐光、耐热和耐碱性,但遇酸会分解,着色力也较差还易沉淀。它可在耐碱的涂料中使用。还常常少量地加入白漆中,使白漆带有蓝色色光以增强洁白感。

(3) 酞菁蓝

酞菁蓝是种色泽鲜艳,性能相当全面的有机蓝色颜料。它们有很高的着色力、遮盖力、耐光牢度、耐高温(达 500℃)、耐大多数溶剂和耐化学品性(不耐强酸),而且它们没有毒性,因而广泛用于各种涂料中。

6. 绿色颜料

(1) 氧化铬绿　Cr_2O_3

氧化铬绿的色泽不光亮,遮盖力和着色力也较低,但具有很好的耐光、耐热、耐酸和耐碱性,主要用在需要高度耐化学腐蚀和耐候的涂料中。

(2) 铅铬绿　$PbCrO_4 : KFe[Fe(CN)_6]$

它是铅铬黄与铁蓝的混合物,根据两者比例的不同,颜色可以从草绿色变化到深绿色。铅铬绿的遮盖力很好,但不耐碱,在污染环境中易发暗,在某些涂料基料中还会发生浮色和发花现象。

(3) 酞菁绿

酞菁绿是酞菁蓝的氯化产物,它们的色彩也相当鲜艳,其余性能也与酞菁蓝相似,用途十分广泛。

7. 金属颜料

(1) 铝粉

铝粉俗称“银粉”,是具有独特银色光泽的金属颜料。它是由铝熔化后喷成细雾,再经球磨机研磨而成,或用铝片经机械压制成铝箔,再经球磨机磨成细小的鳞片状。铝粉质轻,易在空气中飞扬,遇火星易发生爆炸,倾倒铝粉时,也会因磨擦而起火爆炸。为了安全,常在铝粉中加入 30%以上的 200# 溶剂汽油调成浆状。为了减少磨擦起火,又常加入硬脂酸或石蜡作润滑剂。

铝粉是一种片状的颜料,加入涂料中后,由于薄片相叠,形成了一个能阻止湿气和其他腐蚀性物质渗透的封闭层,因而能起到防腐作用。涂料用铝粉有浮型和非浮型两种。浮型铝粉的表面受过硬脂酸之类的表面活性剂处理,在涂料成膜时能浮到涂膜表面平行排列。非浮型铝粉没有这种浮到涂膜表面来的性能。在防腐蚀漆中使用的主要是浮型铝粉。非浮型铝粉常用来制锤纹漆，非浮型铝粉中的一种闪光型铝粉与透明色的颜料一起可配制金属闪光涂料，具有很好的装饰性，常用作轿车面漆。铝粉在涂料中的加入量一般均较低。

(2) 铜粉

铜粉又称“金粉”，是具有金黄色光泽的金属颜料，是由锌铜合金制成的鳞片状粉末。由于纯铜易变色，因此用不同比例配合的锌铜合金冲碾制成不同颜色的金粉。锌铜比例为15∶85时呈淡金色，为25∶75时呈浓金光，为30∶70时呈绿金光。如果用热处理或用有机染料着色，可以制得红、黄、橙、青、绿等色彩的金粉。它们的遮盖力较弱，反射光和热的性能较差，其应用不如铝粉广，只供装饰使用。

2.2.2 防锈颜料

防锈颜料在涂料中能增加涂膜对金属的防锈蚀作用，大致可分为金属粉和无机盐两大类。金属粉防锈颜料中，铅粉和锌粉较为重要，其次是铝粉，国外也有使用不锈钢粉作为防锈颜料的。某些无机盐防锈颜料中常含有能微溶于水的阴离子，这种阴离子可使金属底材钝化或延缓金属的腐蚀过程。常见的防锈颜料如表2-7。

表2-7　涂料常用的防锈颜料

颜料颜色	化学组成	品　种
橙　色	无机颜料	碱式硅铬酸铅
白　色	无机颜料	铅酸钙　磷酸锌
桔红色	无机颜料	红　丹
黄　色	无机颜料	锌铬黄(铬酸锌)、四盐基铬酸锌
金属光泽	金属粉末	锌粉、铅粉、铝粉、不锈钢粉

1. 无机盐防锈颜料

无机盐防锈颜料在涂料中的作用是缓蚀剂，它们常用于各种防锈底漆中。含铅和含铬酸盐的无机颜料曾经是最常用的防锈颜料，但由于它们的毒性以及对环境的污染问题，现在已出现改用新的毒性较小的防锈颜料如磷酸锌颜料等的趋势。这些新的低毒性防锈颜料比以往的铅系、铬酸系颜料的防锈性能虽然略差一些，但它们对底材的保护作用还是相当不错的。

(1) 碱式硅铬酸铅　$PbO \cdot CrO_3 \cdot SiO_2$

这是一种橙色的，低着色力的合成颜料。它可以各种比例与着色颜料并用以提高整个涂层的防锈性能。碱性硅铬酸沿的防锈作用可能是由于铅酸根离子的渗出和铅皂的形成(如果用高酸价的油改性树脂为基料)。这种颜料可在许多类型的涂料基料中使用，对涂料的流动特性和贮藏稳定性没有什么有害的影响。虽然它们的化学组成中也含有铅，但它的毒性要比红丹小。

(2) 铅酸钙　$2CaO \cdot PbO_2$

铅酸钙在纯度较高时呈白色，通常情况下呈米色。它具有碱性，与含有一定酸价的油改性树脂基料反应能生成铅皂，具有阻滞锈蚀的作用，同时也能增强涂膜的机械性能。如果基料的酸价不太高的话，铅酸钙颜料的加入不会损害涂料的稳定性。它的防锈作用还与它电极反应中的极化作用有关，铅酸钙颜料特别适用于镀锌钢板的防锈。由于它的毒性，其应用面受到了限制。

(3) 红丹　$PbO_2 \cdot 2PbO$

红丹是一种桔红色的防锈颜料，它常常与亚麻仁油一起使用。它具有碱性，能与基料中的羧基反应形成铅皂。如上所述铅皂既具缓蚀作用又能增加涂膜强度，但铅皂的形成也能使红丹族在贮藏过程中逐渐增厚。用红丹和亚麻仁油配成的防锈漆曾经作为钢铁材料最好的防锈底漆而广泛大量地使用，但由于铅毒的关系，它已大部分为其他防锈漆所代替。

(4) 铬酸锌(钾)　$K_2CrO_4 \cdot 3ZnCrO_4 \cdot Zn(OH)_2$

用作防锈颜料的铬酸锌和用作着色颜料的锌铬黄的不同之处是前者不允许含有残留氯离子，因此制备时也常采用不同的合成路线。铬酸锌的防锈作用是由于能渗出铬酸根离子，但在含氯的环境中它的防锈作用就大大减弱。铬酸锌是碱性的，这限制了它在酸性基料中的使用。

(5) 磷酸锌　$Zn_3(PO_4)_2$

磷酸锌是一种白色无形的中性防锈颜料，可在各种基料中使用。由于它的溶解性差，它不会像铬酸锌那样有渗出作用。虽然它有较好的防锈性能，但它的防锈机理还不太清楚，可能是由于它和金属表面以及涂料基料形成高分子络合物之故。

(6) 四盐基铬酸锌　$ZnCrO_4 \cdot 4Zn(OH)_2$

四盐基铬酸锌是一种黄色的防锈颜料，主要用于磷化底漆(又称洗涤底漆)。磷化底漆附在轻金属合金和钢铁表面上既具有一定的防腐蚀作用又能增进涂在它上面的其他涂层对底材的黏附力。四盐基锌黄的水溶性比铬酸锌低，其防锈作用主要是由它的铬酸根离子的缓慢释放所致。

(7) 其他防锈颜料

除了上述几种防锈颜料之外，近年来还出现了一些新的防锈颜料。这些颜料中有铬酸钙、钼酸钙、磷酸镁、磷酸铬、钼酸锌、偏硼酸钡、铬酸钡、有机含氯化合物等。这些颜料可单独使用，也可以与其他防锈颜料一起使用。几种防锈颜料混合使用时，其效果更好。上述这些新的防锈颜料中不少还处于开发阶段，因而应用面不及前面提到的几种防锈颜料广。但它们大多数是没有毒性的，这一点在当前注重劳动卫生、防止职业中毒和保护生态的情况下是非常重要的。顺便指出，某地体质颜料如滑石粉也有一定的防锈性能，而云母粉与防锈颜料一起使用时能提高防锈颜料的防锈效果。

2. 金属粉防锈颜料

有四种金属粉可用作防锈颜料，它们是锌粉、铅粉、铝粉和不锈钢粉。由于铅粉毒性较大，不锈钢粉价贵，我国目前都很少采用。铝粉的防锈作用前已叙述，下面仅对锌粉进行介绍。

锌是一种化学上有反应活性的金属，它的电极电位比铁低，因此根据金属的电化学腐蚀的原理，可以把锌作为牺牲阳极而来防止钢铁受到腐蚀，这种防腐蚀的方法称为阴极保护。锌粉在涂料中常用来配制富锌底漆，在富锌底漆中锌粉的含量很高，这样可使锌粉的质点之间以及锌粉与底材之间具有导电性，因而能对钢铁底材起到阴极保护作用。由于锌粉的含量较高，富锌底漆在贮存期间很易产生锌粉沉底的现象。

2.2.3　体质颜料(填料)

体质颜料又称填料，是和其他颜料一样不溶于基料(和溶剂)的固体微细粉末，加入涂料中对涂膜没有着色作用和遮盖力，即是没有遮盖力和着色力的颜料，但它们能影响涂料的流动特性以及涂膜的机械性能、渗透性、光泽和流平性等。另外，填料可以降低体系成本，增加涂膜厚度。

1. 重晶石粉(沉淀硫酸钡)　$BaSO_4$

重晶石粉是天然无机矿石重晶石研磨粉碎后的产品。它的硬度高且密度大，有很好的耐酸耐碱性，在涂料中用作填料能增加涂膜的硬度、耐磨性等机械性能。重晶石粉的化学成分是硫酸钡，用化学方法合成出来的硫酸钡粉末与天然硫酸钡(即重晶石粉)的性能相似，也可用作填料，常称为沉淀硫酸钡。重晶石粉(沉淀硫酸钡)在油和树脂基料中呈透明状态，因此它加在溶剂型基料中对涂料的颜色和遮盖力不会产生不良影响。由于重晶石粉的比重较大，在涂料中很易沉底，使用量过多时，会降低涂膜的耐久性，这对其它一些填料来说也是一样。

2. 瓷土(高岭土)　$A1_2O_3 \cdot 2SiO_2 \cdot 2H_2O$

瓷土又称高岭土，是以水合硅酸铝为主要成分的天然矿物细粉。它们常在溶剂型涂料中用作填料，但用量一般不多。因为它的颗粒细，用量过多时对涂料的流动特性会有不利的影响，但是能阻止颜料在贮藏过程中发生沉底现象。瓷土还有消光作用，可用于平光的底漆以及蛋壳光(半光)的面漆中。瓷土也在乳胶漆中广泛使用。

3. 云母粉　$K_2O \cdot 2A1_2O_3 \cdot 6SiO_2 \cdot 2H_2O$

云母是一种片状的硅酸铝钾天然矿物。云母粉的片状结构使它和浮型铝粉一样，能显著减少水在涂膜中的穿透性。云母粉还能减少涂膜的开裂倾向，提高涂膜的耐候性。因此，云母粉常在户外用漆中使用。

4. 滑石粉　$3MgO \cdot 4SiO_2 \cdot H_2O$

滑石粉也是一种天然矿石粉，它的主要成分是水合硅酸镁。在结构上它是片状和纤维状两种结构形态的混合物。纤维状的结构能对涂膜起到增强作用，会增加涂膜的柔韧性，而片状结构则和云母粉相似能减少水分对涂膜的穿透性。因此，滑石粉常在需要有较高的耐久性的防腐蚀涂料中使用。滑石粉和云母粉都能有助于提高底漆和面漆的防腐蚀性能。

5. 老粉和碳酸钙　$CaCO_3$

碳酸钙有天然和合成的两种。天然碳酸钙又称老粉、重质碳酸钙、石粉、大白粉等，是天然的石灰石矿经粉碎磨细而制成的。合成碳酸钙，又称轻质碳酸钙，其颗粒较细，吸油量较大。天然和合成的碳酸钙在各种底漆腻子和乳胶漆中使用较多，它们的价格都较低。由于它不耐无机酸，因此不宜在酸性环境中使用。

2.3　溶　剂

涂料用溶剂是一种既能溶解基料树脂又能用以控制涂料黏度使之能符合贮藏和施工要求的挥发性液体。涂料溶剂必须又有一定蒸发速度，这对涂料的成膜是十分重要的。从劳动保健和环境保护的角度来看，涂料溶剂应当毒性低微，气味温和，当然它们的价格越低越好。

有机溶剂的种类较多，按其化学结构可分为 10 大类：①芳香烃类。苯、甲苯、二甲苯等；②脂肪烃类。戊烷、己烷、辛烷等；③脂环烃类。环己烷、环己酮、甲苯环己酮等；④卤化烃类。氯苯、二氯苯、二氯甲烷等；⑤醇类。甲醇、乙醇、异丙醇等；⑥醚类。乙醚、环氧丙烷等；⑦酯类。醋酸甲酯、醋酸乙酯、醋酸丁酯等；⑧酮类。丙酮、甲基丁酮、甲基异丁酮等；⑨二醇衍生物（也可归纳为醚类）。乙二醇单甲醚、乙二醇单乙醚、丙二醇单丁醚等；⑩其他。乙腈、吡啶、苯酚等。下面对涂料中常用的一些溶剂进行介绍。

2.3.1　烃类溶剂

1. 甲苯　$C_6H_5CH_3$

甲苯属芳香族烃类溶剂，常用作乙烯类涂料和氯化橡胶涂料的混合溶剂中组成溶剂，在硝基纤维素涂料中则用作稀释剂。

2. 二甲苯　$C_6H_4(CH_3)_2$

二甲苯也是一种芳香族烃类溶剂。在溶剂型涂料中它的使用量很大。它常用作短油度醇酸、乙烯类涂料、氯化橡胶涂料、聚氨基甲酸酯涂料的溶剂。由于二甲苯的溶解力较大，蒸发速度适中，因此二甲苯常用于烘干型涂料以及喷涂施工的涂料中。

3. 200 号溶剂汽油

200 号溶剂汽油，俗称松香水，在国外常叫作矿油精。这是一种含有 16%以下芳香烃的脂肪烃混合物。200 号溶剂汽油的蒸发速度较慢，能溶解大多数的天然树脂、油基树脂和中油度、长油度醇酸树脂，因而 200 号溶剂汽油广泛地应用在以这些树脂为基料的、刷涂施工的装饰性涂料和保护性涂料中。它也可用作清洗溶剂和脱脂溶剂。

2.3.2　醇类和醚类溶剂

1. 丁醇　C_4H_9OH

是一种挥发较慢的溶剂，主要用作油性和合成树脂（特别是氨基树脂和丙烯酸树脂）涂料的溶剂，也是硝基纤维素涂料中的组成溶剂。

2. 乙醇　C_2H_5OH

乙醇也称酒精，是一种蒸发速度较快的醇类溶剂。工业酒精中通常含有一定量的甲醇。它是聚乙烯醇缩丁醛的溶剂，也是硝基纤维素混合溶剂的组分之一。

3. 丙二醇乙醚　$C_2H_5OCH_2CH(CH_3)OH$

丙二醇乙醚是醇醚类溶剂中的一个品种。醇醚类溶剂的特点是溶解力强、挥发速度慢，在涂料中加入一定量的醇醚类溶剂能控制涂料溶剂系统的挥发速度，改善涂膜的流平性。由于它们还具有水溶性，它们也广泛用作水溶性涂料的助溶剂和乳胶漆的成膜助剂。在醇酸类溶剂中，以往经常用乙二醇醚类溶剂，如乙二醇甲醚、乙二醇乙醚和乙二醇丁醚以及它们的醋酸酯（如乙二醇乙醚醋酸酯），近年来由于发现乙二醇醚类溶剂有较大的毒性，现建议改用溶解性能和蒸发速度相似但毒性低微的丙二醇醚类，如丙二醇乙醚、丙二醇甲醚、丙二醇丁醚以及它们的醋酸酯，丙二醇乙醚醋酸酯是聚氨酯涂料的良好溶剂。

2.3.3 酯类和酮类溶剂

1. 丙酮　CH_3COCH_3

丙酮是一种蒸发速度很快的强溶剂，常用作乙烯类树脂和硝基纤维素涂料的溶剂。

2. 甲乙酮　$CH_3COC_2H_5$

甲乙酮也是一种蒸发速度较快的强溶剂，主要用于乙烯类树脂、环氧树脂和聚氨酯树脂涂料的溶剂系统。

3. 甲基异丁基酮　$CH_3COCH_2CH(CH_3)_2$（MIBK）

甲基异丁基酮的性能、用途与甲乙酮相似，但蒸发速度稍慢一些。由于甲乙酮和甲基异丁基酮在我国的价格较高，使用还不太广泛，主要与其他溶剂一起组成各种涂料的混合溶剂，调整混合溶剂的溶解力和蒸发速度，以改善涂料的性能。

4. 环己酮　$C_5H_{10}CO$

环己酮也是一种强溶剂，但它的蒸发速度较慢。主要用于聚氨酯涂料、环氧和乙烯类树脂涂料。

5. 醋酸丁酯　$CH_3COOC_4H_9$

醋酸丁酯是一种挥发速度适中，通用性较广的溶剂。它的溶解力也很强，但比酮类溶剂要差一些。醋酸丁酯以前主要用于硝基纤维素涂料，目前已广泛用于各种合成树脂涂料如丙烯酸酯涂料、聚氨酯涂料等的组成溶剂。

6. 醋酸乙酯　$CH_3COOC_2H_5$

醋酸乙酯的性能和用途与醋酸丁酯相似，但挥发速度比醋酸丁酯快。

2.4 助　　剂

为了改善涂料的某些性能，往往在涂料中加入某些辅助材料（或称助剂）。它们虽然不是主要成膜物质，使用量也很少，但它们在涂料中都起着特殊的作用，对涂料的质量及性能影响颇大。归纳起来主要有以下几个方面：

① 对涂料生产过程发生作用的助剂，如润湿剂、分散剂、消泡剂、乳化剂等；

② 对涂料储存过程发生作用的助剂，如增稠剂、触变剂、防沉剂、稳定剂、防结皮剂等；

③ 对涂料施工过程起作用的助剂，如流平剂、消泡剂、催干剂、防流挂剂等；

④ 对涂膜性能产生作用的助剂，如增塑剂、消光剂、阻燃剂、防污剂、防霉剂等。

2.4.1 对涂料生产过程发生作用的助剂

1. 颜料分散剂

在色漆中，颜料和填料必须在整个液体系统中均匀地分散，液体介质必须能取代黏留在质点表面上的水分、气体和灰尘。当颜料和填料不能或难于被介质所润湿时，可以用颜料分散剂使润湿分散容易发生。即使在颜料润湿较好的情况下，人们也经常使用颜料分散剂，以保证获得很好的分散体。

颜料分散剂的主要作用是赋予颜料粒子以电荷，使之相互间产生斥力，起保护胶体作用；或在颜料粒子周围形成高黏度状态，防止粒子相互聚集，以保证颜料不发生絮凝和沉降现象。

颜料分散剂一般是表面活性剂，可用的化合物有磺化的油类、脂肪酸（羧酸）的钠盐或钾盐、季铵盐化合物、环氧乙烷与脂肪酸或脂肪酰胺的缩合物；还可用离子型高分子分散剂，如聚丙烯酸钠可在颜料颗粒表面形成双电层结构，使它们相互之间产生相斥性；亦可以是非离子型高分子分散剂（如聚乙烯醇、淀粉、聚乙二醇等），可吸附于固体表面形成水合膜，起到保护胶体的作用，并使颜料有良好的悬浮性，使其不至于很快沉降。颜料分散剂的用量通常为涂料中总固体份的 0.1%～0.5%。

2. 消泡剂

涂料加工或使用过程中由于混入空气会在涂料本体内产生很多小气泡，这些气泡导致成膜质量变差，同时也会影响涂料中的填料、颜料等固体组分的分散。这时往往需要加入一些能加快气泡消除的物质——消泡剂，又叫"去沫剂"。消泡剂能调节界面自由能，防止气泡产生或减少泡沫。在涂料工业中水性乳胶涂料的泡沫问题最为突出。

消泡剂的主要组成见表 2-8，水性涂料用消泡剂，多使用在水中难溶的物质，如矿物油、萜烯油、脂肪酸低级醇酯、高级醇、高级脂肪酸、高级脂肪酸金属皂（如硬脂酸钙、棕榈酸镁）、高级脂肪酸甘油酯（如脱水山梨醇三油酸酯、二甘醇硬脂酸酯等）、高级脂肪酸酰胺（如二硬脂酰乙二胺）、高级脂肪酸和多乙烯多胺的衍生物、聚乙二醇、聚丙二醇、丙二醇与环氧乙烷的加聚物、乙二醇、有机磷酸酯（如磷酸三辛酯、磷酸三丁酯和磷酸辛酯钠等）、有机硅树脂、改性有机硅树脂、二氧化硅与有机硅树脂配合物等。溶剂型涂料用消泡剂常使用难溶于有机溶剂中的物质，如低级醇、高级脂肪酸金属皂、低级烷基磷酸酯、有机硅树脂、改性有机硅树脂等。在使用有机硅树脂作消泡剂时，为防止缩孔或陷穴的产生，多采用改性的或乳化的有机硅树脂。

表 2-8　组成消泡剂的主要物质

种　类	名　称
低级醇系	甲醇、乙醇、异丙醇、仲丁醇、正丁醇
有机极性化合物系	戊醇、二丁基卡必醇、磷酸三丁酯、油酸、松节油、金属皂、*HLB* 值低的表面活性剂（缩水山梨糖醇月桂酸单酯、缩水山梨糖醇月桂酸三酯、聚乙二醇脂肪酸酯、聚醚型非离子活性剂）、聚丙二醇等
矿物油系	矿物油的表面活性剂配合物、矿物油和脂肪酸金属盐的表面活性剂配合物等
有机硅树脂系	有机硅树脂、有机硅树脂的表面活性剂配合物、有机硅树脂的无机粉末配合物

我国水性涂料近几年来发展较快，专用消泡剂的研究也有了一定发展，性能较好的有 SPA-102（醚酯化合物有机磷酸盐的复配物）、SPA-202（硅、酯、乳化剂等的复合型）。

国外研制消泡剂比较有名的厂商有：美国的 Air Droducts and Chemical Inc.，Nopco Chemical Co. 和 Nalco Chemical Co.；英国的 Bevaloid Ltd.；日本的三乃可、裕商、日信等；联邦德国的 Henkel 和 BYK 等公司。他们都有自己的系列产品，供各方面配套使用。

2.4.2 涂料储存中使用的助剂

1. 增稠剂、触变剂和防沉淀剂

按照某些涂料配方制造出来的涂料有时会黏度太小，流动性太大。在某些应用场合下，涂料的流动性大是有好处的，但在另一些应用场合，流动性大则造成种种不利。如木材着色剂、封闭剂和喷漆要求黏度较低；而刷涂施工的或需要成膜较厚的涂料则需要黏度较大。黏度较低的涂料在贮藏过程中，往往会发生颜料沉淀现象，当颜料的密度较大时，则情况尤为严重。颜料沉淀后，一般经搅动后可重新分散，但沉淀严重时，重新分散不易达到。这些问题可以通过添加助剂调节涂料黏度或调整涂料配方的方法来解决。

在涂料中加入增稠剂可增加涂料的黏度(即减少其流动性)，但不会使涂料产生触变现象；而在涂料中加入触变剂则能使涂料产生触变现象。在涂料中加入触变剂后涂料在没有受到剪切力或仅受到低剪切力的情况下会形成胶冻状的结构，但在受到较高剪切力时则有较好的流动性。当剪切力由较高减低到零时，涂料会逐渐恢复成胶冻状态，这种流变现象称为触变。具有触变性的涂料在施工时能避免发生流挂和流淌现象，在贮存时则能减少或完全消除颜料沉淀现象。

在要求涂膜平整光亮等需要涂料有较好的流平性的情况下，不希望涂料有触变性，此时颜料沉淀现象可以用添加防沉淀剂或表面活性剂如大豆卵磷酸的方法来解决，通常加入量为配方总量的1%左右。

有许多化合物能增加涂料的黏度或使涂料具有触变性，或者是两种作用兼而有之。下面介绍几种常用的增稠剂和触变剂。

(1) 纤维素醚

改性的纤维素醚，如羧甲基纤维素钠和乙基羟乙基纤维素，广泛地用作乳胶涂料的增调剂。这种纤维素化合物能吸水膨胀而使涂料增稠，它们在乳胶涂料中的加入量约为0.25%～1.0%，这时不会使涂料具有触变性。使用羧甲基纤维素钠作增稠剂时，乳胶涂料具有较好的流动性和流平性，而用乙基羟乙基纤维素时，乳胶涂料的涂膜则有较好的耐擦洗性。

(2) 气相二氧化硅

这种二氧化硅的颗粒微细，吸收了水和其他溶剂以后能形成稳定的胶体。由于它在化学上是惰性的，因此适宜在各种基料中用作增稠剂和胶冻剂。气相二氧化硅的表面经过处理之后，能使它在非水的以及非极性的液体中使用。

(3) 膨润土

这是一种天然的胶态硅酸盐瓷土。当它分散在水中后能膨胀，因此可用作水性涂料的增稠剂。用胺处理过的膨润土能使溶剂型涂料增稠并具有触变性，加入量约为涂料重量的2.4%。在将胺改性的膨润土加入涂料时，一般先将它分散在烃类溶剂中再加入少量极性溶剂如甲醇或乙醇使它形成一种触变性的胶冻，然后将这种胶冻在制漆分散颜料过程中混和在涂料中。

最近，在国外已出现了一种不需要预先用溶剂制成胶冻，而能在任何阶段直接加入的新型膨润土，使用十分方便。

2. 防结皮剂

气干型涂料在使用及贮存过程中往往会由于溶剂的挥发或表面氧化聚合而胶凝，俗称“结皮”。初期的胶凝尚可通过搅拌过滤恢复原来的流动状态，但到最后皮膜增厚成为固态就无法使用了，所以必须采用适宜的防结皮剂，在不损害涂料性能的情况下有效地防止结皮。

防结皮剂有两类，即酚类和肟类。酚类对涂料的干性有影响，用量稍大就会造成涂膜不易干燥，而且酚类化合物易使涂膜泛黄，并与铁反应呈棕色，还有刺激味，因此涂料一般不采用酚类防结皮剂。

常用的肟类防结皮剂有甲乙酮肟、丁醛肟和环己酮肟等，其防结皮作用是因肟类化合物具有抗氧化作用。肟类是温和的抗氧化剂，同时也是金属的络合剂，可破坏催干剂的活性而防氧化结皮。当它从漆膜中蒸发后，催干剂金属又可全部恢复活性，因而不影响漆膜的干燥性能。

2.4.3　涂料施工中用到的助剂

1. 流平剂

涂料经涂装后能够达到平整、光滑涂膜的特性称为涂料的流平性，能改善湿膜流动性的物质称为流平剂。流平剂的主要作用是降低涂料组分间的表面张力，增加流动性而使涂膜光滑、平整，获得无针孔、缩孔、刷痕、缩边、橘皮、颜色发花等表面缺陷的致密漆膜。

流平剂的种类大致分为：

(1) 溶剂流平剂

它实际上是几种高沸点溶剂的混合物，有的掺加少量有机硅化合物。它的作用：一是使涂料黏度降低；二是使涂料的干燥速度减慢，延长可流平的时间。商品化生产的这类流平剂不多，BYK公司生产两种溶剂流平剂BYKETOL-OK和BYKETOL-SPECLAL，都是高沸点芳烃、酮酯类溶剂混合物，后者含低分子聚二甲基硅氧烷。

(2) 丙烯酸酯聚合物类

这类流平剂是丙烯酸酯共聚物，平均相对分子质量在6 000～20 000之间，玻璃化温度低(－20℃以下)。它们的共同点是具有很低的表面张力，远低于大多数溶剂。

商品化生产的这类流平剂有汉高公司科宁产品Perenol F系列，包括F3、F40、F45和F60四种，均为100%非挥发分，根据涂料系统的性质选用，加入量为0.2%～1.5%；BYK公司的BYK-35x系列均为丙烯酸酯类流平剂，采用的溶剂有非极性的二甲苯及极性的丙二醇醚酯类，根据与涂料系统的相容性进行选择，加入量为0.1%～1.0%。

(3) 有机硅类流平剂

有机硅类流平剂是主链为—Si—O—的聚硅氧烷，主要为聚二甲基硅氧烷及其改性产物。聚二甲基硅氧烷是无色液体，黏度随聚合度增大而提高，具有很低的表面张力，在25℃时为16～21 mN/m。另外，对聚二甲基硅氧烷进行改性的产物有聚醚改性聚硅氧烷、聚酯改性聚硅氧烷、带反应性基团的聚硅氧烷。

商品有机硅类流平剂品种很多，汉高公司科宁产品中Perenol 3245是一种含有机硅流平增滑剂，适用于多种涂料系统。BYK公司的流平剂大多数是有机硅系列产品，BYK300～375系列产品均为聚硅氧烷类流平剂，有聚醚改性也有聚酯改性的，其表面张力降低分为强中低等级别，适用不同的情况。选用时应根据相容性(涂料系统的极性大小)和重涂性来进行。

2. 催干剂

催干剂又名干料、燥油等，主要用于油脂漆、酯胶漆、酚醛漆、醇酸漆等氧化聚合型干燥（自干型）油漆在温度较低、挥发速度较慢的环境中施工用，以促进其涂层的干燥，提高涂膜的质量。催干剂可分为固体和液体两种形态，而液体催干剂的使用较为广泛，通常是油溶性的有机酸金属盐（又称金属皂）。用得最多的催干剂是铅、钴、锰的环烷酸盐、辛酸盐、松香酸盐和亚油酸盐。其他还有铅盐和锆盐。近年来由于对铅盐毒性的关注，锆盐催干剂的用量在逐渐增加。

催干剂加速涂膜固化速度是通过加速基料中不饱和脂肪酸的氧化聚合作用而实现的，但精确的反应机理尚不清楚。催干剂中以钴盐和铅盐的催干作用最强，但它们的催干方式有所不同。铅盐和钴盐通常并合使用，两者的典型配比是 10：1（重量比）。铅盐能使涂膜内部干燥而钴盐的作用主要是表干，两者合用后使涂膜里外都能干透。当基料是醇酸树脂时，混合催干剂的使用能防止有光漆发生起霜现象。油溶性的钙皂虽然没有催干作用，但由于它也能减少涂膜起霜现象，因而也常与其他催干剂一起使用。

催干剂的有机酸部份对涂膜的干燥速度没有多大的影响，但却能影响涂膜的性能。环烷酸盐对涂膜性能没有什么不利的影响，但松香酸盐催干剂会加速涂膜的发脆。松香酸盐和亚油酸盐催干剂在涂料贮藏期过长时还会丧失催干作用。

如果要求涂膜平整光滑、没有发皱和起霜等现象，涂料配方中的催干剂用量就必须严格控制。催干剂的典型用量是对每一份树脂固体来说，一般加入 0.25%～0.5%（重量）的铅（以金属含量计算）和 0.025%～0.05%的钴（以金属含量计）。

2.4.4 改善涂膜性能的助剂

1. 增塑剂

增塑剂是用于增加涂膜柔韧性的一种涂料助剂。对于某些本身是脆性的涂料基料来说，要获得柔韧性和其他机械性能较好的涂膜，增塑剂是必不可少的。增塑剂通常是低相对分子质量的非挥发性有机化合物，但某些聚合物树脂也可作增塑剂（也称增塑树脂），如醇酸树脂常用作氯化橡胶和硝基纤维素涂料的增塑剂。增塑剂必须与被增塑的树脂有较好的混溶性。

一般说来，增塑剂的加入会增加涂膜的延伸性而降低它的抗张强度。在一定的增塑剂加入量之内，涂膜的渗透性基本保持不变，但增塑剂加入量继续增加时，涂膜的渗透性将急剧增加，即涂膜的柔韧性和附着力先随着增塑剂的加入而增加，但到达一个峰值之后反而下降。除了对涂膜的机械性能有影响之外，增塑剂也会影响涂膜的其他性能，因而增塑剂的最适宜用量应将各方面因素综合平衡考虑后来确定。

下面简要介绍几种涂料中常用的增塑剂。

(1) 邻苯二甲酸二丁酯（DBP）

这种增塑剂对各种树脂都有良好的混溶性，因而在涂料中使用较广。邻苯二甲酸二丁酯对涂膜的黄变倾向较小，但它的挥发性较大，所以涂膜经过一段时间使用后，会由于增塑剂的逐渐减少而发脆，这是它的不足之处。邻苯二甲酸二丁酯常用于硝基纤维素涂料（用量约为 20%～50%）和聚醋酸乙烯乳液涂料中（用量约为 10%～20%，在乳液聚合时加入）。

(2) 邻苯二甲酸二辛酯(DOP)

邻苯二甲酸二辛酯的性能和上述的邻苯二甲酸二丁酯相似,但它的挥发性较小,耐光性和耐热性较好。它常用于硝基纤维素涂料和聚氯乙烯塑溶胶和有机溶胶涂料中。

(3) 氯化石蜡

氯化石蜡主要用作氯化橡胶的增塑剂,它的加入量可高达 50%,而且不会使氯化橡胶涂膜的抗化学性变差。

2. 防污剂、防腐剂和防霉剂

船舶和海上设施中长期置于海水中的表面很容易受到"污染"。这里所说的"污染"是指船舶等的水下表面沉积和生长了一些海生物,如海草、石灰虫、藤壶和细菌等。船体表面受到了这种污染之后,会增加船舶在航行时的阻力,使它的航行速度减慢,燃料消耗增加。同时,它还会加速船体的腐蚀,使船舶的维修周期缩短。为了防止和抑制这种污染的产生,船体的水下部位除了涂防腐涂料之外,还要涂一层防污涂料。防污涂料中含有毒料,它能从涂料膜中以一定的速度逐渐释放出来,使海生物不能在船体表面附着和生长。常用的防污毒料有氧化汞、三丁基氧化锡、铜粉和氧化亚铜。防污涂料中毒料的加入量一般均较多,以保证防污涂料在较长的时间内仍有毒料释放。

常用涂料,特别是水性乳胶涂料容易受到微生物的侵袭。微生物的侵袭不仅使涂膜的外表变污,而且整个涂膜还会逐渐降解。微生物侵袭涂膜,在涂膜上繁殖并破坏涂膜的现象常称为长霉。水性乳胶漆中通常加有纤维素类增稠剂,微生物(细菌和霉菌)很容易在这种增稠剂中繁殖生长,也就是说水性乳胶漆比较容易腐败和生霉。因此在水性乳胶涂料和其他容易受生物作用的涂料中必须加有能阻止和抑止微生物生长的添加剂,这种添加剂称为防腐剂及防霉剂。

能侵袭涂膜的微生物主要有两类:一类是细菌,另一类是真菌(霉菌)。在涂料受细菌侵袭而降解的过程中,起主要作用的往往是细菌代谢过程中产生的酶,而不是细菌本身。对付细菌的防腐剂,也称杀菌剂,常用的是酚类、甲醛类化合物,有时也用有机汞化合物,用量约为涂料重量的 0.05%～0.3%。值得指出的是,在涂料的制造过程中,要保证在各种原料中不含有酶,否则即使加了杀菌剂,涂料仍然会降解。因为杀菌剂通常只对细菌有毒性,而对酶则不起作用。

涂料中真菌(霉菌)的生长也会引起涂层的降解,但通常仅以损害涂膜的外观为主。在某些情况下,如在厨房、牛奶房和酿造厂中,涂膜长霉还会间接地使产品有毒。对付真菌的助剂称防霉剂,是有毒性的化合物,能阻止霉菌(真菌)的侵袭和繁殖。下面简要介绍几种杀真菌的防霉剂。

(1) 有机汞化合物

它们对人体有很大的毒性,但防各种霉菌的效果很好,如醋酸苯汞就是一种广泛防霉剂(即能防止很多种霉菌生长的防霉剂)。由于它们易被水萃取并在含硫空气中易使涂膜发暗,同时还容易受光化学作用而降解,因此它们的应用面受到了一定的限制。

(2) 有机锡化合物

这类化合物对人体的毒性比有机汞化合物要低,防霉性也较好。它们适宜户内用涂料中使用,用量为涂料中固体成分的 1%。

(3) 偏硼酸钡

如果用量达 15%～20%时,它有很好的防霉作用,它稍有水溶性,因此宜用于渗透性较低的基料中。

(4) 氧化锌

前面已经讲过氧化锌是一种白色颜料，但它也是一种传统的防霉剂。它的用量在30%～40%时有较好的防霉效果。由于它的户外耐久性较差，而防霉效果也不很稳定，因此目前已较少作为防霉剂使用。

(5) 二硫代氨基甲酸酯

这是一种溶解度较小的防霉剂，用量为涂料总固体成分的3%～6%，因它影响干燥，所以一般不宜用于氧化型涂料中。

2.5 涂料原辅材料的检测

以上介绍的涂料各组成品种繁多，各组成的性能特点决定了涂料配方的设计，故在进行涂料配方设计前往往需对各组成进行常规检测。

一般来讲，基料的常检项目有不挥发物含量、黏度、颜色号、酸价、羟值、*NCO*值(指聚氨酯树脂)、环氧值等；颜填料的常检项目为外观、吸油量、遮盖力、筛余物、105℃挥发物、pH值、水溶物、耐热性、耐水性、易分散程度等。助剂的种类与品种繁多，用量少而价高，故一般工厂对助剂的检测项目较少，一般测量比重、黏度、固含量和稳定性等项目，其测量方法与树脂同；另外，助剂的性能评价一般通过涂料及涂膜的性能测试来评价，与后面章节中涂料性能测试同，故在此不进行详细介绍。溶剂方面的检测可查阅相关专业的书籍，本节重点介绍树脂与颜填料的常规检测。

2.5.1 基料的检测

1. 不挥发含量(固含量)的测定

不挥发含量(固含量)，是指树脂在规定条件下烘干后剩余部分占总量的百分数。

测定方法：准确称取1～2 g左右产品放置于扁平的称量皿中，放入(120±2)℃的烘箱中烘2～3 h，取出称重，然后再次放入，隔半个小时取出再次称重，反复几次，直至连续两次称重差值在0.01 g以内。按下式计算固含量：

$$S=\frac{m_2-m_0}{m_1-m_0}\times 100\%$$

式中：S——不挥发分固含量，%；

m_0——容器的质量，g；

m_1——加入样品后容器与样品的质量，g；

m_2——恒重后容器与干燥样品的总质量，g。

2. 格氏黏度

格氏黏度是表征树脂黏度的最常见方法之一。其测定方法为：将树脂液倒入格氏黏度管中，约至 100 mm 处，塞上塞子，放入 25℃恒温水浴中，10 min 后，调整液面至凹面恰好在 100 mm刻线上，塞上塞子至 108 mm 刻线上，继续放入 25℃恒温水浴中，10 min 后，迅速倒置黏度管，并将黏度管垂直置于 25℃水浴中，测定起泡上升至黏度管顶部需要时间，用 s 表示。

3. 颜色号

将树脂倒入无色透明的比色专用玻璃管中，再与 Fe-Co 比色计对比，树脂与比色计中最为接近的颜色号即为树脂的颜色。

4. 酸价的检测

酸价又称为酸值，其定义为 1 g 固体树脂中羧基所消耗的氢氧化钾的毫克质量数。

测定方法：取适量样品用甲苯-乙醇溶液(2∶1)溶解，加入酚酞指示剂，用 KOH 标准溶液滴定出现桃红色并且在 15 s 内不褪色为终点，同时做空白试验。按下式计算：

$$A_v = \frac{56.1 \times C_{KOH} \times (V_s - V_0)}{m}$$

式中：A_v——样品的酸值，mgKOH/g；

C_{KOH}——KOH 标准溶液浓度，mol/L；

V_s，V_0——分别为滴定样品和空白滴定所消耗的碱液体积，mL；

m——称取样品的质量，g。

5. 羟值的检测

羟值的定义为：1 克固体树脂中羟基所消耗的酸酐数与其当量的氢氧化钾的毫克数。

测定方法：称取(1～2)g 树脂置于带回流冷凝管的磨口带塞三口烧瓶中，用移液管加入 10 mL 乙酸酐-吡啶溶液(质量比 12∶88)，轻轻摇动使其溶解，置于(100±2℃)油浴中回流 2 小时，停止加热，从冷凝管顶部加入 10 mL 蒸汽水，放置 10 min 后，再加入 50 mL 无水乙醇冲洗，取下三口瓶，以酚酞为指示剂，用标准 KOH -乙醇溶液滴至微红色，同时在同等条件下对乙酸酐-吡啶溶液做空白试验。

结果计算：
$$\text{羟值} = \frac{(V_0 - V_1) \times C_{KOH} \times 56.1}{m}\ (\text{mgKOH}/g)$$

式中：C_{KOH}——KOH 标准溶液浓度，mol/L；

V_1，V_0——分别为滴定样品和空白滴定所消耗的碱液体积，mL；

m——称取样品的质量，g。

6. 聚氨酯树脂 *NCO* 值(异氰酸酯值)

异氰酸酯值是指样品中异氰酸根基团(—NCO)的质量分数(%)。异氰酸根值的测定采用二正丁胺法。

操作简介：准确称取(1～1.8 g)(准确至 0.001 g)样品置于磨口带塞锥形瓶中，用移液管准确移入 10 mL 二正丁胺-丁酯溶液，用瓶塞盖紧，轻轻摇动使其溶解混合均匀，静置 20 min 后，加入 30 mL 无水乙醇，摇匀，滴入 3～5 滴 0.1%溴甲酚绿指示剂，用 0.5 mol/LHCl 标准溶液滴定至刚好变成黄色为滴定终点，同时做空白实验。

结果计算：
$$NCO = \frac{(V_0 - V_1) \times c_{HCl} \times 4.2}{W}\%$$

式中：V_0——空白实验消耗 HCl 标准溶液的体积，mL；

V_1——试样消耗 HCl 标准溶液的体积，mL；

C_{HCl}——HCl 标准溶液的浓度，mol/L；

W——试样品质，g。

7. 环氧树脂环氧值测定

环氧值，是指表示每克环氧树脂中所含有的环氧基的摩尔数，单位为 mol/g。

操作简介：取 1 g 左右树脂样品，置于带塞三口烧瓶中，用移液管加入 20 mL 盐酸-丙酮溶液（1∶40）加盖使试样溶解。放置 1 h，再加入 3 滴甲基红指示剂，用 0.1 mol/L NaOH 标准溶液滴定至红色褪去变为黄色为终点，同时做空白试样。

结果计算：

$$环氧值 = \frac{(V_0 - V_1) \times C_{NaOH}}{1\,000\,m}$$

式中：V_0——空白实验消耗 NaOH 标准溶液的体积，mL；

V_1——试样消耗 NaOH 标准溶液的体积，mL；

C_{NaOH}——NaOH 标准溶液的浓度，mol/L；

m——试样质量，g。

2.5.2 颜(填)料的检测

1. 外观

颜料外观评定有颜色比较法和直接测色法。颜色比较法根据国家标准 GB/T 1864—1989 颜色颜料的比较执行。方法为以精致亚麻仁油为分散质，用平磨仪分别制作试样与标样色浆，刮于玻璃板上，于散射日光或标准光源下比较两者的差异。分四级评价：近似、微、稍、较（加上色相），对白色颜料：优于、等于或差于标准样品及加上色相进行评定。

颜色直接测色法有目视和仪器测试两种，即使用仪器或目视直接给出颜色的量值或样号。中国尚未制定国家标准，国外标准有 ASTMD 1535—95a，采用孟塞尔颜色标号来表示颜料色。

2. 吸油量

吸油量是指定量的干颜料黏结成腻子状物或形成某种浆时所需要的亚麻仁油的量。用以评价颜料被漆料润湿的特性。

测量的方法可按 GB/T 5211.15—1988 颜料吸油量的测定、ASTMD 281—99 用刮刀研磨混合法测定颜料吸油量、ASTMD 1485—95 用加德纳·科尔曼法测定颜料吸油量执行。

操作简介：称取 1～2 g 试样，放于玻璃板上，滴加精制亚麻油，用调墨刀仔细研压，务必使油均匀分散在颜料颗粒中，开始时可滴加 3～5 滴，近终点时逐滴加入，当加入最后一滴时，试样与油黏成一团，不黏刀不开裂，即为终点，全部操作在 20～25 min 内完成。

结果计算：

$$OA = \frac{m_1}{m} \times 100$$

式中：OA——吸油量，g/100 g，即每 100 g 各颜料产品所吸收的亚麻仁油量；

m_1——质量为 m 的颜料试样所吸收的油量，g；

m——试样质量，g。

3. 遮盖力

颜料遮盖力是颜料的重要光学性能之一。当颜料分散于介质中形成涂膜时，涂膜不透明性完全由颜料产生，评定颜料遮盖力实际上就是评定颜料在涂膜中遮盖底材的能力。颜料遮盖力定义为单位质量的颜料所能遮盖底材的面积，一般以恰好遮盖单位面积底材所需要颜料的最小量表示(g/m^2)。

按国标 GB/T 1709—1979 颜料遮盖力测定法(黑白格板法)及 GB/T 5211.17—1988 白色颜料对比率(遮盖力)的比较测量执行。

操作简介：取 3～5 g 左右试样放在玻璃板上，用调墨刀边研磨，边加入亚麻油，使加入油量与试样质量比接近 1∶1，把油与试样研磨均匀后，先称量好黑白格板质量，用漆刷蘸取颜料色浆在板边缘黏附(黑白格板涂覆的面积为 200 mm×100 mm)。视线与板面倾斜成 30°角，黑白格恰好被色浆遮盖为终点，再称量涂有色浆后的板重。

结果计算：
$$遮盖力 = \frac{50m(m_1 - m_2)}{m + m_3}\ (g/m^2)$$

式中：m——为试样质量，g；

m_1，m_2——分别为刷板后质量与刷板前的质量，g。

m_3——为用去亚麻油量，g。

4. 筛余物

筛余物一般定义为颜料粒子通过一定孔径的筛网后的残余物质量与试样质量之比，以百分数来表示，筛余物测定是颜料粒子测定的一种通用方法。测定的方法按国标 GB/T 1715—1979 颜料筛余物测定、GB/T 5211.14—88 颜料筛余物测定之机械冲洗法、GB/T 5211.18—88 颜料筛余物测定之水法手工操作执行。

机械冲洗法操作过程：取样品 5 g 左右，称量筛子质量，将样品倒入筛子，边用水冲洗筛中样品，边用毛笔搅拌筛中样品，直到通过筛子的冲洗液清澈，不含颜料的分散体。将筛子(内含残余物)移入 105℃烘箱中烘干(约 2 h)，取出放入干燥器中冷却至室温，称量其质量 m_2。

结果计算：
$$筛余物 = \frac{m_2 - m_1}{m} \times 100\%$$

式中：m——为试样质量，g；

m_1，m_2——分别为筛子净重与筛子(内含残余物)的质量，g。

5. 105℃挥发物

颜料 105℃挥发物是指颜料 105℃下挥发物量与试样量的比值，以百分数表示。测定方法，按国标 GB/T 5211.3—1985 执行。

操作简介：称 10 g 左右试样均匀铺平在称量瓶中，打开盖子，放入 105℃烘箱中烘至恒重，盖好盖子，取出迅速放入干燥器中，冷却至室温称量。

结果计算：
$$X = \frac{(m_1 - m_2)}{m} \times 100\%$$

式中：X——105℃挥发物含量，%；

m_1——烘前试样加瓶重，g；

m_2——烘后试样加瓶重，g；

m——试样重,g。

6. pH 值

测定颜料在水中悬浮液的 pH 值是测定颜料酸碱度的一种常用方法。测定方法按国标 GB/T 1717—1986 颜料水悬浮液 pH 值的测定执行。

操作简介:粗称试样 5 g 左右,溶于 100 mL 蒸馏水中,用滤纸过滤取滤液用 pH 计,测其 pH 值。

7. 水溶物测定

颜料水溶物指的是颜料中可溶于水的物质,一般指一些可溶性盐类。当颜料用于涂料中时,这些水溶性物对涂料性能影响很大,它是颜料感光作用的催化剂,可促使干漆膜早期破坏,也可导致底层金属腐蚀加速,所以控制颜料中水溶物含量相当重要。颜料水溶物的测定的方法有重量法和电阻法这里只介绍重量法,它的原理是一定量试样用不同的方式分散于水中稀释至一定体积过滤,测定规定体积滤液中水溶物的含量,以试样的百分数表示。

操作简介:称取 5 g 左右试样记为 m,放入 250 mL 烧杯中,先用几毫升水湿润,加入 200 mL 水,并在室温下搅拌溶解,倒入布氏漏斗中反复抽滤,直至滤液清澈,在水浴上用预先称量的蒸发皿(m_1),取 100 mL 滤液于蒸发皿上蒸干,移入(105±2)℃烘箱中烘干,放入干燥器中冷却,再称量质量记为 m_2。

$$\text{水溶物含量} = \frac{m_2 - m_1}{m} \times 2 \times 100\%$$

8. 耐热性

颜料耐热性指颜料经一定温度烘烤后,其颜色外观变化的性能。颜料耐热性测定分两种:一种是测干粉耐热性,另一种是颜料分散于介质中的热稳定性。测定方法按国标 GB/T 1711—1989 颜料在烘干型漆料中热稳定性的比较和国标 GB/T 1716—1979 颜料干粉耐热性测定法执行。

操作简介(颜料分散于介质中的热稳定性):通常是将颜料同溶于丁醇和二甲苯的尿醛树脂(不挥发份 6%)制成色浆,喷于马口铁片上。在 100℃烘烤 1 h,制成样板若干块,然后按次以不同温度在烘箱内烘烤,温度从 100℃起,第 10℃为一档,每次烘 30 min,然后取出与原样对比,视有明显变色时的上一档温度即为该颜料的最高耐热度。

9. 耐水性

颜料的耐水性是指颜料对抗水的溶解而造成水沾色的性能。颜料和水接触后,由于颜料微溶于水,会造成水的沾色。因此耐水性测定也是颜料(特别是有机颜料)的重要应用性能之一。测定方法按 GB/T 5211.5—1985JISK5101 之 12 执行。

操作简介:需做两份平行试验(1)使用冷水,称取约 0.5 g 样品于试管中,加蒸馏水 20 mL,剧烈振荡 5 min,静置 30 min,过滤得清澈滤液后,对照沾色灰色分级卡以目测评定沾色级别。(2)使用热水,称取约 0.5 g 样品于试管中,加蒸馏水 20 mL,水浴煮沸 10 min,冷却过滤得清澈滤液后,对照沾色灰色分级卡以目测评定沾色级别。

结果的表示:评定的沾色级别直接用来表示颜料的耐水性,最好为 5 级,最差为 1 级,滤液的沾色程度介于两级之间,以 4～5、3～4、2～3 及 1～2 表示。两平行试验所得级别应相同。

10. 易分散程度

颜料分散于介质中的难易程度。当颜料用于涂料中时，颜料在介质中的分散性好坏直接影响产品的质量，因此颜料分散程度的测定对于涂料生产很必要，通常采用对比试验。测定标准按国标 GB/T 9287—1988 颜料易分散程度的比较 JISK5101 颜料试验方法之 7(分散性)进行。

操作简介：以长油亚麻仁油季戊四醇醇酸树脂为介质，在选定的研磨浓度下，将试样和标样于涂料调制机中同时研磨，在不同时间间隔内测定其细度，作出细度对时间的曲线或以印刷调墨油、熟亚麻仁油或 10%阿拉伯树胶水溶液为介质，用平磨仪分别制得试样和标样色浆，测浆料细度以比较两者分散性。

结果表示：通过比较试样和标样达到规定细度所需时间或研磨 30 min 后达到的细度来评定相对易分散程度。

2.5.3　助剂的检测

1. 外观：同颜料外观测试方法。
2. pH 值：同颜料外观测试方法。
3. 折光率：将试样温度调节至 25℃，再将试样滴在折光仪上再快速读取折光仪上的读数。
4. 密度：预先称好密度杯质量(m_1，g)，再将试样温度调节至 25℃，再快速倒入密度杯中，盖上杯盖，快速擦去从盖上小孔溢出的试样，再称量质量(m_2，g)：

$$\text{密度} = \frac{m_2 - m_1}{\text{密度杯系数}}$$

5. 酸价：同树脂酸价操作。

第3单元
涂料配方设计

前面已经提到大多数涂料是由基料、颜料(包括填料)、溶剂以及一些少量的涂料助剂所组成。当然也有很多例外的情况,如清漆中就没有颜料或其他质点状物质,而以低黏度的液体树脂作为基料的无溶剂涂料以及粉末涂料中就不含溶剂。

涂料是一个多组分体系,也是一个配方产品,一般不能单独作为工程材料使用,必须涂装在基材表面与被涂器件一起使用,由于基材和使用环境不同,故对涂膜的性能也提出多种要求,而涂料配方中各组分的用量及其相对比例又对涂料的使用性能(如流平性、干燥性等)和涂膜性能(如光泽、硬度等)产生极大的影响,对涂料必须进行配方设计方能满足各方面要求。

涂料配方设计是指根据基材、涂装目的、涂膜性能、使用环境、施工环境等进行涂料各组分的选择并确定相对比例,并在此基础上提出合理的生产工艺、施工工艺和固化方式。总的来说,涂料配方设计需要考虑的因素包括:基材、目的、性能、施工环境、应用环境、安全性、成本等。

由于影响因素千差万别,建立一个符合实际使用要求的涂料配方是一个长期和复杂的课题,要进行必要的试验并且根据现场情况进行调整,才能得到符合使用要求的涂料配方。

3.1 涂料配方设计的原则与方法

涂料配方在设计时要考虑的因素很多,需根据底材状况、性能和颜色要求、环境条件、施工设备等方面确定思路。配方设计时主要考虑的因素见表 3-1 所示。

表 3-1 涂料配方设计时要考虑的主要因素

项　目	主要因素
涂料性能的要求	光泽,颜色,各种耐性,机械性能,户外/户内,使用环境,各种特殊功能等
颜(填)料	着色力,遮盖力,密度,表面极性,在树脂中的分散性,比表面积,细度,耐候性,耐光性,有害元素含量
溶剂	对树脂的溶解力,相对挥发速度,沸点,毒性,溶解度参数

（续　表）

项　　目	主要因素
助剂	与体系的相容性，相互间的配伍性，负面作用，毒性
涂覆底材的特性	钢铁、铜铝材、木材、混凝土、塑料、橡胶材质，底材表面张力，表面磷化，喷砂的表面处理
原材料的成本	客户对产品价格的要求
配方参数	配方中各组分比例的确定，即所谓配方参数的设计，如颜基比、*PVC*、固体份、黏度
施工方法	对配方设计的影响，如空气喷涂，滚涂，UV 固化，高压无空气喷涂，刷涂，电泳及施工现场或涂装线的环境条件

设计一个涂料的初步配方并不难，但对此初步配方进行调整以使得到的涂料具有所要求的良好性能并不是一件简单的事。调整涂斜配方时需采用一定的数学统计方法，以便能在较少的试验次数内获得较好的配方，一般有优选法和正交设计法。这两种方法国内曾进行过大力推广，这方面也有不少专门的书籍论述，本书中就不再具体介绍。

3.2　标准配方(基础配方)的确定

设计涂料配方时除了考虑表 3-1 中的一些主要因素外，还有一定的步骤和途径。一般说来，我们首先要根据涂料的使用要求，即根据涂料涂饰的对象、在工作环境下应具备的性能指标、颜色、施工的方法等来选定基料树脂和颜料，再根据施工要求和选定的基料来确定溶剂，在此基础上再来考虑涂料助剂如催干剂、分散剂等等，如图 3-1 所示。

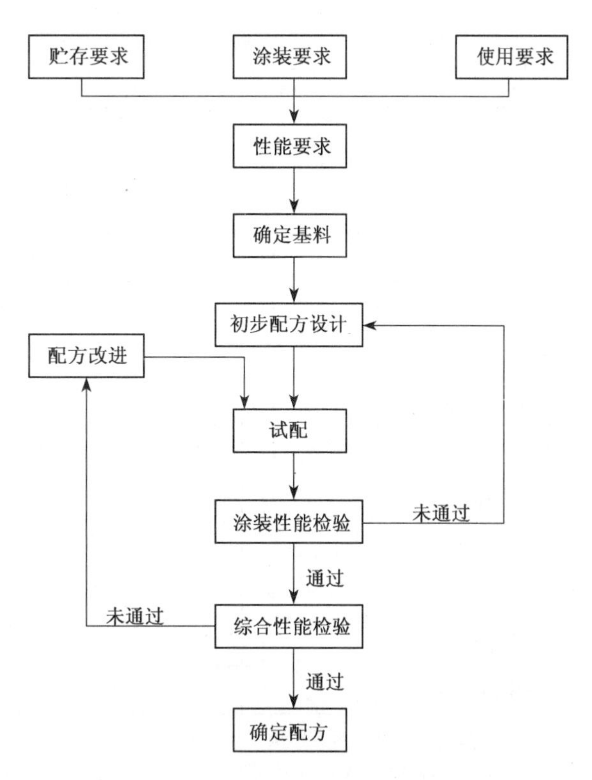

图 3-1　涂料配方设计流程图

归纳起来，设计涂料配方时所应考虑的一些主要因素有下列几项内容：

（1）各种基料类型的选择；

（2）各种颜料(填料)类型的选择；

（3）各种溶剂类型的选择；

（4）各种助剂类型的选择；

（5）涂料不挥发含量(固体份或黏度)的确定；

（6）各种原料配比的选择(基料与颜料间配比选择、颜料与填料配比选择、溶剂及助剂使用配比选择等)；

(7) 涂料的基本配方(或称标准配方)的确定。

3.2.1 基料的选择

基料也称作漆基,决定了涂料的主要性能,选择什么类型的基料就可以制造什么类型的涂料,主要成膜物材料的选择与漆膜性能的关系可参阅表 3-2。在设计涂料配方时,要从这些众多的树脂中挑选出一种或两种合适的树脂,主要是根据涂料的使用环境、底材的性质以及一些其他的因素等。

为满足涂料的性能要求,常将几种树脂混合,通过改变混合比调节性能,达到优势互补的作用。涂膜性能较大程度上取决于基体树脂和交联剂间的混容性。在交联反应体系,混容性不仅与基体树脂和交联剂的种类性能有关,还与它们之间的混合分散状态、相互反应程度、分子立体构型、相对分子质量及其分布等有较大关系。

表 3-2 各种主要成膜物特性评价

特性 \ 名称	脂油类	天然树脂类	酚醛树脂类	沥青类	醇酸树脂类	氨基醇酸类	消化纤维类	纤维素类	过氯乙烯类	烯烃类	丙烯酸酯类	环氧类	聚氨酯类	元素有机硅类	橡胶类	聚酯类
干燥时间	C	C	C	C	B	C	A	A	A	A	A	C	B	C	B	B
柔韧性	A	A	A	C	A	B	B	B	A	A	A	C	A	B	A	B
冲击强度	A	A	A	B	A	B	B	A	A	A	A	B	A	A	A	B
附着力	B	B	B	C	A	B	B	B	C	B	B	A	A	B	C	B
光泽	B	B	B	C	A	A	C	C	C	C	A	C	A	C	C	A
耐水性	B	B	B	B	C	B	C	C	A	A	B	A	A	A	A	B
耐汽油性	D	D	D	E	C	A	A	B	C	C	D	A	A	C	C	A
耐溶剂性	D	D	D	D	C	B	E	E	D	D	D	A	A	B	C	B
耐热性	C	C	C	C	B	B	D	D	D	D	C	B	B	A	C	B
耐温变性	B	B	B	E	B	B	E	E	B	C	B	C	A	B	A	B
耐化学药品性	E	E	D	B	C	C	D	D	A	B	C	C	A	B	A	C
三防性*	E	E	D	C	D	B	D	D	B	B	B	A	A	B	A	B
防锈性	B	C	C	B	C	B	D	D	B	B	B	A	A	B	A	C
耐候性	D	E	E	D	B	A	C	C	C	C	A	C	A	A	B	A
耐磨性	D	D	D	C	C	B	C	C	C	C	C	A	A	A	B	A
施工应用性	B	B	B	C	A	B	B	B	C	C	B	B	B	C	B	C

注:A—佳;B—良;C—可;D—差;E—劣。

三防性*指防湿热、防盐雾、防霉性能。

当两种树脂混合时往往会出现下列现象:

(1) 两种树脂混容性好,烘干后涂膜透明,附着力好,光泽高;

(2) 两种树脂能混容,但溶液透明稍差,涂膜烘干后透明。对这种情况,是两种树脂本质上能混容,只是溶剂不理想;

(3) 两种树脂能混容,但涂膜烘干后表面有一层白雾,这是两者混容性不佳的最轻程度;

(4) 两种树脂能混容,但涂膜烘干后皱皮无光,出现这种情况是两者本质上不能混容,只是因为能溶于同一种溶剂;

(5) 两种树脂不能混容,放在一起体系混浊,严重时分层析出。

一般涂膜的必要条件是透明且附着力好。上述几种情况中只有出现(1)和(2)两种情况的树脂才能配合使用。

3.2.2　颜(填)料的选择

色泽、色坚固度、着色力和遮盖力是颜料的固有特性,它们与颜料的结构和组成有关。在进行涂料配方设计选择颜料时,需考虑以下因素:

1. 颜色

颜料的颜色是由于颜料对白光组分选择性吸收和反射的结果。经过选择吸收,看起来好象着上了一种与它所吸收的余色的颜色。色漆中使用颜料的目的之一是赋予涂膜色彩。因此,依据所制色漆对漆膜的色调、明亮度、彩度的要求,选择适宜的颜料是面漆配方拟订时首先要考虑的问题。

2. 遮盖力

色漆的遮盖力是指色漆(或含颜料的成膜物质)涂饰在物体表面上,把被涂饰物的表面隐蔽起来的能力。颜料的遮盖力则指一种物体表面涂漆时,颜料能将被涂饰物的表面遮盖起来,使其不能显露的能力。常用遮盖 1 m^2 所需颜料的克数来表示(g/m^2)。颜料的遮盖力越高,用量越少,成本就越低。

3. 着色力

颜料的着色力是指某一颜料与另一种颜色混合时,呈现自身颜色强弱的能力。如铬黄与华蓝混合时,产生各种绿色颜料,生产同样色调的铬绿,华蓝的用量就决定于它的着色力,着色力强,用量就少。同样在白漆中常用群青来消减它们的黄色,群青的着色力越大,其用量就越小。

4. 吸油量

吸油量代表了颜料的吸油能力,用以评价颜料被漆料润湿的特性,用 OA 表示。它的数值大小取决于颜料颗粒大小、分散程度以及颜料表面的性能。颜料的吸油量是拟订油基漆、醇酸树脂漆及氨基树脂漆等配方时的重要参考指标。

5. 分散性

颜粒的分散性能是指颜料颗粒在漆中分散的难易程度和分散后的稳定性。它将直接影响研磨生产效率和能耗、漆液的贮存稳定性、涂膜性能及涂料的流变性。通常颜料的分散性取决于颜料的晶格、颗粒形状、大小、表面状态、化学组成、极性及电荷等情况。改进颜料本身的内在特性,制漆时使用分散剂,选用适宜的分散方式及合理使用研磨漆浆的配方,进行精心操作的是提高研磨分散效率的途径。

6. 耐光(候)性

颜料在光和大气作用下,使颜色和性能将不同程序的发生变化,变化的程度越大,颜料的稳定性越差。

7. 耐热性

颜料对热的稳定性是烘烤漆用颜料必须具备的性能。一般烘漆干燥温度在80～160℃，而金属预涂底漆干燥温度在210～250℃，用于此类涂料的颜料必须在高温时不产生涂膜的变色、失光、起雾，泛金光等缺陷。通常无机颜料较好，而有机颜料的使用就受到一定限制。

8. 耐水性

颜料的耐水性是保证其不受水侵蚀的能力。耐水性不良的颜料，在水份作用下，会导致涂膜起泡甚至剥落。颜料分子中亲水基团的存在，水溶性盐含量偏高或水溶性表面处理剂的包覆，都会造成它的耐水性不良。

3.2.3 溶剂

除了颜料和基料之外，涂料配方中的第三个主要组分是溶剂。溶剂是涂料配方中的一个重要组成部分，虽然不直接参与固化成膜，但它对涂膜的形成和最终性能起到非常关键的作用，它主要具有的功能为：①溶解聚合物树脂；②调节涂料体系的流变性能，改善加工性能，使涂料便于涂装；③改进涂料的成膜性能，进而影响涂料的附着力和外观；④静电喷涂时调整涂料的电阻，便于施工；⑤防止涂料和涂膜产生病态和缺陷，如橘皮、发花、浮色、起雾、抽缩等。

在选用溶剂时，应考虑以下几个方面的问题：

(1) 颜色及杂质

因为溶剂颜色深或混有其他杂质时，会直接影响干后漆膜的颜色。尤其是清漆或浅色漆关系就更大。好的溶剂应该是清彻透明，没有其他杂质。

(2) 溶解力

就是加入涂料中，不应该引起混浊或沉淀，不允许有树脂析出等现象，使清漆保持透明状态。溶解力愈强，黏度愈低。

(3) 挥发性

如果挥发速度太快，会使漆膜流平性不好，不光滑，影响装饰性；而挥发太慢，则会使漆膜流挂及慢干等。

(4) 毒性

为了施工操作的安全，应尽可能采用毒性小的溶剂。

(5) 可燃性

主要考虑安全防火问题，如果溶剂闪点较低，可加入一些闪点较高的溶剂。

(6) 成本

在保证质量的前提下，尽可能采用价格低廉的稀释剂。主要是合理使用，降低成本，提高经济效益。

1. 溶剂的溶解性

在选择溶剂时，以前往往用所谓“相似相溶”(即溶剂和树脂的化学结构相似时能互相溶解)的原则，但现在则可使用溶解度参数(δ)的概念来判断溶剂对树脂的溶解能力。溶解度参数δ等于内聚能密度的平方根，公式如下：

$$\delta=\left(\frac{\Delta E}{V}\right)^{1/2}=\left(\frac{\Delta H_V-RT}{V}\right)^{1/2}(\mathrm{J}^{1/2}\cdot\mathrm{cm}^{-3/2})$$

式中：ΔE——摩尔内聚能，J/mol；

V——摩尔体积，cm^3/mol；

ΔH_V——摩尔汽化热，J/mol；

R——气体常数，J/(mol·K)；

T——绝对温度，K。

利用溶解度参数选择基料树脂的溶剂的方法，就是看树脂和溶剂的溶解度参数大小是否基本相符。

利用溶解度参数我们也可判断涂料的耐溶剂性。如果涂料所用的基料树脂的溶解度参数大小与某一种溶剂的相应溶解度参数值相差较大，这种涂料就有较好的耐该溶剂的性能。一般用 $\Delta\delta=|\delta_1-\delta_2|$ 的值作为聚合物耐溶剂性的划分界限。一般分为三个等级：$\Delta\delta>2.5$，耐溶剂，即不溶于该溶剂；$\Delta\delta=1.8\sim2.5$，有轻微溶胀作用；$\Delta\delta<1.8$，不耐溶剂即可溶于该溶剂。此外，用溶解度参数还可估计两种或两种以上树脂的互混容性。如果这几种树脂的溶解度参数(或其溶解度参数数值范围的中间平均值)之间相差不大于 1，这几种树脂就能互相混容。

表 3-3 与 3-4 分别列出一些聚合物和溶剂的溶解度参数。从表中可知，醋酸纤维素(δ=21.9～23.3，平均值为 22.6)可溶于正丁醇(δ=23.3)，但不溶于甲醇(δ=29.7)，也可说醋酸纤维素耐甲醇。

表 3-3 聚合物的溶解度参数 单位：$J^{1/2}\cdot cm^{-3/2}$

聚合物	溶解度参数 δ	聚合物	溶解度参数 δ
环氧树脂	19.8～22.3	硝酸纤维素	17.4～23.5
聚氨基甲酸酯	20.5	聚二甲基硅氧烷	14.9
聚丙烯酸甲酯	20.0～20.7	聚醋酸乙烯酯	19.1～22.6
聚乙烯醇	47.8	聚丙烯酸乙酯	18.8
三聚氰胺甲醛树脂	19.6～20.7	聚甲基丙烯酸正丁酯	17.9
酚醛树脂	19.4～26.0	醋酸纤维素	21.9～23.3

表 3-4 溶剂的溶解度参数 单位：$J^{1/2}\cdot cm^{-3/2}$

溶 剂	δ	溶 剂	δ	溶 剂	δ
正己烷	14.9	苯	18.8	正庚烷	15.1
甲乙酮	19.0	环己酮	20.3	乙醇	26.4
氯仿	19.9	环己烷	16.8	丙酮	20.3
四氯化碳	17.6	二硫化碳	20.4	苯酚	29.7
四氢呋喃	20.2	对二甲苯	18.0	甲苯	18.2
吡啶	21.9	甲醇	29.7	二氯乙烷	20.1
正丁醇	23.3	水	47.4	乙酸乙酯	18.6
四氯乙烷	21.3	松节油	16.5	醋酸正丁酯	17.4

在选择涂料用溶剂时，除了看溶剂和基料树脂的溶解度参数是否相符之外，还应考虑涂料的黏度、干燥时间和溶剂的价格等因素，一般在配方中除了加入能溶解基料聚合物的溶剂之外，还要加入一些只能部分溶解或不能单独溶解基料聚合物的"溶剂"。在这些情况下，用"真溶剂"和"助溶剂"及"稀释剂"来代替笼统的"溶剂"一词更适当。真溶剂能单独溶解聚合物，如酯、酮类溶剂，但价格较贵；助溶剂有一定的助溶作用，如醇类溶剂；稀释剂不能溶解聚合物，除了能调节黏度之外，由于价格一般较低，它们的加入能降低整个混合溶剂的成本。这种用真溶剂—助溶剂—稀释剂的混合溶剂系统可以较好的控制溶剂的蒸发速度。混合溶剂的溶解度参数可用下式求得：

$$\delta_{混} = \sum \Phi_i \delta_i \quad (i = 1 \sim n)$$

式中：δ_i——第 i 种溶剂的溶度参数；

Φ_i——第 i 种溶剂的体积分数。

利用这个加和公式，可以将 δ 值很大的助溶剂与 δ 值较小的廉价烃类溶剂混合，使混合溶剂的溶度参数落在与所用树脂相符范围内。

【例】 聚甲基丙烯酸正丁酯的 $\delta=17.9$，试问能否用松节油($\delta=16.5$)和丙酮($\delta=20.3$)来溶解它？当两者的体积分数为多少时能最好地溶解聚甲基丙烯酸正丁酯？

解：首先我们可以判断松节油与丙酮两者配成混合溶剂是可以溶解聚甲基丙烯酸正丁酯的，并且当混合溶剂的溶解度参数与聚甲基丙烯酸正丁酯的溶解度参数相等时，混合溶剂将达到最好的溶解能力，可以列方程如下：

$$\delta_{混} = \Phi_1\delta_1 + \Phi_2\delta_2 = 17.9$$

$$17.9 = 16.5x + 20.3(1-x)$$

得 $x=0.63$，即混合溶剂中松节油体积分数占 63%，丙酮占 37%时，达到最好溶解能力。

2. 溶剂的挥发性

溶剂的蒸发速度对涂料来说是一个很重要的参数。如果溶剂的蒸发速度很慢，涂膜的干燥时间就会太长，这一方面要造成生产上工时延长，及场地的周转的问题，另一方面还会引起涂膜的流淌、流挂等弊病。蒸发速度太快，虽然干燥时间缩短，但也会引起一些问题，如不利于涂料的流平且会导致起泡和桔皮等漆病。其中的一个弊病是"涂膜发白"。这是由于溶剂蒸发速度太快引起涂膜迅速冷却，邻近涂膜的空气中的水蒸气也迅速冷却。如果溶剂的蒸气压高于周围常温下水的饱和蒸气压，水滴就会冷凝在涂膜中，随着在干燥过程中涂膜黏度的增加而不能逸出。水和涂膜的折光指数是不相同的，这样，涂膜(特别是清漆涂膜)就会产生雾状的浑白色，这种现象称为"涂膜发白"。

溶剂的蒸发速率不仅和沸点或蒸气压有关，还受到氢键、蒸发焓、表面张力、空气流动等的影响，沸点不能够完全反映其蒸发速率，例如正丁醇的沸点为 118℃，乙酯丁酯的沸点为 125℃，前者的沸点虽较低，但其蒸发速率要比后者低得多，这是由于氢键的原因。为此，多用溶剂的相对蒸发速率来表征溶剂的挥发性，即测定定量溶剂的蒸发时间并与同样条件下定量醋酸丁酯或者二乙基醚的蒸发时间相比较，以下式表示纯溶剂的挥发速率：

$$E = \frac{t_{90}(\text{醋酸丁酯})}{t_{90}(\text{测试溶剂})}$$

为了消除蒸发过程中因溶剂与底材相互作用而产生误差，采用溶剂总量的 90%所需的时

间 t_{90} 来表征溶剂的相对蒸发速率，规定以醋酸丁酯为比较标准，其相对蒸发速率 $E=1$，E 为试验溶剂的相对蒸发速率，常用溶剂的相对蒸发速率见表 3-5：

表 3-5　一些常用溶剂的性能

溶　剂	密度(g/cm^3)	沸点 t(℃)	相对蒸发速率	闪点 t(℃)
丙酮	0.79	56	9.44	−18
乙酸正丁酯	0.88	125	1.00	23
正丁醇	0.81	118	0.36	35
乙酸乙酯	0.90	77	4.80	−4.4
乙醇	0.79	79	2.53	12
2-乙氧基乙醇	0.93	135	0.24	49
甲乙酮	0.81	80	5.72	−7
甲基异丁基酮	0.83	116	1.64	13
甲苯	0.87	111	2.14	4.4
溶剂汽油	0.80	150～200	约 0.18	38
二甲苯	0.87	138～144	0.73	17～25

* 以醋酸丁酯为比较标准，$E=1$

在混合溶剂中，某一溶剂的相对蒸发速率取决于其浓度、相对蒸发速率及其活度系数，混合溶剂的总相对蒸发速率等于各组分相对蒸发速率之和，随着蒸发的进行，混合溶剂的组成发生变化，其总相对蒸发速率亦发生变化。尤其要提出的是，聚合物溶液中溶剂的挥发还受到与聚合物相互作用的影响，与聚合物相互作用较弱的溶剂较容易挥发。

涂料配方中一般含有几种挥发速度不同的溶剂以保持合适的挥发速率，可以调节涂料的流平、防止挥发过快造成表面水蒸气凝结、防止涂膜出现沉淀和浑浊而影响附着力等。不同的气候条件下配方组成亦不同。

另外，溶剂的蒸发速度的大小与涂料的施工方法也有关系，如在刷涂时，蒸发进度可慢一些，喷涂时则溶剂的蒸发速度宜快一些。

3. 溶剂的安全性

(1) 毒性

溶剂可以通过皮肤、消化道和呼吸道被人体吸收而引起毒害。大多数有机溶剂对人体的共同毒性是在高浓度蒸汽接触时表现的麻醉作用。常温下挥发率高的溶剂在空气中的浓度比挥发率低的溶剂高得多。因此，对人体毒性较大、低挥发速率的溶剂相对比较安全。根据溶剂对人体健康的损害可分为：

第一类：无害溶剂。①基本无害，长时间使用对健康没有什么影响，如戊烷、石油醚、轻质汽油、己烷、庚烷、200 号溶剂汽油、乙醇、氯乙烷、醋酸乙酯等；②稍有毒性，但挥发性低，通常情况下使用基本无危险，如乙二醇、丁二醇等。

第二类：在一定程度下有害或稍有毒害的溶剂，但在短时间最大容许浓度下没有重大的危害，如甲苯，二甲苯、环己烷、异丙苯、环庚烷、醋酸丙酯、戊醇、醋酸戊酯、丁醇、三氯乙烯、四氯乙烯、氢化芳烃、石脑油、硝基乙烷等。

第三类：有害溶剂。除在极低浓度下无危害外，即使是短时间接触也是有害的，如苯、二硫化碳、甲醇、四氯化碳、苯酚、硝基苯、硫酸二甲酯、五氯乙烷等。

(2) 可燃性

溶剂的闪点是它的可燃性的表征，是用以评价溶剂燃烧危险程度的一个重要指标。闪点是可燃性液体受热时，其液体表面上的蒸气与和空气的混合物接触火源发生闪燃时的最低温度。从发生着火的危险角度而言，达到闪点已经达到了可能燃烧的信息点，因此，将闪点作为评价溶剂燃烧的温度的指标。根据闪点可以将可燃性液体分为两类四级，闪点越低、危险性越大，而溶剂的密度越小、挥发速率越快、闪点就越低，见表 3-5 和 3-6。因此在设计涂料配方时有必要对新配制的涂料的闪点进行测定，如闪点太低则应对配方进行适当的调整。

表 3-6　易燃和可燃液体的易燃性分级标准

类　别		闪点 t(℃)	举　例
易燃液体	一级	＜28	丙酮、乙醇、苯
	二级	28～45	煤油、松节油
可燃液体	三级	45～120	柴油
	四级	＞120	甘油

4. 各种涂料常用溶剂

各种涂料常用的溶剂是根据不同涂料的溶解性能以及不同的挥发速度配置而成的，因此使用时必须根据不同的涂料品种选用。各种涂料品种所适用的溶剂举例说明如下，各溶剂配方均为质量百分数。

(1) 油基漆溶剂

一般采用 200 号溶剂汽油(松香水)或松节油即可。如果涂料中树脂含量多或含量少，就需二者按一定比例混合使用，或加适量的芳香烃溶剂。如二甲苯等，以增强对树脂的溶解力。

(2) 醇酸树脂漆溶剂

一般长油度的醇酸树脂漆，可用 200 号溶剂汽油稀释；中油度醇酸树脂漆可用 200 号溶剂汽油和二甲苯按 1∶1 混合使用；短油度醇酸树脂漆则采用二甲苯。

(3) 氨基漆溶剂

一般是由二甲苯和丁醇(或 200 号煤焦溶剂)混合而成。主要用于氨基漆，也可用于短油度醇酸漆及环氧酯漆。氨基漆溶剂参考配方如下：

二甲苯	80
丁醇	10
乙酸丁酯	10

(4) 沥青漆溶剂

对一般沥青漆，多采用 200 号煤焦溶剂、200 号溶剂汽油和二甲苯。

(5) 硝基漆溶剂

硝基漆溶剂俗称香蕉水(又名天那水)。因其成分中含有乙酸乙酯和乙酸丁酯，具有香蕉水果味，故取名香蕉水。它们主要由酯类、酮类、醇类和芳香烃类溶剂混合而成。硝基漆溶剂参考配方如下：

乙酸丁酯	25
乙酸乙酯	18
丙酮	2
丁醇	10
甲苯	10

此外还有硝基漆无苯溶剂，以轻质石油溶剂代替一般硝基漆溶剂中的苯类溶剂，主要目的为改善劳动条件，避免引起施工中苯中毒现象。其参考配方为：

乙酸乙酯	20
乙酸丁酯	15
乙酸戊酯	15
丁醇	10
120 号溶剂汽油	40

(6) 过氯乙烯漆溶剂

过氯乙烯漆溶剂主要由酯类、酮类及苯类溶剂组成，切忌用醇类溶剂，因为醇类溶剂能析出过氯乙烯树脂。

(7) 聚氨酯漆溶剂

作为聚氨酯漆溶剂，必须无水、无活性氢，一般由酯、酮、醇醚醋酸酯和芳烃溶剂的混合而成。可参考如下配方：

无水二甲苯	50
无水环己酮	50

(8) 环氧漆溶剂

一般由环己酮、二甲苯和丁醇组成。专供环氧树脂涂料使用。可参考如下配方：

环己酮	10
丁醇	30
二甲苯	60

(9) 丙烯酸漆溶剂

一般由酯类、醇类、苯类溶剂混合而成。其中酯类溶剂占 50%以上，主要用于丙烯酸漆类，也可用于硝基漆。

在选定了合适的组分之后，决定涂料特性的最重要的因素就是颜料的用量了(在本章中“颜料”一词指总的颜料，包括所加的填料)。

3.2.4　颜(填)料的加入量

在涂料配方组成中，选择基料与颜料之间的比例关系非常重要，可用颜料基料比(质量比)和颜料体积浓度来计算表示。虽然有关颜料加入量更精确的数据可通过研究颜料体积浓度(*PVC*)而得到，但采用颜料基料比在进行初步配方设计时比较方便。

1. 颜基比

颜基比，顾名思义为颜料(填料)固体质量与基料固体质量之比。采用颜料基料比(颜基比)比用颜料体积浓度时的数学计算简单，表达方式直观，在许多实例中，可以用颜基比来进行涂料类型的划分。而且还可以用颜基比来预计涂料的大致性能。在已知涂料的各种基本组分的重量配比，如颜料的总含量、基料的固体分和溶剂含量，而不知道涂料具体配方的情况下，只需要初等数学应算知识即可进行相关计算着手设计涂料大致配方而预测涂料性能，这对初入行者或在探讨配方的初始阶段是非常有用的一种方法。

一般说来，面漆的颜基比约为 0.25～0.9：1.0，而底漆的颜基比约在 2.0～4.0：1.0 之间。乳胶建筑涂料也可以用颜基比来分类，外用乳胶建筑涂料的颜基比为 2.0～4.0：1.0，而内用乳胶建筑涂料的颜基比的范围在 4.0～7.0：1.0 之间，但许多专用涂料不容易用颜基比来分类。

耐久性要求高的户外用涂料一般不宜采用颜基比高的配方。4.0：1.0 一般被认为是外用涂料可采用的最高颜基比。不管使用什么颜料和基料，外用涂料的配方一般都符合这一原则。这是由于基料太少了不能在大量的颜料质点周围形成连续相，因而就不可能获得良好的户外耐久性之故。

【例 3.1】 某白色乳胶漆的配方如表 3-7，计算此白色乳胶涂料的颜基比。

表 3-7　白色乳胶漆的配方

名称	质量(kg)	密度(kg/L)	体积(L)
金红石型二氧化钛	19.2	4.20	4.57
老粉	21.7	2.80	7.75
乳液树脂(固含 52%)	27.9	1.02	27.35
增稠剂	0.7	1.33	0.53
分散剂	0.5	1.0*	0.50
防霉剂、防腐剂	0.3	1.0*	0.30
成膜聚结剂	0.5	0.98	0.51
水	29.2	1.00	29.2
累计	100.0	—	70.71

* 假定为 1.0

解：颜基比是配方中着色颜料和体质颜料质量百比数的总和与基料的固体(非挥发分)质量百分数之比。由表 3-7，颜料＝氧化钛和体质颜料老粉的重量之和为：19.2＋21.7＝40.9 kg

基料的固体质量百分数为 27.9×52%＝14.51 kg

则颜基比＝40.9/14.51＝2.8

颜基比在涂料配方设计中有很重要的作用，下面将用颜基比对一白色氨基烘干磁漆进行配方设计应用举例。

【例 3.2】 ① 已知条件如下：

a. 颜基比＝0.6：1，采用优质进口 R930 型钛白粉。

b. 配方中溶剂二甲苯占 3%，丁醇占 3%

c. 市售的醇酸树脂固体含量为 50%(基料之一)

d. 市售的氨基树脂固体含量为 60%(基料之二)

e. 基料中氨基树脂 21%，醇酸树脂 79%

② 配方计算：

a. 钛白粉的质量 0.6 kg；

b. 基料的固体总量 1.0 kg(其中氨基树脂含量=1×0.21=0.21 kg；醇酸树脂含量=1×0.79=0.79 kg)，所以计算出氨基树脂溶液(60%固含)重量=0.21 kg/0.6=0.35 kg，醇酸树脂溶液(50%固含)质量=0.79 kg/0.5=1.58 kg

c. 颜料与树脂溶液总质量=0.35 kg+1.58 kg +0.6 kg=2.53 kg

d. 又根据已知条件，溶剂总质量/颜料与基料液总质量=0.06/0.94，所以溶剂总质量=0.06/0.94 * 2.53(kg)=0.161 kg ≈0.16 kg

③ 配方总结，白色氨基烘干磁漆配方如下：

a. R930 钛白粉质量 0.6 kg(配方百分比 22.30%)

b. 氨基树脂液(60%固含)0.35 kg(配方百分比 13.01%)

c. 醇酸树脂液(5%固含)1.58 kg(配方百分比 58.74%)

d. 溶剂的重量 0.16 kg(配方百分比 5.95%)，可大约折算溶剂中二甲苯的百分比2.97%，丁醇的百分比为 2.98%

2. 颜料体积浓度(*PVC*)

涂料中使用的各种颜料、填料和基料树脂的密度是各不相同的，彼此间差距很大，因此在设计涂料配方时，常常不用它们的质量百分比而用它们的体积百分比即颜料体积浓度 *PVC* 来考虑问题，从某些方面上来说，*PVC* 更为有用。采用颜料体积浓度来进行涂料配方设计是涂料配方设计的基本原则，它对各种试验数据进行解释是比较科学的，对组成不同的涂料的性能，其试验结果也可得出比较精确的评价。

由于涂料的许多物理性能与颜料体积浓度的变化有比较明确的关系，如涂料中的面漆的光泽可以用 *PVC* 的概念来简要说明，高光：*PVC* 为 15%～25%，半光：*PVC* 为 30%～40%，无光：*PVC* 为 35%～50%，因此知道了涂料配方的 *PVC* 之后，就能比较科学地解释性能试验的数据了。

在实用上，人们发现某些颜料在涂料配方中的加入量有一定的 *PVC* 范围，这些数据见表 3-8。

表 3-8 常用颜料的典型 *PVC* 范围

分类	颜料名称	PVC(%)	分类	颜料名称	PVC(%)
白色颜料	二氧化钛 氧化锌 氧化锑 铅白	15～20 15～20 15～20 15～20	金属粉颜料	不锈钢粉 铝粉 锌粉 铅粉	5～15 5～15 60～70 40～50
黄色颜料	铬黄 锌铬黄 镉黄 耐晒黄 联苯胺黄 氧化铁黄	10～15 10～15 5～10 5～10 5～10 10～15	防锈颜料	碱式硅铬酸铅 碱式硫酸铅 铅酸钙 红丹 磷酸锌 四盐基锌黄 铬酸锌	25～35 15～20 30～40 30～35 25～30 20～25 30～40
绿色颜料	氧化铬绿 铅铬绿 颜料绿 B	10～15 10～15 5～10	黑色颜料	氧化铁黑 碳黑	10～15 1～5
蓝色颜料	铁蓝 群蓝 酞菁蓝	5～10 10～15 5～10	红色颜料	氧化铁红 甲苯胺红 芳酯胺红	10～15 10～15 5～10

颜料体积浓度(PVC)的定义也可以用下列数学式来表达：

$$PVC=\frac{\text{颜料和填料的体积}}{\text{颜料和填料的体积}+\text{固体基料的体积}}\times 100\%$$

【例 3.3】 求出例 3.1 白色乳胶涂料的颜料体积浓度。

解：由表 3-7 可知三种有关组分的体积。

颜料：二氧化钛　　4.57

填料：老粉　　7.75

基料：乳液聚合物　　13.95

那么，$PVC=\frac{4.57+7.75}{4.57+7.75+13.95}\times 100\%=46.9\%$

【例 3.4】 有一醇酸磁漆配方如下表 3-9，计算其 PVC。

表 3-9　醇酸磁漆配方举例

原料名称	固体份(%)	质量(kg)	固体密度(kg/L)	固体体积(L)
醇酸调合漆料	50	668	0.89	375.3
钛白粉	A 型	221	4.2	52.6
群青	—	0.5	—	—
轻质碳酸钙	—	44	2.71	16.2

$$PVC=\frac{\text{颜料和填料的体积}}{\text{颜料和填料的体积}+\text{成膜物体积}}\times 100\%$$

$$=\frac{52.6+16.2}{(52.6+16.2)+375.3}\times 100\%=15.5\%$$

当用相同的原料和制漆技术，以不同的 PVC 配制出几种涂料并对它们进行一些物理性能的测试后，就会看到 PVC 在涂料配方中的重要性了。

当涂料的 PVC=100%时，意味着涂料配方体系中全部是颜料；反过来，当涂料的 PVC=0%时，则意味着涂料配方体系中全部是基料。

当向一定量的纯基料(此时 PVC=0%)中缓缓地加入颜料时，体系中的 PVC 则从 0%不断地向上递增，当 PVC 递增到某一数值时，就会出现所有基料(固体)量恰好填满颜料粒子之间的空隙的状态，这就是(涂料)体系正处于临界颜料体积浓度(CPVC)这一临界点；再继续向体系缓缓添加颜料时，体系的 PVC 将慢慢离开临界点移向 100%(即 PVC→100%，当然无法达到 100%)。

3. 临界颜料体积浓度(CPVC)

许多涂膜性能如抗张强度、耐磨性，尤其是那些与涂膜的多孔性有关的性能如渗透性、抗起泡性和耐腐蚀性等会随着涂料的 PVC 的变化而逐渐变化。当 PVC 超过临界颜料体积浓度(CPVC)时，这些性能会发生突变(见图3-2)。可见，CPVC 是色漆配方中的一个重要参数。

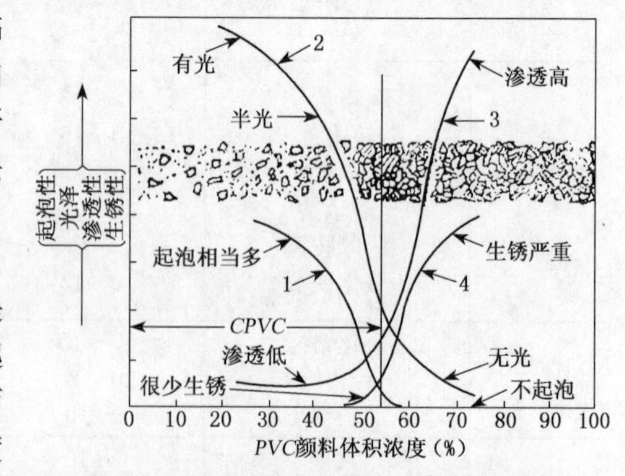

图 3-2　颜料体积浓度和涂膜性能的关系

1—起泡性；2—光泽；3—透气透水性；4—生锈性

从图中发现当色漆的 *PVC* 由 0%→100%过程中有如下变化：

(1) 漆膜的起泡性逐渐降低　在水气的作用下，底材表面产生的气体容易在涂层下产生气泡，涂层的抗起泡能力与漆膜的孔隙率有关。如漆膜是多孔性的，则漆膜下面的水气易逸至外表面；如漆膜是致密的，则漆膜下面的水气易生成气泡。因此，随着 *PVC* 的增加，形成多孔性漆膜，漆膜会出现严重起泡到不起泡的突变。

(2) 漆膜的光泽逐渐降低　这是指面漆干燥后没有达到应有的光泽，或涂装后数小时内产生光泽下降的一种现象。这一现象与面漆中的胶黏剂被底漆吸收，并进入底漆空隙的能力有关。如底漆的 *PVC*＜*CPVC*，即底漆中的颜料空隙已被胶黏剂填满，则面漆的光泽维持性好。当底漆中的 *PVC*＞*CPVC* 时，由于底漆对面漆中胶黏剂的吸收，使面漆的光泽维持性急剧下降。

(3) 漆膜的透气性与透水性逐渐升高　随着 *PVC* 的增加会形成多孔性漆膜，漆膜透气性与透水性逐渐升高。

(4) 生锈逐渐严重　生锈是黑色金属件表面涂装涂料后，在漆膜下出现红丝或透过漆膜出现锈点的一种漆病。当 *PVC*＞*CPVC* 时，形成多孔性漆膜，水分容易进入到底材表面，对钢材造成腐蚀。所以在 *CPVC* 处，这种腐蚀出现突变现象。

另外，当 *PVC* 逐渐增大时，对漆膜抗拉强度及附着力进行考查发现在未到达 *CPVC* 之前抗拉强度逐渐增强，到达 *CPVC* 时抗拉强度最高，超过 *CPVC* 时抗拉强度逐渐降低；在未达到 *CPVC* 时附着力逐步改善，达到 *CPVC* 时附着力达到最大值，超过 *CPVC* 时附着力急剧下降。

由此可见，性能要求较高的或在户外使用的涂料的配方，其颜料体积浓度(*PVC*)就不应当超过临界颜料体积浓度(*CPVC*)，否则许多涂膜性能将会变差。与此相反，对于性能要求不太高的涂料(一般为内用涂料)，由于许多填料的价格低廉，就可采用 *PVC* 大于 *CPVC* 的配方。

4. *CPVC* 的测定

涂料配方系统的 *CPVC* 由某一特定配方本身的性质所决定，因此要将涂料的 *CPVC* 总结出一般性的规律十分困难，但从许多涂料系统的实际 *CPVC* 值中可以知道它们大致在 50%～60%之间。一个配方的精确的 *CPVC* 数值只能用观察涂膜性能变化的经验方法来测定。显然，用性能变化的方法来测定 *CPVC* 是很费时的，而在许多情况下(尤其是在配方的 *PVC* 较低时)，知道特定配方系统的 *CPVC* 数值也没有什么意义。但在配方 *PVC* 数值较高时，就有必要知道配方的 *PVC* 值与 *CPVC* 值的差距有多大。因为如果配方的 *PVC* 值与 *CPVC* 数值很接近，在制漆过程中，配料或其他工序的少量物料偏差，就有可能使配方的 *PVC* 超过 *CPVC*。

CPVC 的经验测定法都很费时，于是人们提出了种种较快速的测定方法。下面介绍一种比较简单、也有相当的参考性的方法。即用颜料的吸油量(吸油值)计算 *CPVC* 的方法。

用吸油量表征颜料的润湿特性也有相当的不精确性。一方面，亚麻仁油对颜料的润湿性不等同于在涂料中使用的各种基料树脂对颜料的润湿性；另一方面，吸油量的测定重现性较差，尤其是在不同的测定者之间，所以这样算得的 *CPVC* 数值只能用作参考。但是，吸油量的测定在应用上十分快速简便，因此仍不失为一种实用的 *CPVC* 的估算依据。临界颜料体积浓度(*CPVC*)与吸油量 *OA* 的关系如下式所示：

$$CPVC = \frac{1}{1+OA} \times 100\%$$

上式中 *OA* 是以体积分数表示的吸油量数值(每毫升颜料耗用的亚麻仁油的毫升数)，但

在实际操作中 OA 一般用质量分数表示，单位为 g/100 g（每 100 g 颜料耗用的亚麻仁油的克数），为了方便计算，上式用质量分数表示时可转化为：

$$CPVC = \frac{100/\rho}{100/\rho + OA/0.935} \times 100\% = \frac{1}{1+\frac{OA\rho}{93.5}} \times 100\%$$

式中：ρ——颜料的密度，g/cm^3；

0.935——亚麻仁油的密度；

OA——吸油量，g/(100 g)。

例：颜料氧化锌密度为 $5.6 g/cm^3$，吸油量为 19 g/(100 g)，则 $CPVC$ 为：

$$CPVC = \frac{1}{1+\frac{OA\rho}{93.5}} \times 100\% = \frac{1}{1+\frac{19\times 5.6}{93.5}} \times 100\% = 46.89\%$$

【例 3.5】 一种由二氧化钛、滑石粉和碳酸钙组成的颜（填）料混合物（其相互之间比例一定），经测定其吸油量为 0.616(mL/mL)，试计算其在油性基料中的 $CPVC$。

解：$CPVC = \frac{1}{1+OA} \times 100\% = \frac{1}{1+0.616} \times 100\% = 61.9\%$

部分颜料的吸油量与比重见表 3-10。

表 3-10 颜料与体质颜料的基本性能

颜料		密度 (g/cm³)	吸油值 (g/100 g 颜料)	颜料		密度 (g/cm³)	吸油值 (g/100 g 颜料)
白色	二氧化钛	3.9～4.2	18～27	黑色	氧化铁黑	4.7	20～28
	氧化锌	5.6～5.7	11～27		碳黑	1.7～2.2	100～200
	氧化锑(锑白)	5.75	11～13	体质颜料	重晶石	4.25～4.5	6～12
	铅白	6.6～6.8	8～15		瓷土	2.6	30～60
黄色	铬酸铅	5.8～6.4	12～25		云母	2.8～3.0	30～75
	铬酸锌	3.4～3.5	17～27		滑石粉	2.65～2.8	27～30
	硫化镉	4.2	25～35		碳酸钙	2.53～2.71	13～22
	耐晒黄	1.4～1.5	40～50	防锈颜料	碱式硅铬酸铅	4.1	13～15
	联苯胺黄	1.1～1.2	40～50		碱式硫酸铅	6.4	10～14
	氧化铁黄	4.1～5.2	15～60		高铅酸钙	5.7	12～19
绿色	氧化铬	4.8～5.2	10～18		红丹	8.9～9.0	5～12
	铅铬绿	2.9～5.0	15～35		磷酸锌	3.3	16～22
	颜料绿	1.47	60～70		四盐基铬酸铅	4.0	45～50
蓝色	铁蓝	1.85～1.97	44～58		铬酸铅	3.4	24～27
	群青	2.33	30～35		不锈钢	7.8～7.9	—
	酞菁蓝	1.5～1.64	35～45		铝粉	2.5～2.6	—
红色	氧化铁红	1.4～5.2	15～60		锌粉	7.06	—
	甲苯胺红	1.4	35～55		铅粉	11.1～11.4	—
	芳基酰胺红	1.4～1.7	40～60				

3.2.5　助剂

助剂用量虽少，但对涂料的生产、储存、施工、成膜过程及最终涂层的性能有很大影响，有时甚至可起关键作用，随着涂料工业的发展，助剂的种类日趋繁多，应用愈来愈广，地位也日益重要。

常用助剂包括颜料分散剂、流平剂、消泡剂、催干剂、增塑剂、防霉剂、抗结皮剂、防紫外线剂、流变剂等。

催干剂常用于氧化交联涂料体系中，能显著提高漆膜的固化速度，使用较为广泛的催干剂是环烷酸、辛酸、松香酸和亚油酸的铅盐、钴盐和锰盐，稀土催干剂使用正在增加。一般认为，催干剂能促进涂料中干性油分子主链双键的氧化而形成过氧键，过氧键分解产生自由基，从而加速交联固化；或者是催干剂本身被氧化生成过氧键，从而产生自由基引发干性油分子中双键的交联。钴催干剂是一种表面催干剂，最常见的是环烷酸钴，其特点是表面干燥快，单独使用时易发生表面很快结膜而内层长期不干的现象，造成漆膜表面不平整，常与铅催干剂配合使用，以达到表里干燥一致、避免起皱的目的，其用量以金属钴计一般在 0.1%以下。锰催干剂也是一种表面催干剂，但催干速度不及钴催干剂，因此有利于漆膜内层的干燥。但其颜色深且有黄变倾向，不宜用于白色或浅色漆，常用的锰催干剂有环烷酸锰，用量多在 3%以下。铅催干剂是一种漆膜内层催干剂，常与钴或锰催干剂配合使用。铅催干剂主要有环烷酸铅，用量为 0.5%～1.0%。

增塑剂的作用是降低树脂的玻璃化温度从而起到提高漆膜的韧性、伸长率、渗透性和附着力的作用。增塑作用可通过内增塑或外增塑的方法来达到。所谓内增塑，就是利用共聚法（如醋酸乙烯酯与氯乙烯共聚，丙烯酸酯的共聚等）来提高漆膜的弹性和附着力。这种方法在涂料树脂的合成中被广泛使用。外增塑法是采用相容性好的非挥发性液体（称增塑剂）或柔性高相对分子质量树脂来增塑另一种树脂，常用的低分子增塑剂有氯化石蜡、邻苯二甲酸二酯，醇酸树脂常用来增塑氨基树脂和氯化橡胶等。

船舶防污涂料配方加入防污剂中可以防止船体浸入水中部分的表面受到海洋生物的污损，有利于提高船舶的航速、减少维修费用、防止水下构件腐蚀。常用的防污剂有氧化汞、双三丁基氧化锡、百菌清和氧化亚铜等。

功能性助剂可以赋予涂膜特定的功能，如导静电性能、防滑、抗划伤、增强手感、抗汗渍等。

3.2.6　黏度

涂料配方中各种组分的相互作用决定了涂料的黏度。但是其中溶剂组分的组成和含量以及增稠剂或触变剂的是否存在对涂料的黏度起主要作用。涂料的黏度大小对涂料的施工性能、涂膜的流平性及涂料的贮藏稳定性都有很大的关系。

1. 黏度与施工特性和贮藏稳定性

在进行涂料配方时涂料的黏度主要是根据对它的贮藏稳定性和施工特性的要求而控制的。例如大量应用的工业涂料的黏度一般较大，利于运输和贮藏。在施工前可用稀释溶剂将其调节到合适的施工黏度。但也有许多涂料买来时黏度已调节好可直接使用，这种涂料大多是现场施工用以及供民用零售。那种出厂时黏度较大、在施工前才稀释的涂料常常是喷涂施工的。如果以它们的施工黏度来贮藏，往往由于黏度太小会发生较严重的颜料沉底现象。而那些买来就可用的涂料常常采用刷涂、辊涂或无空气喷涂施工。这些施工方法不需要很低的施工黏度，因此较易获得良好的贮藏稳定性。

由此可见，涂料产品的黏度既要适应将采用的施工方法，又要保证贮藏稳定。许多常用涂料产品的黏度范围在 0.4～0.6 Pa・s(帕斯卡・秒)。这种黏度允许涂料不必再加溶剂稀释而可直接进行刷涂、辊涂、无空气喷涂或热喷涂施工。但是要进行常规的喷涂施工时，则还需要加入适当的溶剂将涂料稀释到约 0.1 Pa・s(帕斯卡・秒)左右，尤其是一些工业用涂料，一般均需在施工前进一步进行稀释。

2. 触变性

有不少涂料具有触变性，因为触变性在实用上是有某些好处的。触变性的涂料在静置时具有胶体结构，选用不同的触变剂能获得不同的胶体结度，涂料的触变性可以认为是与时间有关的黏度特性。

在涂料(或其他液状流体)中最简单的流变形式是牛顿流动。牛顿型流体的黏度与它在进行黏度测量、受到搅动或在施工时所受的剪切速率及剪切时间无关，虽然它的黏度和其他流动类型流体的黏度一样与温度有关。属于牛顿型流体的是一些结构较简单的液体系统，如水、溶剂、矿物油和少最低相对分子质量的树脂溶液。

大多数涂料的流变性是属于非牛顿型的，有膨胀型、塑性型和假塑性型等几种。触变型的流动可认为是与塑性和假塑性型有关的一种流动。

膨胀型流体的表观黏度随着剪切速率的增加而增加，这种流变性质是涂料所不希望的。固体含量很高的涂料体系如填孔剂(腻子)通常是膨胀型的，某些分散型的涂料体系如塑溶胶和有机溶胶也常常是膨胀型的。色漆经较长时间贮存后会发生颜料沉淀，这些颜料沉淀层在流变性上也是属于膨胀型的。

在塑性流动中存在某一数值的最小应力，称为屈服应力。塑性流体要发生流动，所施加的应力就必须大于屈服应力值。一旦克服了屈服应力，流体就发生流动，其流动黏度符合牛顿黏度特性。塑性流体有时也称为宾汉(Bingham)流体，因为宾汉是最早一个研究塑性流动的流变学家。虽然涂料基料的流动特性是属于牛顿型的，但加入颜料后的色漆可能呈塑性流动。假塑性流动中没有屈服应力值，被认为是由于长链分子在受到了剪切应力之后发生了有序排列之故。某些乳胶涂料也是假塑性流体。

具有上述膨胀型、塑性型和假塑性型特性的流体，其黏度均与所受到的剪切作用的时间长短无关。与此相反，具有触变性流变特性的流体其黏度不仅与剪切速率的大小有关，而且与剪切作用的时间长短有关。触变作用是一个可逆过程，这就是说，随着剪切时间的延长，体系的黏度会逐渐降低，而一旦停止剪切作用，体系又会逐渐恢复到剪切前的黏度。在涂料中加入触变剂后能使涂料具有触变性，触变性的形成常解释为是液体(如涂料)在静置时其中的质点和分子因相互之间形成弱化学键(如氢键)而产生了网状结构，使体系处于一种黏度较大的胶冻状态的现象。当体系受到剪切作用之后，弱化学键断裂，黏度逐渐下降，直至达到一个最低的黏度恒定值。此时，弱化学键的断裂速度和重新建立的速度相等，两者达到了平衡。当剪切力除去之后，即停止了对涂料的搅拌之后或者是在施涂到工件上之后，黏度就会逐渐恢复到剪切前的大小，恢复的快慢取决于形成网状结构的弱化学健的强弱及其能否重新建立的难易。

显然，触变性可给涂料带来不少优势。首先，它可以完全防止颜料的沉淀，具有触变性的涂料可减少在使用前为使颜料分布均匀而施加的搅拌；其次这种涂料在低剪切速率下的流动性较小，因而可施工成较厚的湿涂膜；此外，它即使涂在垂直面上也不容易发生流挂和流淌现象。

3. 黏度的控制

将增稠剂加入涂料中以控制涂料的黏度时，常常会或多或少地带入触变性。但是乳胶漆中常用的纤维素增厚剂是个例外，它们只会增加乳胶涂料的假塑性而不会使之具有真正的触变性。某些涂料是不希望具有触变性的，例如高光泽的面漆需要有尽可能好的流平性，而具有触变性的涂料的流平性很少有像非触变性涂料的那样好，因此这类涂料基本上都不加触变剂或增稠剂，它们的黏度通过选择基料和调整涂料配方中总的固体含量来控制。

使溶剂型涂料具有触变性的主要方法是在配方中加入胺改性膨润土和氢化蓖麻油之类的触变剂。在醇酸树脂制造过程中加入适量特制的聚酰胺树脂，能得到触变性的胶冻状醇酸树脂，这种触变性的醇酸树脂也可作为触变剂加入到普通的醇酸树脂中而使后者也具有触变性。其加入量可以从后者的 10%到 100%，使用膨润土类型的触变剂时加入量则要低得多，一般不超过配方总量的 2%～3%，触变剂加入量的多少可调节涂料触变性的强弱。

乳胶漆一般需要比普通溶剂型涂料高得多的黏度，其黏度通常在 1.0～1.5 Pa · s。虽然乳胶漆中最常用的纤维素醚类增稠剂不会使体系引入触变性，但它引起体系黏度的增加和假塑性流变特性也使乳胶漆呈现许多触变性系统所具有的优点，使用纤维素类增塑剂的乳胶漆的流平性不太好，但用离子型增稠剂如羟甲基纤维素钠时要比用非离子型纤维素增稠剂，如乙基羟乙基纤维素时流平情况要好一些。

用纤维素类增稠剂时，体系的黏度不仅受增稠剂的加入量，而且也受增稠剂的相对分子质量（反映在它的溶液黏度上）的影响。通常是先将增稠剂以 2%～3%的含量通过剧烈搅拌在水中形成一种脂体，然后在颜料分散阶段将这种脂体按需要量加入到涂料配方中。根据增稠剂相对分子质量的大小，它的加入量有所不同，一般不超过配方总量的 1%。

3.3　涂料配方中的一些数学计算

在我国，涂料配方常以质量单位（千克，kg）来表示，但是在某些情况下，如计算颜料体积浓度以及液体物料的计量和涂料产品的包装时，如能以体积单位升来计量则较为方便，因此在这里介绍用重量单位表示的配方换算为用体积单位表示的配方的方法。

3.3.1　密度

在表 3-7 中，大部分组分的密度（比重）是已知的，有两个助剂的密度未知，就将它们作了假定。由于其用量较小，假定数的误差对整个计算的影响不大，但在另一些情况下，一些组分的密度就不能随意假定，应当设法计算出来。

1. 混合密度

在涂料配方中常常同时使用几种树脂或树脂与增塑剂作为基料，要知道基料的总体积就必须计算它们的混合密度。

【例 3.6】 氯化橡胶（密度为 1 kg/L①）常用氯化石蜡（密度为 1.15 kg/L）来增塑，如果氯化橡胶与氯化石蜡的重量比为 0.6∶1.0，试求其混合密度。

解：先将树脂与增塑剂重量比换算成相对百分比：

树脂 $\frac{0.6}{1.6}=0.375$

增塑剂 $\frac{1.0}{1.6}=0.625$

算出两者的体积和总的体积：

	质量百分数(%)	密度(kg/L)	体积(L)
树脂	37.5	1.5	25.0
增塑剂	62.5	1.15	54.35
总计	100		79.35

2. 从聚合物溶液的密度计算聚合物固体的密度

【例 3.7】 表 3-7 配方中水性乳胶的密度为 1.02 kg/L，聚合物的浓度（即固体含量）为 52%，求聚合物的密度。

解：水的密度为 1.00 kg/L。设聚合物的密度为 x kg/L，则有：

	质量百分数(%)	密度(kg/L)	体积(L)
聚合物	52	x	$52/x$
水	48	1.00	48.00
总计	100		$\frac{52}{x}+48$

那么，聚合物液的密度 $=\dfrac{100}{\dfrac{52}{x}+48}=1.02(\text{kg/L})$

解之，得 $x=1.0392\approx1.04\ (\text{kg/L})$

即 聚合物的密度为 1.04 kg/L 。

【例 3.8】 醇酸树脂在 200 号溶剂汽油（密度为 0.80 kg/L）中的溶液其密度为 0.97 kg/L，树脂溶液的固体含量为 75%（重量），求醇酸树脂的密度。

解：设醇酸树脂的密度为 x kg/L，则有：

	质量百分数(%)	密度(kg/L)	体积(L)
醇酸树脂	75	x	$75/x$
200 号溶剂汽油	25	0.80	25/0.80
	100		$\frac{75}{x}+31.25$

① 说明：密度的标准单位为“g/cm³”，但为计算方便且贴近工厂中的实际应用情况本书中采用“kg/L”。

即树脂溶液的密度 $= \dfrac{100}{\dfrac{75}{x}+31.25} = 0.97(\mathrm{kg/L})$

解之，得　　$x=1.044\approx1.04(\mathrm{kg/L})$

即醇酸树脂的密度为 1.04 kg/L。

3.3.2　催干剂的加入量

在氧化聚合型的基料(如油基树脂、醇酸树脂、环氧酯和聚氨酯油等)中，为了促进干燥，必须加入催干剂。常用催干剂是某些金属的有机酸盐，其加入量常以金属原子的重置相对于基料中树脂的固体的质量百分数来表示。

【例 3.9】 某醇酸树脂基料需要加 0.5%金属铅和 0.06%的金属钴(相应于树脂的固体重量)。现有含 24%金属铅的环烷酸铅溶液和 6%金属钴的环烷酸钴溶液，问 150 kg 的醇酸树脂溶液(重量固体含量为 50%)需加铅和钴催干剂溶液各多少？

解：150 kg 50%固含量的醇酸树脂溶液含醇酸树脂为：

$$150\times50\%=75(\mathrm{kg})$$

75 kg 醇酸树脂(固体)需金属铅质量为：

$$75\times0.5\%=0.375(\mathrm{kg})$$

$$0.375\div24\%=1.56(\mathrm{kg})$$

75 kg 醇酸树脂(固体)需金属钴质量为：

$$75\times0.06\%=0.045(\mathrm{kg})$$

$$0.045\div6\%=0.75(\mathrm{kg})$$

答：在 150 kg 50%(重量)固体分的醇酸树脂基料中应加入 24%金属铅的环烷酸铅溶液 1.56 kg，6%金属钴的环烷酸钴溶液 0.75 kg。

3.3.3　体积固体含量

在计算涂料在施工时的涂布面积和涂膜厚度时，我们要知道涂料配方中的固体含量。固体含量通常以质量百分数来表示，必要时也可换算为体积百分数。下面仍用表 3-11 所列的乳胶漆为例来加以说明。

表 3-11 所列的乳胶漆的配方是以各组分的质量百分数来表示的。在这些组分中，颜料二氧化钛和填料老粉当然是 100%的固体，而水和成膜聚结剂则是 100%的液体，在其他组分中，我们已知乳胶树脂的固体含量为 52%，余下的增稠剂、分散剂和防霉剂(防腐剂)由于在配方中的用量较小，为了简便起见，我们对它们的固体含量就作一假设。我们把增稠剂当作 100%的固体，分散剂和防霉剂(防腐剂)则当成 100%的液体。这样我们就可以计算此涂料的质量同体含量和体积固体含量了。

【例 3.10】 试计算表 3-11 配方乳胶漆的质量固体含量和体积固体含量。

解：整个配方中，乳液中树脂聚合物所占的质量含量为

$$27.9\%\times52\%=14.51\%$$

由例 3.7 知聚合物的密度为 1.04 kg/L，那么相应于 14.51 质量单位的聚合物的体积为

$$14.51\div1.04=13.95(\text{体积单位})$$

将配方中同体成分所占的质量含量和相应的体积列出，则有下表：

表 3-11 白色乳胶漆的固体含量

名　称	质量(kg)	密度(kg/L)	体积(L)	固体份(%)	密度(kg/L)	固体体积(L)
金红石型二氧化钛	19.2	4.20	4.57	19.2	4.2	4.57
老粉	21.7	2.80	7.75	21.7	2.8	7.75
乳液树脂(固含 52%)	27.9	1.02	27.35	14.51	1.04	13.95
增稠剂	0.7	1.33	0.53	0.7	1.33	0.53
分散剂	0.5	1.0	0.50	—	—	—
防霉剂、防腐剂	0.3	1.0	0.30	—	—	—
成膜聚结剂	0.5	0.98	0.51	—	—	—
水	29.2	1.00	29.2	—	—	—
总　计	100.0	—	70.71	56.11	—	26.80

由表可见该涂料的质量固体含量为 56.11%。

$$\text{体积固体含量}=\frac{\text{总的固体体积}}{\text{涂料的总体积}}\times100\%=\frac{26.80}{70.71}\times100\%=37.90\%\approx38\%$$

3.3.4 各组成的需要量

如果要生产 250 L 的如表 3-11 的白色乳胶漆，考虑到生产过程中的损耗，在计算实际生产配方时，应当将总量稍许增加一点，如为 260 L，下面我们就将计算生产 260 L 的乳胶漆的配方。

【例 3.11】 乳胶漆的配方见表 3-11，求此漆的理论密度，要配制 260 L 该漆，求各组份所需的质量和体积。

解：第一步是将配方中的质量百分数除以各组分的密度而得到相应的体积数，将配方的总的体积数除以总质量，就得到了此漆的理论密度。

$$100\div70.71=1.414\ (\text{kg/L})$$

由于 1 L 漆重 1.414 kg，260 L 漆的重量就是 260×1.414=367.64 kg。将小数进位后约为 368 kg。将表 3-11 配方的各组分质量百分数乘以 3.69，我们就能得到生产 260 L 漆所需要的各组分的质量。液体的组分可用体积来计量，将算得的质量数除以它的密度(比重)就得到相应的体积数。

3.3.5　涂料的涂布面积和涂膜厚度的计算

涂料的涂布面积是指能达到规定的干膜厚度时，一升涂料所能涂布的面积(m^2)数。其计算公式为

$$理论涂布量=\frac{体积固体含量}{干涂膜厚度(\mu m)}\times 10^3(m^2/L)$$

【例 3.12】　计算表 3-11 白乳胶在干膜厚度为 40 μm 时的理论涂布面积。

解：由例 3.10 知该涂料的体积固体含量为 38%，代入上列公式则有

$$理论涂布面积=\frac{38\%}{40}\times 10^3=9.5(m^2/L)$$

即每升此白色乳胶漆可涂布千膜厚度为 40 μm 的涂膜 9.5 m^2。

有时也需要要知道每千克涂料能涂布干膜厚度为一定时的涂膜的面积(平方米)。此时我们只要将涂料、涂布面积除以该涂料的密度就行。

【例 3.13】　计算表 3-11 中每千克白乳胶在干膜厚膜为 40 μm 时的涂布面积。

解：由上例知此时的涂料涂布面积为 9.5 m^3/L，而此涂料的密度为 1.414 kg/L，则每千克该涂料在干膜厚 40 μm 时的涂布面积为

$$\frac{9.5}{1.414}=6.7(m^2/kg)$$

从涂料的实际涂布面积(即每升涂料实际涂布的平方米数)和涂料的体积固体含量也可计算涂腆干燥后的平均厚度(如果施工的厚度较均匀的话)。这对现场施工对未带测厚仪时较为方便。其计算式为

$$干膜厚度=\frac{所用的涂料体积(L)}{涂布的面积(m^2)}\times 涂料体积固体含量\times 10(\mu m)$$

【例 3.14】　用 18.5 升的例 3.10 白色乳胶漆，均匀涂布了 200 m^2 的内墙表面一道，试估算干涂膜的厚度。

解：干膜厚度$=18.5\div 200\times 38\times 10=35(\mu m)$

根据涂料比重的数值，我们也可计算一定质量的涂料涂布一定面积表面后，其干涂膜的厚度。

3.3.6　涂料需要量

在实际施工时，我们也常常要计算对一定面积的表面涂以一定厚度干涂膜所需要的涂料的数量(体积或质量数)，从上节约关系式中我们很容易得出下列计算式：

$$涂料需要量=\frac{涂布面积(m^2)\times 干涂膜厚度(\mu m)}{涂料的体积固体含量\times 10}(L)$$

$$涂料需要量=涂料需要量(L)\times 涂料密度(kg)$$

【例 3.15】　用例 3.10 白色乳胶漆涂布 500 m^2 墙面，要求干膜厚度为 60 μm，问需要该涂

料多少体积和质量?

解:涂料需要量=500×60÷(38×10)=78.9(L)

涂料需要量=78.9×1.414=111.6(kg)

3.4 工艺配方的确定

当涂料工作者依据用户对漆液和涂膜性能的要求,经过反复实验研究、精心选择原料而确定最适当的涂料配方(标准配方,见表3-12和3-13为几种色漆的标准配方)之后,下面的工作就是如何将其转化为生产工艺配方了。标准涂料配方虽然决定了涂料产品的最终组成,但却不能直接用它进行生产漆液。这由两个原因决定:一是因为涂料生产汇总随着生产规模和所采用的设备大小不同,要将实际操作批次的投料量在标准配方的基础上扩大一定的倍数。二是因为在涂料生产中,欲在最短的时间内将颜料分散到要求细度,除了选用优质颜料和高效研磨机设备等条件外,还要考虑加工的方法。在同一台研磨机上研磨颜料含量高的漆浆比研磨含量低的漆浆的效率要高得多,这是因为颜料含量较高时在细度合格的漆浆中就可以补加较大量的其他组分(基料、溶剂等)而得到数量较多的色漆产品。因此,在色漆生产时通常是将全部颜料和部分漆料(基料)、部分溶剂和助剂等一起加入配料罐经过预混合和研磨分散而制得研磨漆浆,而在调漆阶段再向合格的研磨漆浆中加入余下的漆料、溶剂和要求在调漆阶段加入的助剂,混合均匀后制得色漆产品。在色漆生产时,需要依据标准配方规定首先将加料数量扩大一定的倍数,使其符合设备大小的需要,同时又要将扩大加料量后的原料分成研磨漆浆加料品种和数量及调色制漆阶段加料品种和数量两部分。下面以浅灰酚醛磁漆为例来说明标准配方向工艺配方的转化过程,见表3-14。

表3-12 标准配方实例(浅灰酚醛磁漆)

	原料名称	规格	质量(g)	质量百分数(%)
组分	酚醛磁漆料	60%	100	80.78
	钛白粉	锐钛型	20	16.16
	炭黑	低色素	0.80	0.65
	深铬黄	合格	0.10	0.08
	蓖麻油酸锌	合格	0.50	0.40
	环烷酸钴液	4%	0.1	0.08
	环烷酸锌液	3%	0.7	0.56
	环烷酸锰液	3%	1.0	0.81
	硅油	1%	0.6	0.48
	二甲苯	工业	适量	
	合计		123.80	100.00

表 3-13　标准配方实例(草绿酚醛磁漆)

	原料名称	规格	质量(g)	质量百分数(%)
组分	酚醛磁漆料	57%	78.7	78.7
	柠檬黄	合格	6.3	6.3
	中铬黄	合格	9.5	9.5
	炭黑	低色素	0.8	0.8
	铁蓝	合格	0.4	0.4
	钛白粉	锐钛型	1.2	1.2
	硅油	1%	0.3	0.3
	催干剂	混合	1.0	1.0
	200 号溶剂汽油	工业	1.8	1.8
	合计		100	100.00

从表 3-14 中我们可以看到实际生产的浅灰酚醛磁漆是在标准配方的基础上扩大了 3.5×10^4 倍,而后又将整个配方分成研磨漆浆与调色制漆。在研磨漆浆中,取用了少量的漆料(563.50kg,占所有漆料质量的 16.1%)与全部的钛白粉,部分炭黑和一种催干剂及大量溶剂。在调色制漆中,则是在先前研磨合格的漆浆中加入剩余漆料、其他各种催干剂、流平剂硅油还有溶剂。为了配方平衡,还需加入在研磨漆浆中未加入的颜料,但此时不能直接加入这些颜料的固体粉末,因为经过研磨漆浆工序,搅拌锅中漆液已是细度合格的漆液,如再直接加入颜料固体粉末,会使得整个搅拌锅中漆液细度变得不合格,就又需进行研磨,会大大降低工作效率。因此在调色制漆中需补加的颜料是以事先已研磨好的色浆的形式加入,这就需要进行质量换算。如表 3-14 中加入的黑酚醛浆即由炭黑∶60%酚醛磁漆料=1∶4(质量比)单独研磨而成,工艺配方中炭黑加料量总为 28 kg,在研磨漆浆中已加入 20 kg,为使配方平衡,则还应在调色时补加[8 kg 换算为 8÷(1/5)]40 kg 的黑酚醛浆。同理,在调色时应加入的黄酚醛浆为 3.5÷(1/3)=10.5 kg。

表 3-14　浅灰酚醛磁漆工艺配方

原料名称	规格	标准配方加料量(g)	工艺配方加料量(kg)	工艺配方规定量(kg)	
				研磨漆浆	调色制漆
酚醛磁漆料	60%	100	3 500	563.50	2 936.50
钛白粉	锐钛型	20	700	700	—
炭黑	低色素	0.80	28	20	—
深铬黄	合格	0.10	3.50	—	—
蓖麻油酸锌	合格	0.50	17.50	17.50	—
环烷酸钴液	4%	0.1	3.50	—	3.50
环烷酸锌液	3%	0.7	24.50	—	24.50

(续 表)

原料名称	规格	标准配方加料量(g)	工艺配方加料量(kg)	工艺配方规定量(kg)	
				研磨漆浆	调色制漆
环烷酸锰液	3%	1.0	35	—	35.00
黑酚醛浆	1∶4	—	—	—	40.00
黄酚醛浆	1∶2	—	—	—	10.50
硅油	1%	0.6	21	—	21
二甲苯	工业	适量	适量	283	适量
合计	—	123.80	—	1 584.00	4 655.00

涂料的配方主要由涂料的使用条件所决定。即要根据涂料在什么底材上、在什么环境条件下使用来确定涂料中各种组分的原料和相互之间的比例。因此,适于在金属、塑料、木材、建筑材料(如水泥)等各种不同材料上使用的涂料系统多数都采用不同的配方,它们的配方彼此间可能有很大的差异,这将在以后几章中进行讨论。

3.5 涂料配色

在色漆配方设计过程中,要想达到客户指定的颜色要求,必然要进行涂料的配色。涂料配色是制漆的一项十分重要的工序,长期以来一直依靠操作人员的经验性观察进行配色,现在正逐步发展为利用仪器和计算机进行配色。为了准确可靠的配制色漆,需要先了解色彩方面的一些知识。

3.5.1 色彩

1. 色彩的光学依据

要准确快捷地配出漆膜的颜色,首先要懂得基本的光学原理:所有的物体包括颜料或漆膜,它们之所以有颜色,乃是靠太阳光线照射其上经过它们不同程度的反射和吸收光线而形成的。因为太阳光是由红、橙、黄、绿、青、蓝、紫七色混合而成,如果物体能把所照的日光都吸收,肉眼就看不到任何反射光线而觉得该物体是黑色的;反过来如果物体能将日光全部反射,该物体就是白色的。例如白光照射到红花上后,花把白光中的橙、黄、绿、青、蓝、紫色光全部吸收,只剩下红色光反射回去,它作用于人眼,花就成为了红色的。

人们从实验中发现,将可见光谱上位置比例相同的三种红、绿、蓝色光混合后能形成白光,即人眼能感受到的白光由这三种色光组成,所以红、绿、蓝三种色光称为光的三原色,各色色光都可以由这三种色光按一定比例组成,这也是彩色电视由红、绿、蓝三种色光显示彩色的道理。如图 3-3 所示,色光的三原色相互混合可以产生其他的色光,如红与绿色光相混可得到黄色光,蓝与绿色光相混可得到青色光,若把三种原色光全部混合起来便成了白色光。色光的混合好象在做加法，相加的色光愈多则愈近于白光。

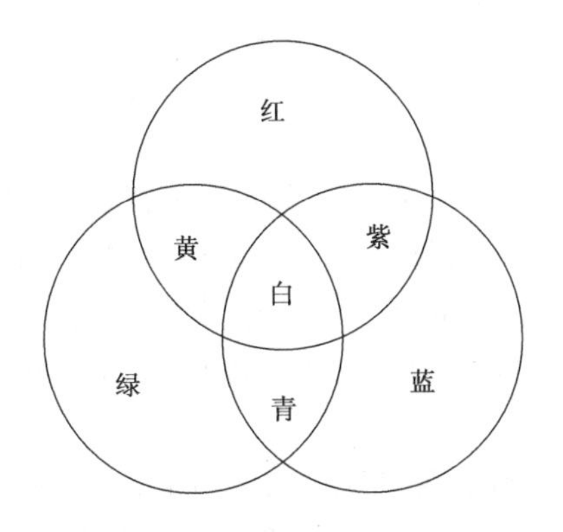

图3-3　色光的三原色图

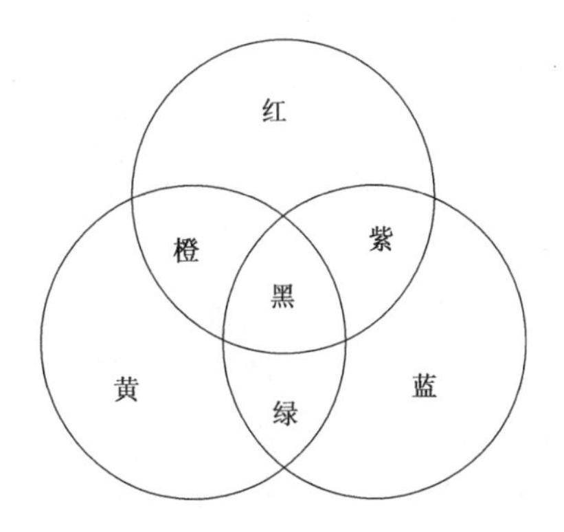

图3-4　色料的三原色图

颜料之所以显色，是吸收了可见光中的某些光谱成分，反射其余光谱成分而作用于人眼产生特定的色感。如黄颜料就是吸收了白光中的蓝光，反射红绿光混合作用于人眼就是黄色了。当一种颜料吸收了白光中的红，反射出绿蓝光时，人们就觉得这种颜料是青色的了。

现在，讨论一下黄颜料与青颜料相混合后显示什么颜色。从上面的例子中可知黄色的呈现是颜料吸收了白光中的蓝光，反射出红色光与绿色光的缘故；青色的显示是颜料吸收了白光中的红光，反射蓝色光与绿色光的结果，那么在黄、青两种颜料混合后，黄颜料反射出的红、绿色光中的红光将被青颜料吸收而仅剩绿光，青颜料反射的蓝、绿色光中的蓝光将被黄颜料吸收，也仅剩绿光，即黄、青两种颜料相混合后，得到的是绿色颜料。

黄、青两种颜色在混合时，若再加入红颜料一起混合，将得到什么颜色？红色的显现是红颜料吸收了蓝、绿色光，反射出红色光的缘故，但是黄、青混合颜料会吸收红色光，红颜料会吸收黄、青混合颜料唯一反射出的绿光，这就是说红、黄、青色颜料混合在一起后，会把白光中的所有色光都吸收，没有什么色光被反射出，那便成了黑色。

由此可知，颜色的相加实则是色光的相减，混合颜色愈多，则吸收光线也愈多，接近无光线反射时就近于黑色了。

若把上述三种颜料两两相混，就会产生新的颜色，红、黄色相混得橙色，黄、青色相混得绿色，红、青色相混得紫色。如图3-4所示。

红、黄、青三种颜色不能用别的颜色拼调出来，它们是合成其他颜色的母色，我们称之为颜色的三原色。

2. 色料的三原色

在涂料行业，我们一般习惯上称红、黄、蓝为三原色，如图3-4所示，从图中可知，原色可以两两相混得到三种间色(橙、绿、紫)，若将一种间色与其相对的原色再次相混，就相当于三原色相混了，那必然呈黑色。例如橙色是由红、黄两色按一定比例混合得到，在橙色中再加入一定量的蓝色，就相当于红、黄、蓝三原色相混了，呈黑色。对颜色而言，凡将两种色彩混合起来，能成为黑色的，这两种色彩就互为补色。即红对绿(黄＋蓝)，黄对紫(红＋蓝)，蓝对橙(红＋黄)都互为补色，在色轮图3-5中，相对角的一对颜色互为补色，补色在调配颜色时应引起特别重视的，因为复色中补色的加入，会使颜色的亮度降低甚至变成灰黑色。

涂料颜色的调配是千变万化的，我们初学者应抓住颜色的基本特性来掌握涂膜的颜色或区分其颜色上的差别。

颜色有三个基本属性——色相，明度，彩度。

色相，是指颜色的种类及名称，是颜色的面貌，如红、橙、黄、绿、蓝等，它是区分颜色的基本手段。

明度，反映一个物体（如涂膜）比另一个物体反射光的数量多少的一种特性，是物体（如涂膜）颜色在“量”的方面的特性。彩色光的亮度越高，人的眼睛就愈感觉明亮。彩色涂膜表面的光反射率越高，它的明度值就越高，如黄色的明度较高，而紫色明度相对就较低。在非彩色中最明亮的颜色是白色，最暗的颜色是黑色，其间分布着不同的灰色，也就是说白色的明度最高，黑色的明度最低。

彩度，亦称饱和度，表示颜色是否纯洁的一种特性。可见光谱的各种单色光是最饱和的彩色。普通物体（如涂膜）颜色总夹杂着一些杂质成分，所以颜色在反射色光的同时，杂质的色光也会附带反射。因而表现出的颜色总是不及色谱上的标准色。越接近光谱标准色的颜料就是纯度越高的颜料，它呈现的色彩也愈鲜艳。

对于颜色的这三个特征，人们常常用三维空间的类似球体的模型来表示，如图 3-6 所示。图中纵坐标表示明度，围绕纵轴的圆环表示色相，离开纵轴的距离表示饱和度。

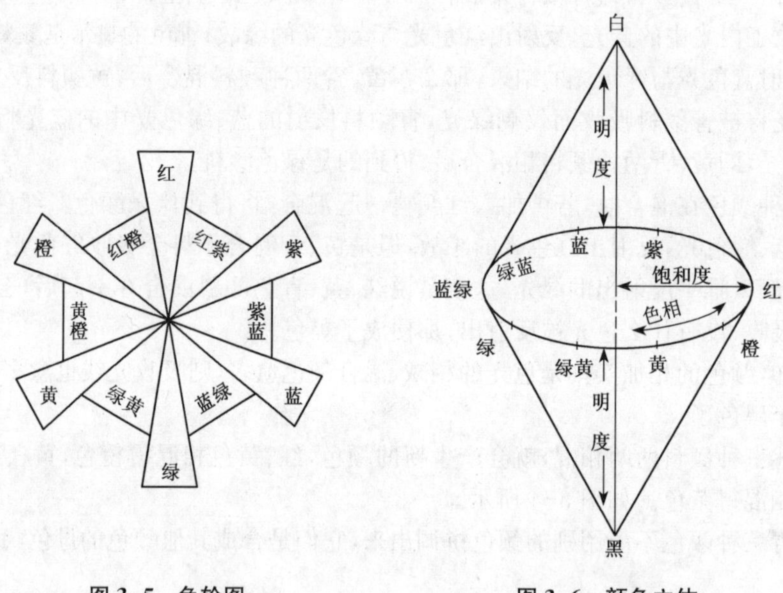

图 3-5　色轮图　　　　图 3-6　颜色立体

3.5.2　色彩的应用

人类通过实践、生活的体验及对大自然的长期观察，对不同的彩色形成了不同的印象与联想，即不同的色彩形成了不同的印象能给人们以不同的感觉。色彩直接影响着人们的精神，所以对色彩感觉的理解，并应用于涂装施工中，在涂料工作中是有着重要意义的。

1. 色彩的分类

色彩给人的感觉因人的年龄、爱好等因素而有差异，一般可分为以下几个方面：

（1）色彩的冷暖　朱红、大红、深红、玫瑰红、土黄、梧黄、中黄、淡黄等红、橙、黄一类的色彩能给人以明快、活泼、温暖的感觉，这类颜色称为暖色，又称为热色。群青、华蓝、深绿、翠绿、紫、青等色相暗，给人以寒冷的感觉，我们称这类颜色为冷色，又称为寒色。黑色、白色、灰色、金色、银色则称之为中性色。

（2）色彩的兴奋与沉静　指色彩能影响人们的精神状态。一般偏于暖色的色彩有兴奋和积极的倾向，偏于冷色的色彩则给人以沉静和安宁的感受。

（3）色彩的远近与轻重　一般青、蓝、紫等冷色给人们以远和轻的感觉，而红、橙、黄等暖色则能使人产生近与重的联想。

上述色彩予人的感觉仅是一般原则性的叙述。无论是冷暖、远近或兴奋、沉静都是相对比较的结果。往往由于色彩所处的场合不同，会给人以不同的感觉。

2. 对比色、同种色等色彩的配合方法

由于色彩的复杂性和人的年龄、爱好以及所处的环境、风俗等因素，对色彩配合的评价不可能一致，但色彩的配合总不会脱离调和的原则。在实际调色时，如果能注意到色彩的色相与纯度、浓淡的层次，面积的大小等因素，则色彩配合的效果较好。

（1）对比色的配合

把两种色彩排列在一起，对比之下感到鲜明与强烈，两种色彩称为对比色。色彩的对比还有亮度和饱和度对比的含意，凡是色轮图上对角线的一对颜色都是对比色，把它们排列在一起时，对比效果非常强烈。对比色的配合除应用于图案施工外一般不常用。

（2）类似色的配合

色轮图上九十度以内相邻的颜色都是类似色，例如红色与红橙色，橙色与橙黄色。它们的色性相似，把它们排列在一起能够得到协调和谐的效果。类似色又称调和色。

（3）同类色的配合

把一种色彩分成几种不同亮度的配合叫做同类色配合。一种色彩由于亮度、纯度的不同而能区分出多种颜色，这是浓淡、明暗的区分。如绿色中加入少许黑可成果绿色，再用白色冲淡可得到各种深浅不同的灰绿色等。同类色的配合有协调和谐的效果。

颜色的调配是千变万化的，初学者不仅应在理论上懂得三原色的概念与相互调色的关系，同时要用理论来指导调色实践，这是个熟练和积累经验的过程。现列举一些颜料的配制比例。表3-15中的各种颜色是以白色氧化锌100分（质量比）作为基础，再加入其他颜料配制而成的。

3.5.3　涂料配色方法与原则

1. 配色方法

只有当两种颜色的色相、明度和彩度都相同时，其颜色才相同。否则，只要其中一个参数不同，两种颜色就不相同。等量的红色与黄色混合调配成橙色，等量的黄色与蓝色混合调配成绿色，等量的蓝色与红色混合调配成紫色，红色、黄色和蓝色中分别加入一定量的白色可调配粉红、浅红、浅蓝、浅天蓝、浅黄、奶黄、蛋黄、牙黄等深浅不一的多种颜色。因此可以通过改变颜色三个特性参数中的一个，获得新颜色。

表 3-15　调色实例

颜色	组成:氧化锌 100 份中加入			颜色	组成:氧化锌 100 份中加入		
	中铬黄	铁红	其他		中铬黄	铁红	其他
白色	—	—	群青 0.6～0.8	淡棕色	116	153.5	—
象牙色	—	微量	淡铬黄 0.5	浅黄	—	—	淡铬黄 600
奶油色	0.9	微量	—	中黄	600	—	—
米色	1.1	0.18	松烟 0.27	深黄	—	—	深铬黄 100
深灰色	1.45	—	铁黄 26	桃红	—	少量	—
天蓝色	—	—	铁蓝 0.85～1	紫红	—	—	大红 7.58 铁蓝 7.58
淡蓝色	—	—	铁蓝 1.23	草黄	—	—	铁黄 128.3
中蓝色	—	—	铁蓝 17～26	银灰色	0.2～0.3	—	炭黑 0.14
深蓝色	—	—	铁蓝 40～77	深灰色	—	—	炭黑 1.4～1.6 或 4.4～5
湖蓝色	—	—	铁蓝 0.84	石青色	—	—	深铬绿 0.5～1.5
浅绿色	0.8	—	铁黄 0.6 柠檬黄 4	墨绿色*	100	—	铁蓝 46～52, 松烟 5.8
果绿色	15.8	—	松烟　0.3	橄榄绿*	—	57	铁蓝 2.25 炭黑 1.6 铁锌白 120
豆绿	50	2	铁蓝 0.8 淡铬黄 50	栗壳色*	105	100	炭黑 5.2

注:有 * 者不加入氧化锌。

(1) 调节颜色的色相

将红、黄、蓝色按一定比例混合,便可获得不同的中间色。中间色与中间色混合,或中间色与红、黄、蓝色按一定比例混合,又可得到复色。如铬黄加铁蓝得绿色,甲苯胺红加铬黄得橙红色。

(2) 调节颜色的明度

在显色的基础上加入不等量的黑色或白色,就可得到亮度不同的各种颜色,如铁红加黑色得紫色;白色加黑色得灰色;黄色加入白色得浅黄等。

(3) 调节颜色的彩度

在显色的基础上加入等明度的灰色,就可得到彩度不同的复色,如米黄—乳黄—牙黄—珍珠白。

综合运用上述原则和色彩的应用方法,可同时改变某种颜色的色相、明度和彩度,就可以得到千差万别的颜色。

2. 涂料调色

涂装施工中涂料颜色的配色就是利用两种或两种以上颜色不同的“母色”（调配前的颜色）涂料，以适当的数量比混合、搅匀，调配出一种新“子色”（调配后的颜色）涂料的过程。调色一般有如下技巧：

（1）调色前应了解色彩的形成、颜色的三属性、三原色，明白各母色在奥斯特瓦尔德色环颜色的走向，如图 3-7 所示。

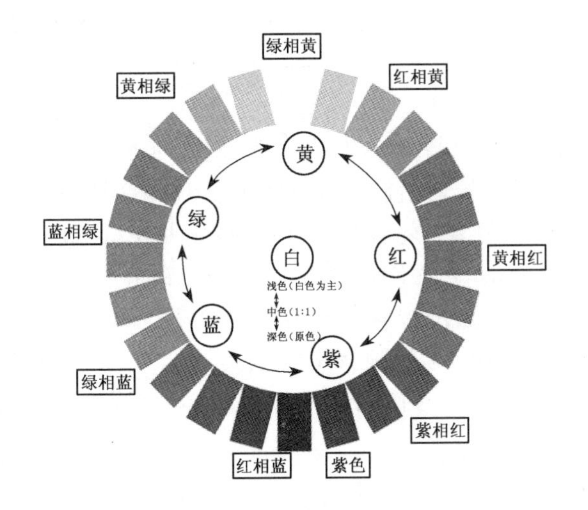

红色：紫相红、黄相红
黄色：红相黄、绿相黄
蓝色：黄相蓝、紫相蓝
绿色：黄相绿、蓝相绿
紫色：红相紫、蓝相紫

图 3-7　奥斯特瓦尔德色环

（2）样板色相只有两个走向（色环图上的邻居色），加入主色颜料（母色，又叫色母）根据颜色的走向添加相应副色（邻居色），以达到颜色一致。（黑白两种母色大多用来调颜色的明度和纯度）

（3）主色一般由一种或两种母色组成，副色通常位于主色两侧中的一侧，可由多种母色组成；副色可以改变主色调鲜艳度、明度，若所配颜色鲜艳度不高情况下，可以跨越邻居色，差什么色相加什么色相的色母。

（4）调色时应避免加入对比色，因为对比色相混合后，会产生灰色即彩度降低，变混浊，在彩度不高时可加入对比色达到消色效果。

（5）调色时一定要有耐心而且要细心。在彩度较高、浅色的颜色中，黑色是最危险的母色，因为它极易降低彩度、将色相变深，所以应小心加入；颜色较深时，白色是最危险的母色，因为它极易将色相变浅，所以也要小心加入。

（6）双组分油漆湿漆的颜色要比样板浅一些，单组分油漆湿漆的颜色要比样板深一些。

随着电子技术的飞速发展，目前涂料配色已由传统的手工调色向电脑配色及全自动电脑配色转移。

3. 手工调色法

（1）颜色的确认

对于任何一种拟调配的子色，首先应将涂膜标准色卡或样板色、实物色置于光线充足的地方或标准光源下，以辨认出涂料颜色中的主色和辅色，即该色样主要由哪几种颜色调制而成、大致配比如何、是否需用黑色或白色进行颜色明度调整等基本情况。

(2) 配色前的准备

根据以上对颜色的确认，准备同种类、一定数量的各种母色涂料，同时准备配色的各种器具，以及制作小样的白铁皮或玻璃板等，并清洗各器具，使其保持清洁状态。

(3) 小样调配

打开各颜色的涂料桶用调色棒反复搅匀，先取主色涂料液数滴，滴于白铁皮或玻璃板上，再依主次顺序用同样方法滴取其他颜色的涂料，对照样板色边加边搅拌，直到调配出所需的颜色，可多次配小样。在调配过程中，应确认各色用量比，且注意是否有结块、浮色等不良现象。

(4) 颜色的调配

依据小样调配大致质量比，计算出各母色涂料的大致用量，先将50%主色涂料倒入调色桶中，依次加各辅色计算用量的50%，反复搅匀后制作涂料色样板，待溶剂挥发、浮色现象稳定后，再与原色样对比。根据色差程度微调第二轮各色添加量，特别要注意深色漆的添加，少加多搅，防止过量。当调整与标准色接近时，再次制作涂料小样样板，待溶剂挥发、浮色现象稳定后，再与原色样对比，直至与色样相近。应注意，若色样为湿膜则可将新调配的涂料滴于同面进行湿膜对比，可做到完全一致；若色样为干膜则调出的湿膜颜色与干膜色样比，宜浅而不能深。该法所调配出的颜色色差与操作者的技能关系较大，经多次调配，一般色差不会很大。

4. 电脑调色法

电脑调配法，即市场上常见的“电脑调漆”，因调漆过程中使用电脑而得名。电脑在该调配方法中，实际上充当了一个大型的涂料配方资料库，储存了由涂料生产厂家提供的各种色漆的标准配方，并对配方中的各母色漆及子色漆均进行了编码。一般不同的涂料生产厂家，具有不同的涂料颜色编码规则，且与某一特定色卡对应。调配时，先从带编码的色卡中确认或直接查找所需调配子色的编码，再输入电脑，电脑显示器便显示所需调配子色的配方。然后依据配方中的组成及配比，计算出各母色涂料用量；在准备了带特定编码的各母色涂料后，即可进行调配工作。该调配法多用于汽车面漆修补，一般需要一台电脑、电子秤、特定色卡和带编码的各母色涂料等器材。

该法与手工调色法相比，提高了初次调配的准确性和再次调配的重现性，大大减少了反复调配的次数。特别是当样色确认无误，母色漆又是采用配方中所指定的编码漆种时，可做到色差极小。

5. 全自动电脑调色法

全自动电脑调色法，由电脑自动测色系统(含分光测色仪)、电脑处理系统(含电脑配色软件)和电脑自动配色系统(含计量、驱动装置)组成。其配色原理与电脑调色法大致相同，但在子色的确认、各种母色用量计算和添加方面均有所不同，实现了全部自动化。该法需配置全自动电脑调色设备，装载专用的电脑配色软件(一般不同的油漆厂家有各自的配色软件)，并准备与电脑配色软件配套的各母色漆种。

(1) 子色的确认

全自动电脑调配法的子色确认是由电脑自动测色系统自动完成。对子色的确认，只需将测色探头置于样板色表面，有关色样的数据便传输到电脑主机，通过电脑配色软件运行分析，该颜色的组成及配比便显示在电脑荧光屏上，即完成了对子色的确认。

(2) 各种母色用量计算

根据提示操作,输入需调配的质量等参数,电脑主机系统便自行计算配出子色的各母色漆品种及质量比。

(3) 颜色的调配

根据提示操作,电脑自动配色系统即可自动完成各母色的添加混合,再自动搅拌或用手工搅拌即可。此外,为减少颜色的色差,还可将其制成色样板,干后利用该电脑配色软件的校正功能,对初次所调配颜色进行校正。根据色差大小,可再次自动补加各母色。

该法与手工调配法、电脑调配法相比,排除人为因素的干扰,实现了调配过程的全自动化。

上述介绍的三种调色法是目前一般涂料厂家通用的调色法,但在配漆时还应遵循一定的原则。

6. 涂料配色原则与要点

涂料配色时,对所选颜料一般有如下原则:

(1) 尽可能选用红、黄、蓝、白、黑五种基本颜色进行配色;

(2) 尽可能选用性能相近的着色颜料混合配色,以免涂料使用时发生结构或组成变化,使涂料色泽变化不一;

(3) 尽可能选择明度不一的同色彩着色颜料配色,这样可以形成有主有次、明暗协调的涂料颜色;

(4) 不同着色颜料之间的密度差不应太大;

(5) 着色颜料之间不应发生反应,如含铅、铜、汞类颜料与含硫颜料混用时,色泽变暗;色淀红C与铬黄混用时,红色易褪;

(6) 若要提高涂料的色泽鲜艳度,可加入少量染料;若要提高涂料的色彩纯正度,可加入适量遮盖力大的白色颜料,以掩盖涂料中的少量杂色;

(7) 在同一涂料配方体系中,着色颜料的品种不应太多,以免带入杂色,使涂料色泽黯淡。

7. 总结

以上涂料调色方法基本要点可归纳如下:

(1) 调色时需小心谨慎,一般先试小样,初步求得应配色涂料的数量,然后根据小样结果再配制大样。先在小容器中将副色和次色分别调好。

(2) 先加入主色(在配色中用量大、着色力小的颜色),再将着色力强的深色(或配色)慢慢地间断地加入,并不断搅拌,随时观察颜色的变化。

(3)"由浅入深",尤其是加入着色力强的颜料时,切忌过量。

(4) 在配色时,涂料和干燥后的涂膜颜色会存在细微的差异。各种涂料颜色在湿膜时一般较浅,当涂料干燥后,颜色加深。

(5) 配色漆时,所采用色漆的基料必须相同,例如醇酸漆类不能与硝基漆混合,不然会导致树脂析出、浮色、沉淀甚至报废。

(6) 调配色漆若需加入催干剂或其他助剂,则应先加,然后再配色,以免影响色调。

复色漆颜料配比实例见表3-16。

表 3-16 部分复色漆的颜料配比参数表(质量百分数)

	钛白粉	铁蓝	中铬黄	软质炭黑	浅铬黄	中铬绿	铁红	甲苯胺红
红色								100.00
蔷薇红	92.35		6.09					1.55
黄色			100.00					
浅杏红	72.72		26.27					1.01
枯黄			94.44					5.56
浅稻黄			79.65				20.35	
珍珠白	98.10		1.90					
奶油白	93.77		5.88				0.35	
乳黄	92.09		7.91					
米黄	80.02		18.58				1.39	22.88
中驼	39.42		41.31	0.73			18.54	100.00
浅棕			58.32				41.68	
黄棕			45.16	1.51			53.33	1.55
紫酱色			35.49	3.12			61.39	
棕色			9.76	1.48			88.76	1.01
紫棕				2.31			97.69	5.56
浅驼	66.88		18.70	0.50			13.93	
深驼	25.73		37.62	1.94			34.72	
珍珠灰	95.36		1.34	0.49			2.81	
浅紫丁香	92.69		0.87	0.25			6.20	
丁香灰	90.27		1.01	0.63			8.09	
绿色	15.91	10.57		73.53				
墨绿		50.43	35.97				13.60	
茶青	10.11	55.05				34.84		
草绿		16.57	44.22	0.76			38.45	
深豆青	43.21	6.79			50.00			
鲜绿	52.71	9.53	11.53		26.24			
正青	36.27	8.37	5.13		50.22			
灰绿	55.35	10.50	32.88	1.25				
苹果绿	80.44				12.20	7.36		
湖绿	74.94	1.82			23.23			

（续　表）

	钛白粉	铁蓝	中铬黄	软质碳黑	浅铬黄	中铬绿	铁红	甲苯胺红
浅豆绿	65.22		13.16	0.34	5.03	16.25		
浅翠绿	85.12	1.99			12.78			
果绿	80.82	0.57			18.61		0.78	
豆绿	47.31	5.02	16.46		31.22			
鸥灰	96.51		3.00	0.48				
鸽灰	95.42		3.98	0.60				
浅灰蓝	98.66	0.73		0.61				
湖蓝	87.75	2.50	2.26		7.49			
浅孔雀蓝	89.28	8.91	1.81					
灰蓝	91.40	7.82		0.78				
海蓝	60.00	27.94	12.06					
天蓝	96.56	3.44						
浅蓝	90.41	9.59						
深蓝	15.22	82.39		2.39				
灰色	98.63			1.37				
银灰	95.37	0.75	2.75	1.13				
淡灰	95.52	1.25	2.37	0.87				
中蓝灰	98.02	1.12		0.87				
蓝灰	91.54	3.81		4.65				
深灰	88.03	0.97		11.00				

第 4 单元

色漆生产工艺及涂料性能检测

当合格的涂料工艺配方设计出后，接下来就是下单到制漆车间生产所需的涂料了。在涂料行业中由于涂料体系的不同，决定了生产工艺的不同，可分为溶剂型涂料制备工艺，水性涂料制备工艺(水分散涂料与乳胶漆制备工艺)及粉末涂料制备工艺。由于篇幅有限，粉末涂料生产工艺在此不作介绍，水分散涂料及乳胶漆的生产工艺将另辟单元节介绍。本单元重点介绍溶剂型色漆的生产工艺及其生产质量控制，清漆与清油的制备复杂程度远远小于色漆，故可触类旁通。

4.1　色漆工艺基础

色漆是由固体粉末状的颜(填)料、黏稠状的液体漆料、稀薄的液体溶剂和少量的助剂组成的多相混合物。其品种虽然很多，但是它们的生产原理却基本一致，生产工艺过程也大致相同。粗看起来，只要将颜(填)料、漆料、溶剂等混合成均匀的体系，使其涂布在物体表面上，能形成一层均匀的薄膜即可，实际上要达到这一目的，并不太容易。色漆生产必须通过有效的加工将颜料均匀地“分散”在漆料中，形成以颜料为分散相(不连续相)、以漆料为连续相的非均相分散体系。

颜料的分散在制漆过程中是十分重要的一步，颜料分散的好坏对涂料的许多性能都有很大的影响。它不仅影响涂料的贮藏稳定性而且还影响涂膜的颜色、光泽及耐久性，如果一种涂料中的颜料分散得不好，在涂料的贮藏过程中颜料就会重新凝集，施工后涂膜中呈现颜色偏离和发花等色泽不均的弊病。如果颜料的分散容易进行，而且每次都能得到分散程度较一致的颜料分散体(色浆)，这种涂料在生产时颜色的重复性就好。

4.1.1　颜料分散机理

颜料在基料中的分散由几个过程所组成，这些过程虽然在下面的叙述中有先后之分，但实际上是同时发生的。

颜料在基料中分散时表面先要受到基料的润湿，在润湿过程中，基料取代了原来吸附在颜料表面上的水分和气体等。其次，在分散过程中颜料的聚集体要破碎成单独的颗粒，只有这样才能充分发挥颜料的固有性能（如着色力、遮盖力等）。最后，要使这些已分离开来的单个颜料粒子处于一种稳定的分散状态，以使它们在贮存过程中也不会重新聚集起来。

使颜料粒子处于稳定的分散状态有两种方法：一是使颜料质点的表面带有电荷，依靠同种电荷相排斥的原理使质点之间保持一定的距离而获得稳定。另一种是在颜料质点表面上吸附一层聚合物之类的物质，这层聚合物吸附层的存在也能使质点保持稳定的分散。在溶剂型涂料系统中，颜料分散体的稳定作用主要靠后一种吸附层的方法，而在水性系统中则两钟方法兼而有之。

4.1.2　表面活性剂和颜料分散性

颜料（填料）在涂料系统中的润湿作用和稳定作用可以借助某些表面活性剂的加入而增强。这种表面活性剂能强烈地吸附在颜料表面，因而改变了颜料的表面性能，使颜料的润湿分散过程容易进行。这种表面活性剂即颜料分散剂。颜料分散剂通常效率很高，因此用量较小，一般为颜料（填料）总量的1%以下，而且对不同颜料具有专用性。

涂料配方中适用的表面活性剂主要根据经验来选择。但是应当注意，表面活性剂使颜料质点表面所带的电荷必须与基料所带的电荷相同，从而使涂料体系的稳定性加强。如果颜料和基料所带的电荷符号相反，电荷中和会引起体系的不稳定而发生颜料的沉淀。

在许多实例中，颜料分散过程中并不需要专门的颜料分散剂，大多数颜料在某些基料中，尤其是在油改性醇酸树脂中的分散是相当容易的。这些基料聚合物中含有能促进颜料润湿过程的组分，如在醇酸树脂中高极性的羧基就有助于颜料的润湿，羟基也有类似的作用，但效力不如羧基。这些基因的存在反映在树脂的酸价上，高酸价的醇酸树脂具有比低酸价醇酸树脂好的颜料润湿性。其他一些树脂也有很好的颜料分散性能，这种性能的好坏主要取决于树脂分子结构极性的大小。

除了基料的性能之外，许多颜料在制造过程中表面经过了改性处理，改善了它们的分散性能。这种表面处理过的颜料采用低能耗的技术就能分散，在某些情况下，只要简单的搅拌即可。例如，二氧化钛颜料的表面常常用各种物质进行处理，因而分散很容易进行。如果某种基料选择合适规格的二氧化钛，在分散过程中可以完全不用或仅用很少量的颜料分散剂。二氧化钛颜料的表面处理剂可以是无机的，也可以是有机的，它们除了提高颜料的分散性能之外，还能提高颜料的其他许多性能。如金红石型的二氧化钛用铝、硅、钛、锆的氧化物或氢氧化物处理后，能提高涂膜的耐久性。未经表面处理的二氧化钛也仍有生产，它们的耐久性低、分散性差，但价格较低，在室内用涂料中仍有使用。

降低颜料在分散之后的重新絮凝的方法之一是使用高黏度的基料。基料的黏度提高之后可以减少颜料质点重新集结的能力。虽然在许多涂料配方中我们不能使用较高黏度的基料，但是在乳胶漆以及某些溶剂型涂料中这个方法是很有实效的。

4.1.3　颜料分散程度的评价

评价色浆中颜料分散程度的仪器有许多，其中不少结构较为复杂，能提供颜料质点大小及其分布的数据，但用得最多的是刮板细度计。虽然刮板细度计只提供色浆（或色漆）中较大颗粒的数据（称细度），但由于用它测定细度快速简便，适于生产中的控制，因此使用十分普遍。

刮板细度计是一块磨光的合金钢平板，中间是一条逐渐变深的斜坡沟槽（图 4-1）。将色浆样品滴入刮板细度计沟槽的最深部位，用刮刀垂直地把试样刮过槽的整个长度（如图 4-2），立即以 150°视角观察沟槽中颗粒均匀显露的位置，槽边刻度上标明的沟槽深度，即为该试样的细度，以微米（μm）表示。底漆、二道底漆、平光漆以及乳胶漆的细度通常在 50 μm 左右，而装饰性面漆的细度在 20 μm 以下，国际上轿车磁漆的细度为 5 μm 以下。

图 4-1　刮板细度计

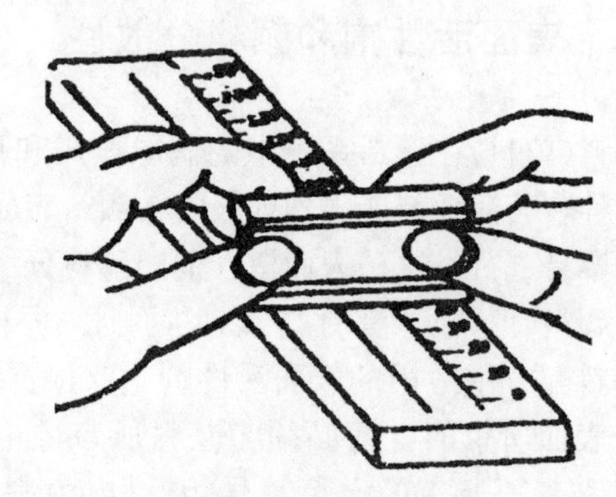

图 4-2　色浆细度评价

4.2　色漆的生产工艺

4.2.1　色漆生产工艺流程

色漆生产不管是哪一品种，基本上都按如下操作顺序来完成，工艺流程图如图 4-3 所示。

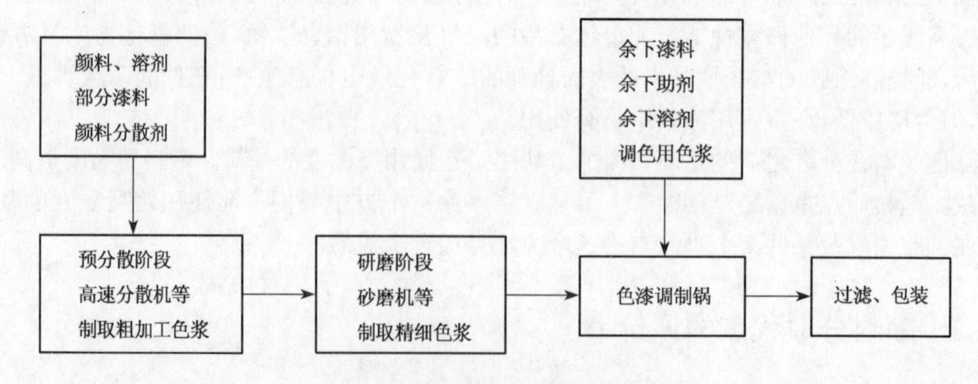

图 4-3　色漆制备工艺流程图

1. 配料

配料要分两次完成。首先按一定的颜料/基料/溶剂比例配研磨色浆，使之有最佳的研磨效率；在分散之后，再根据配方补足其余物料。色浆料的称取要力求准确，特别是称取着色力强、用量少的颜料份时，称量误差易造成随后调色上的麻烦。

2. 混合

混合常采用高速分散机，在低速搅拌下，逐渐将颜料加于基料中混合均匀。易分散颜料可能只需要几分钟就可微细地分散于基料中。对于难分散颜料（大颜料粒子、硬附聚体），在高速下分散几分钟，可将大的附聚粒子初步进行破碎，让附聚粒子的内部表面更多地展现于基料中而被润湿。所以用高速分散机进行的混合过程称之为预分散。预分散使得砂磨能正常生产，分散细度可满足要求。

3. 研磨分散

研磨分散是种精细分散，对中、小附聚粒子的破碎很有效，但对大的附聚粒子不起作用。故送入研磨的色浆必须经高速分散机预分散。研磨分散通常采用的研磨设备有砂磨机、球磨机、三辊研磨机和双辊机等。

4. 调制色漆

待色浆研磨合格后，在搅拌下，将色漆剩余组分加入色浆中，并进行调色和调整黏度。在色浆兑稀过程中，一定要防止局部过稀现象的产生，以免颜料返粗。

5. 过滤、包装

4.2.2　色漆生产工艺过程的确定

如上所述，色漆生产工艺过程一般系混合、输送、分散、过滤等化工单元操作过程及仓储、运输、计量和包装等工艺手段的有机组合。通常，总是依据产品种类及其加工特点的不同，首先选用适宜的研磨分散设备，确定基本工艺模式，再根据多方面的综合考虑，选用其他工艺手段，进而构成全部色漆生产工艺过程。

1. 选用研磨分散设备，确定基本工艺模式

(1) 设备选用　一般色漆生产工艺流程以四个方面的考虑为依据：即色漆产品或研磨漆浆的流动状态、颜料在漆料中的分散性、漆料对颜料的湿润性及对产品的加工精度要求。首先选定所使用的研磨分散设备，从而确定工艺过程的基本模式。

① 依据产品或研磨漆浆的流动状况可将色漆分为四类。a. 易流动，如磁漆、头道底漆等；b. 膏状，如厚漆、腻子及部分厚浆型美术漆等；c. 色片，如以硝基、过氯乙烯及聚乙烯醇缩丁醛等为基料的高颜料组分，在 20～30℃下为固体，受热后成为可混炼的塑性物质；d. 固体粉末状态，如各类粉末涂料产品，其颜料在漆料中的分散过程在熔融态树脂中进行，而最终产品是固体粉末状态。

② 按照在漆料中分散的难易程度可将颜料分为五类。a. 细颗粒且易分散的合成颜料，原始粒子的粒径皆小于 1 μm，且比较容易分散于漆料之中，如钛白粉、立德粉、氧化锌等无机颜料及大红粉、甲苯胺红等有机颜料；b. 细颗粒而难分散的合成颜料，尽管其原始粒子的粒径也属于细颗粒型的，但是其结构及表面状态决定了它难于分散在漆料之中，如炭黑、铁蓝等；c. 粗颗粒的天然颜料和填料，其原始粒子的粒径为 5～40 μm，甚至更大一些，如天然氧化铁红(红

土)、硫酸钡、碳酸钙、滑石粉等;d.微粉化的天然颜料和填料,其原始粒子的粒径为1～10 μm,甚至更小一些,如经超微粉碎的天然氧化铁红、沉淀硫酸钡、碳酸钙、滑石粉等;e.磨蚀性颜料,如红丹及未微粉化的氧化铁红等。

③ 依据漆料对颜料的湿润性可将其分为三类。a.湿润性能好,如油基漆料、天然树脂漆料、酚醛树脂漆料及醇酸树脂漆料等;b.湿润性能中等,如环氧树脂漆料、丙烯酸树脂漆料和聚酯树脂漆料等;c.湿润性能差,如硝基纤维素溶液、过氯乙烯树脂等;

④ 依据对产品加工精度的不同,可将色漆分成三类。a.低精度产品,细度在40 μm以上;b.中等精度产品,细度在15～20 μm;c.高精度产品,细度小于15 μm。

对上述四个方面因素的综合考虑是一般选用研磨分散设备的依据。

(2) 分散设备及基本工艺　以天然石英砂、玻璃珠或陶瓷珠子为分散介质的砂磨机,对于细颗粒而又易分散的合成颜料、粗颗粒或微粉化的天然颜料和填料等易流动的漆浆都是高效的分散设备。

球磨机生产能力高、分散精度好、能耗低、噪声小、溶剂挥发少、结构简单、便于维护、能连续生产,因此在多种类型的磁漆和底漆生产中获得了广泛的应用。但是,它不适用于生产膏状或厚浆型的悬浮分散体,用于加工炭黑等细颗粒而难分散的合成颜料时生产效率低,用于生产磨蚀性颜料时则易于磨损,这些因素都应在选用设备时结合具体情况予以考虑。

球磨机同样也适用于分散易流动的悬浮分散体系,以前曾是磁漆生产的主要设备之一。它适用于分散任何品种的颜料,对于分散粗颗粒的颜料、填料、磨蚀性颜料和细颗粒且又难分散的合成颜料有着突出的效果。卧式球磨机由于密闭操作,适用于要求防止溶剂挥发及含毒物的产品。由于其研磨细度难以达到15 μm以下且清洗换色困难,故不适于加工高精度的漆浆及经常调换花色品种的场合。

三辊机生产能力一般较低、结构较复杂,手工操作劳动强度大,因敞开操作而溶剂挥发损失大,故应用范围受到一定限制。但是它适用于高黏度漆浆和厚浆型产品,砂磨机和球磨机则无法做到,因而广泛用于厚漆、腻子及部分厚浆状美术漆的生产。三辊机易于加工细颗粒而又难分散的合成颜料及细度要求为5～10 μm的高精度产品,目前对于某些贵重颜料,一些厂家为充分发挥其着色力、遮盖力等颜料特性以节省用量,往往采用三辊机研磨。由于三辊机中不等速运转的两辊间能产生巨大的剪切力,故导致高固体含量的漆料对颜料润湿充分,有利于获得较好的产品质量,因而被一些厂家用来生产高质量的面漆。除此之外,由于三辊机清洗换色比较方便,也常和砂磨机配合用于制造复色磁漆用的少量调色浆。

双辊机轧片工艺仅在生产过氯乙烯树脂漆及黑色、铁蓝色硝基漆色片中应用,以达到颜料能很好地分散在塑化树脂中的目的,然后靠溶解色片来制漆。

研磨分散设备(如图4-4～4-10所示)的类型是决定色漆生产工艺过程的关键。选用的研磨分散设备不同,工艺过程也不同。例如砂磨机分散工艺,一般需要在附有高速分散机的预混合罐中进行研磨漆浆的预混合,再以砂磨机研磨分散至合格细度,输送到制漆罐中进行调色制漆制得成品,最后经过滤净化后包装、入库完成全部工艺过程。由于砂磨机研磨漆浆黏度较低、易于流动,所以大批量生产时可以机械泵为动力,通过管道进行输送,小批量多品种生产时可用容器移动的方式进行漆浆的转移。球磨机工艺的配料预混合与研磨分散则在球磨机体内一并进行,研磨漆浆可用管道输送(以机械泵或静位差为动力)和活动容器运送两种方式输入调漆罐调漆,再经过滤包装入库等环节完成工艺过程。三辊机分散因漆浆较稠,故一般用换罐式搅拌机混合，以活动容器运送的方式实现漆浆的传送。为了达到稠厚漆浆净化的目的，有时往往与单辊机串联使用。

图 4-4　实验室高速研磨分散机

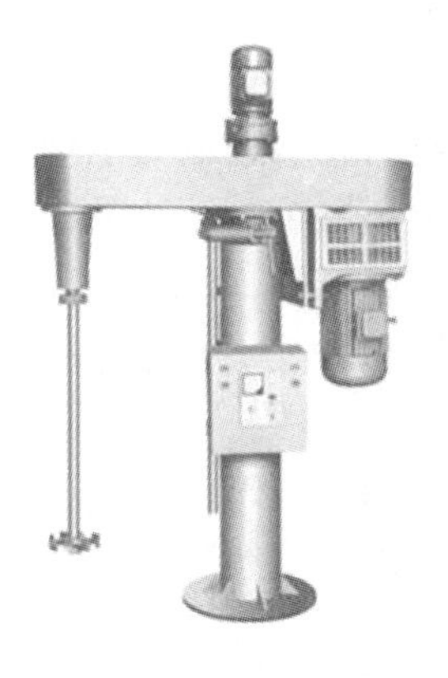

图 4-5　高速分散机

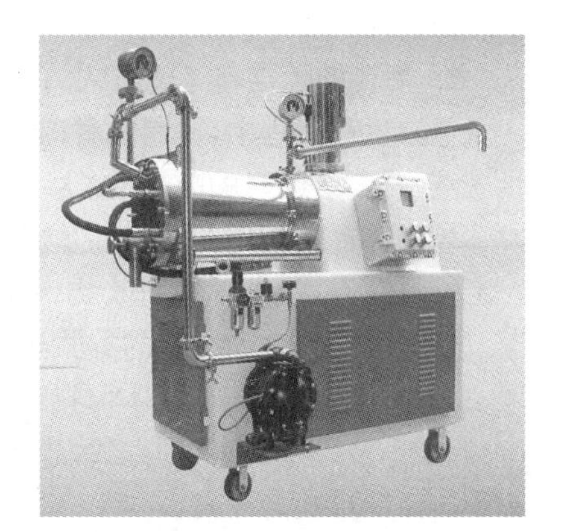

图 4-6　卧式砂磨机

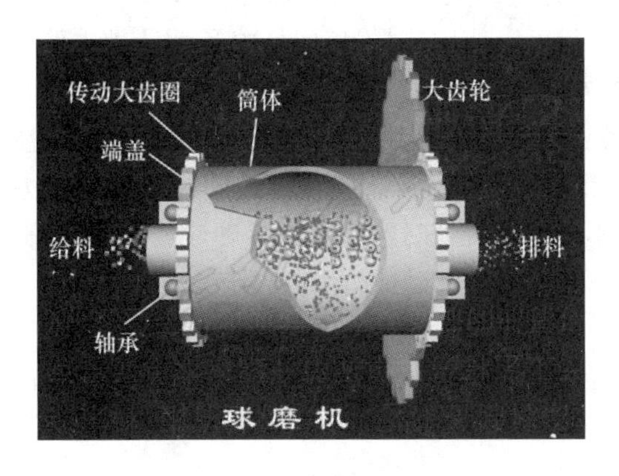

图 4-7　球磨机结构

图 4-8　球磨机

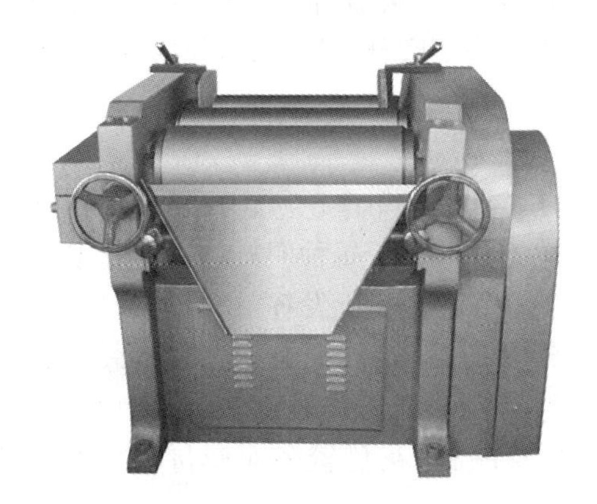

图 4-9　三辊机

图 4-10　双辊机

尽管选用的研磨分散设备决定了色漆工艺过程的基本模式，但是只有选定了仓储、输送、计量、包装等工艺手段后，才能形成完整的工艺过程。也正是由于这些工艺手段的不同，又使得同一模式的工艺过程彼此不同，甚至差别较大。这些工艺手段是通过权衡欲生产的产品规模大小和品种花色的复杂程度，合理组织生产所需要的工艺特点及车间布局等诸方面的因素，经过精心设计而最终选定的。在设计色漆生产工艺过程时，以下几方面往往也是设计者要反复考虑的问题。

2. 物料的贮存和运输方式

色漆生产过程中，原料品种较多，物料仓储运输的工作量较大。因此，诸如颜料、填料、树脂溶液、溶剂等物料的贮存、输送方式是色漆工艺设计者需考虑的一个重要问题。

色漆制造所使用的颜料和填料等粉状物料，可以采用仓库码放、袋（桶）装运输、磅秤计量、人工投料的方式，也可采用散装槽罐车运输（或袋装粉料先经破袋进仓）、气力输送或机械输送、自动秤计量、自动投料的方式进行。

同样，漆料、溶剂等液体物料可以采用桶装码放、起重工具（如电动葫芦和升降叉车等）吊运、磅秤计量、人工投料的方式，也可以采用贮罐贮存、机械泵加压经管道输送及计量罐称量或流量计计量投料的方式。

由于上述不同工艺手段各有利弊，所以往往由设计者综合各方面因素后选定。通常小批量多品种车间无论是粉料和液体物料都宜选用磅秤计量和人工投料的方式进行，以适合生产灵活多变的要求。中等规模的通用型车间，液体物料可以使用流量计计量、电子秤计量或采用由安装在传感器上的配料罐（制漆罐）直接计量的方式，以减少操作烦琐程度，减轻体力劳动，提高计量精度；而粉状颜填料，由于品种较多、包装繁杂，可以延用起重工具吊装、人工计量投料的方式。对于目前常见的人工搬动、磅秤称重、计量投料的方式，应注意处理好繁重的体力劳动和准确计量的关系问题，否则操作者在承受体力劳动疲劳时容易忽视准确计量的要求，影响产品的质量。

3. 制备研磨漆浆的方式

在色漆生产的研磨分散过程中变换品种及花色比较困难，而市场又要求涂料厂提供颜色尽量丰富的色漆产品。因此，如何尽量简化生产，又最大限度地满足用户对多品种花色的需求，也是设计色漆生产工艺时要认真考虑的一个方面。

目前在我国一般的“通用型”色漆生产线上，主要用针对不同的产品规模及品种特点灵活选用制备研磨漆浆的方式缓解这一矛盾。例如，以砂磨机为研磨分散设备时，制备研磨漆浆的方式可以采用以下三种：

（1）单颜料磨浆法

对于含有多种颜料的磁漆，可以采用单颜料磨浆的方法制备单颜色研磨漆浆，而在调色制漆时采用混合单色漆浆的方法，调配出规定颜色的磁漆产品。由于每种颜料单独分散，因此可以根据颜料的特征选择适用的研磨设备和操作条件。这无疑有利于发挥颜料的最佳性能和设备的最大生产能力。但是，若磁漆的品种及花色较多的话，则需要设置大量的带搅拌器的单颜料漆浆贮罐，使设备占用量增大。单色漆浆计量及输送工作强度较大，因此该方法适用于品种不甚多而花色较多的大批量生产车间，及品种、花色较多而产量较小的生产场合。

（2）多种颜料混合磨浆法

这是一种将色漆产品配方中使用的颜料和填料一并混合，以砂磨机研磨制成多颜料研磨漆浆的方法，使用这种漆浆补加漆料、溶剂及助剂后，可直接制成底漆或单色漆，用少量调色浆调整颜色后也可以制得复色磁漆，具有设备利用率高、辅助装置少的优点。但是混合颜料磨浆法不利于各种颜料最佳性能的发挥,而且不同质地和纯净程度的颜料互相干扰,使研磨分散效率降低,导致生产能力下降,调换品种及花色时清洗设备的工作量大。同时,在原料供应波动、生产作业计划变化的情况下,容易因产量变动而影响质量。用多种颜料混合磨浆法制得的漆浆由于每批颜色波动,故使调色工作的难度增大,容易造成不同批次产品色差增加。该方法适用于生产底漆、单色漆和磁漆花色品种有限的小型车间及中等生产能力的色漆车间。

(3) 综合颜料磨浆法

该法系上述两种方法的折中,通常在两种场合下使用:①将复色漆配方中某几种颜料混合制成混合颜料的研磨漆浆,同时将个别难分散的颜料(或对其他颜料干扰比较大的颜料)在另一条分散线上单独研磨,制成单颜料漆浆,然后在制漆罐中将二者合一调色制漆。②将主色浆(可以是单纯的着色颜料,也可以是着色颜料与填料的混合物)在一条固定的研磨分散线上制成主色漆浆,将各种调色用副色颜料在另一条小型研磨分散线上制成调色浆,然后在调漆罐中混合调色,制成一系列颜色的成品漆。该方式从一定程度上发挥了上述两种方法的优点而避免了其不足。目前这种方法已广泛用于以白色颜料为主色浆并调入少量其他颜色的调色浆来制备多种颜色系列的浅色磁漆的色漆车间。

4. 产品的罐装手段

包装过程是色漆产品入库前的最后一道工序,可供采用的灌装方法分为三种:①人工灌漆、磅秤计量、人工封盖、贴签和搬运入库;②采用灌装机计量装听、封盖,其余操作由人工进行;③使用从供听—检查—灌漆—封盖—贴签—传送—码放一系列操作自动完成的包装线。

当前国内采用较多的是第一种方法。该方法设备简单、投资少、灵活方便,但罐装量受操作者熟练程度和责任心的制约较大,体力劳动重。第二种方法以机械灌漆代替人工计量,是当前应当推广应用的方法,投资及占地增加不大,但对提高灌装质量有明显的效果。第三种方法适于在大规模专业化的自动生产线上选用。

综上所述,研磨分散设备的选用,决定了色漆生产工艺的基本模式,其他工艺手段的组合应用形成了彼此不同的完整的工艺过程。这些设备和手段的选用和组合的方式,以及最终形成的工艺过程,都要根据产品的品种结构、产量大小以及所追求的工艺特点来决定。因此就工艺过程而言,对每个色漆技术人员的要求有二:一是充分理解工艺流程设计者意图,合理使用设备,严格执行工艺规格,精心做好日常工作;二是根据自己在技术管理和生产实践中的认识和体会,勤于思考、勇于创新、不断革新工艺过程,使其更适于被加工产品的特点,最大限度地简化工艺过程,满足市场需求,减少人为因素对产品质量的干扰,发挥设备的效率,提高产量,力求减轻体力劳动,改善操作环境,为优质、高产、低消耗提供必不可少的物质条件。

4.3 涂料的施工

涂料的施工常称为涂装,即涂覆、装饰的含义。

不同的涂料有不同的施工方法,反过来,对不同的材料和环境,在施工中遇到的问题又促使对涂料性能进行改进。所以,了解涂料施工方法对涂料新产品的开发有促进作用。

过去对涂料施工的概念长期停留在用简单的工具如刷子、棉布或铲刀将涂料刷、抹在被涂物件表面，放置干燥，自然成膜就算完成。近年来由于科学技术的发展，涂装工艺也得到不断创新。现代化的涂料施工至少包括以下三个内容。

(1) 被涂物件底材表面处理，它的目的是为被涂物件表面即底材和涂膜的黏结创造一个良好的条件，同时还能提高和改善涂膜的性能。例如钢铁表面经过磷化、钝化处理，可以大大提高涂膜的防锈蚀性。各种底材的表面处理将在后面各单元中具体讲述。

(2) 涂布也称涂饰、涂漆，有时也被称作涂装，即是用不同的方法、工具和设备将涂料均匀地涂覆在被涂物件表面。

(3) 涂膜干燥或称涂膜固化，即将涂在被涂物件表面的涂料（也称湿涂膜）固化成为固体的、连续的干涂膜，以达到涂饰的目的。

无论对何种被涂物件进行涂装，都包括这三个内容。对于有特殊要求的被涂物件有时增加一些其他的工序，如汽车车身表面涂装，在涂膜干燥后有时增加涂膜的修整、保养和涂保护蜡等工序。

4.3.1 涂料施工的程序

通常被涂物件表面涂层由多道作用不同的涂膜组成。在被涂物件表面经过漆前表面处理以后，根据用途需要选用涂料品种和制定施工程序。通常的施工程序为涂底漆、刮腻子、涂中间涂层、打磨、涂面漆和清漆以及抛光上蜡、维护保养。每个程序繁简情况根据需要而定。

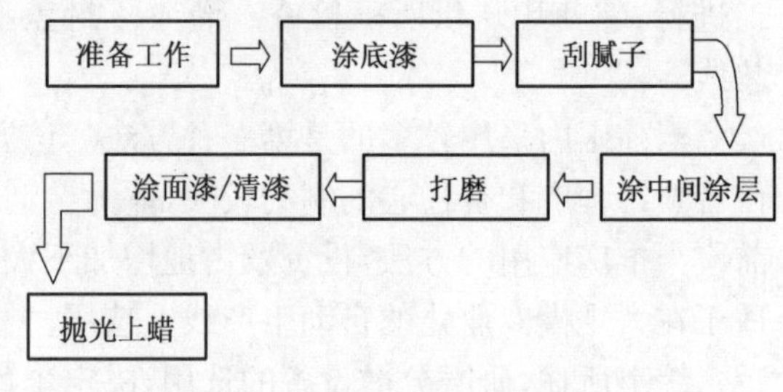

图 4-11 涂料施工程序

1. 涂料的选择及施工前准备工作

在涂料施工前首先要对被涂物件涂饰的要求做到心中有数，避免施工完毕后，发现质量不符合工艺规定，造成返工浪费等事故。

在选择涂料品种和配套性时，既要从技术性能方面考虑，也要注意经济效果。应选用既经济又能满足性能要求的品种，一般不要将优质品种降格使用，也不要勉强使用达不到性能指标的品种。因为器材的表面处理、施工操作等在整个涂装工程费用中所占的比例很大，甚至要比涂料本身的费用高一倍以上，所以不要仅仅计较涂料的费用，而且要考虑涂装施工方面的总经济核算。

(1) 涂料性能检查

各种不同包装的涂料在施工前要进行性能检测。一般要核对涂料名称、批号、生产厂家和出厂时间；了解需要的漆前处理方法、施工和干燥方式。双组分漆料应核对其调配比例和适用时间，准备配套使用的稀释剂。对涂料及稀释剂按产品技术条件规定的指标和施工的需要测定其化学性能和物理性能是否合格，最好在需涂装的工件上进行小面积的试涂，以确定施工工艺参数。此外，根据涂料品种的性能，准备好施工中需要采取的必要的安全措施。

(2) 充分搅匀涂料

有些涂料贮存日久，漆中的颜料、体质颜料等容易发生沉淀、结块，所以要在涂装前充分搅拌均匀。双组分包装的涂料要根据产品说明书上规定的比例进行调配，充分搅拌，经规定时间的停放使之充分反应，然后使用。

调漆时先将包装桶内大部分漆料倒入另一个容器中，将桶内余下的颜料沉淀充分搅匀之后，再将两部分合在一起充分搅匀，使色泽上下一致，涂料批量大时，可采用机械搅拌装量。

(3) 调整涂料黏度

在涂料中加入适量的稀释剂进行稀释，调整到规定的施工黏度，使用喷涂或浸涂时，涂料的黏度比刷涂低些。

稀释剂(也称为稀料)是稀释涂料用的一种挥发性混合液体，由一种或数种有机溶剂混合组成。稀释剂的品种很多，没有“通用的”稀释剂。选用稀释剂时，要根据涂料中成膜物质的组成加以配套。

(4) 涂料净化过滤

不论使用何种涂料，在使用之前，除充分调和均匀、调整涂料的施工黏度外，还必须用过滤器滤去杂质。因涂料贮存日久，难免包装桶密闭不严，进入杂质或进入空气而使上面结皮等。

小批量施工时，通常用手工方式过滤，使用大批量涂料时可用机械过滤方式。手工过滤常用过滤器，是用 80～200 目的铜丝网筛制作的金属漏斗。

机械过滤采用泵将涂料压送，经过金属网或其他过滤介质，滤去杂质。

(5) 涂料颜色调整

一般情况下使用所需要的颜色的涂料，施工时不需调整。大批量连续施工所用的涂料，生产厂家应保证供应品种颜色前后一致，涂料颜色调整是个别情况。

2. 涂底漆

工件经过表面处理以后，第一道工序是涂底漆，这是涂料施工过程中最基础的工作。涂底漆的目的是在被涂物件表面与随后的涂层之间创造良好的结合力，形成涂层的坚实基础，并且提高整个涂层的保护性能。涂底漆是紧接着漆前表面处理进行的，两工序之间的间隔时间应尽可能地缩短。涂底漆的方法通常有刷法、喷涂、浸涂、淋涂或电泳涂装等。

3. 涂刮腻子

涂过底漆的工件表面不一定很均匀平整，往往留有细孔、裂缝、针眼以及其他一些凹凸不平的地方。涂刮腻子可将涂层修饰得均匀平整，改善整个涂层的外观。

腻子颜料浓度高，含基料较少，刮涂膜较厚，弹性差，虽能改善涂层外观，但容易造成涂层收缩或开裂，以致缩短涂层寿命。刮涂腻子效率低、费工时，一般需刮涂多次，劳动强度大，不适宜流水线生产。目前较多的工业产品涂装多从提高被涂物件的加工精度、改善物件表面外观人手，力争不刮或少刮腻子，用涂中间涂层来消除表面轻微缺陷。

涂刮腻子的方法是填坑时多为手工操作，以木质、玻璃钢、硬胶皮、弹簧钢的刮刀进行涂刮平整，其中以弹簧钢刮刀使用最为方便。局部找平时可用手工刮涂或将腻子用稀释剂调稀后，用大口径喷枪喷涂；大面积涂刮时，可用机械的方法进行。

精细的工程要涂刮好多次腻子，每刮完一次均要求充分干燥，并用砂纸进行干打磨或湿打磨。腻子层一次涂刮不宜过厚，一般应在 0.5 mm 以下，否则容易不干或收缩开裂。涂刮多次腻子时应按先局部填孔，再进行统刮和最后刮稀的程序操作。为增强腻子层，最好采用刮一道腻子涂一道底漆的工艺。

腻子层在烘干时，应有充分的晾干时间，以采取逐步升温烘烤为宜，以防烘得过急而起泡。

4. 涂中间涂层

中间涂层是在底漆与面漆之间的涂层，目前广泛应用二道底漆、封底漆或喷用腻子作为中间涂层。

二道底漆含颜料量比底漆多，比腻子少，它的作用既有底漆性能，又有一定填平能力。喷用腻子具有腻子和二道底漆的作用，颜料含量较二道底漆高，可喷涂在底漆上。封底漆综合腻子与二道底漆的性能，是现代大量流水生产线广泛推行的中间涂层的品种。

涂中间涂层的作用是保护底漆和腻子层，以免被面漆咬起，增加底漆与面漆的层间的结合力，消除底涂层的缺陷和过分的粗糙度，增加涂层的丰满度，提高涂层的装饰性和保护性。中间涂层适用于装饰性要求较高的涂层。

涂中间涂层的厚度，应根据需要而定，一般情况下，干膜厚约 35～40 μm。中间涂层干燥后经过湿打磨再涂面漆。

5. 打磨

打磨是施工中一项重要工序。它的功能主要是：清除物件表面上的毛刺、粗颗粒及杂物，获得一定的平整表面；对平滑的涂层或底材表面打磨得到需要的粗糙度，增强涂层间的附着性。所以打磨是提高涂装效果的重要作业之一。原则上每一层涂膜都应当进行打磨。但打磨费工时，劳动强度很大，现在正努力开发不需打磨的涂料和不需要打磨的措施，以便能在流水线生产中减少或去掉打磨工序。

(1) 打磨材料

常用的打磨材料有：浮石、刚玉、金刚砂、硅藻土、滑石粉、木工砂纸、砂布和水砂纸。

(2) 打磨方法

① 干打磨采用砂纸、浮石、细的滑石粉进行磨光，打磨后要将它打扫干净，此法适用于干硬而脆的或装饰性要求不太高的表面。采用干打磨的缺点是操作过程中容易产生很多粉尘，影响环境卫生。

② 湿打磨工作效率要比干磨快、质量好。湿打磨法是在砂纸或浮石表面泡蘸清水、肥皂水或含有松香水的乳液进行打磨。浮石可用毡垫包裹，并浇上少量的水或非活性溶剂润湿，对要求精细的表面可取用少量细的浮石粉或硅藻土蘸水均匀地摩擦，打磨后所有的表面再用清水冲洗干净，然后用麂皮擦拭一遍再进行干燥。

③ 机械打磨，它比手工打磨的生产效率高。一般采用电动打磨机具或在抹有磨光膏的电动磨光机上进行操作。操作时必须要在涂层表面完全干燥以后方可进行；打磨时用力要均匀，磨平后应成为一个平滑的表面；湿打磨后必须用清水洗净，然后干燥，最好烘干；打磨后不允许有肉眼可见的大量露底现象。

6. 涂面漆

工件经涂底漆、刮腻子、打磨修平后，涂装面漆，这是完成涂装工艺过程的关键阶段。涂面漆要根据表面的大小和形状选定施工方法，一般要求涂得薄而均匀。除厚涂层外，涂层遮盖力差的亦不应以增加厚度来弥补，而是应当分几次来涂装。涂层的总厚度要根据涂料的层次和具体要求来决定。

面漆涂布和干燥方法依据被涂物件的条件和涂料品种而定，应涂在确认无缺陷和干透的中间涂层或底漆上。原则上应在第一道面漆干透后方可涂第二道面漆。

涂面漆时，有时为了增强涂层的光泽、丰满度，可在涂层最后一道面漆中加入一定数量的同类型的清漆，有时再涂一层清漆罩光加以保护。

近年来对于涂装烘干型面漆采用了“湿碰湿”涂漆烘干工艺，改变了过去涂一次烘一次的方法，可节省能源、简化工艺，适应大批量流水线生产的需要。这种工艺的做法是在涂第一道面漆后，晾干数分钟；在涂膜还湿的情况下就涂第二道面漆，然后一起烘干，还可以喷涂三道面漆一起烘干。该方法的涂膜状况保持良好且节能，已获得普遍应用。金属闪光涂料也可采取这种工艺，即两道金属闪光色漆打底，加一道清漆罩光后一次烘干。

涂面漆后必须有足够时间干透，被涂物件方能投入使用。

7. 抛光上蜡

抛光上蜡的目的是为了增强最后一层涂料的光泽和保护性，若经常抛光上蜡，可使涂层光亮而且耐水，能延长涂层的寿命。一般适用于装饰性涂层，如家具、轻工产品、冰箱、缝纫机以及轿车等的涂装。但抛光上蜡仅适用于硬度较高的涂层。

抛光上蜡首先是将涂层表面用棉布、呢绒、海绵等浸润砂蜡（磨光剂），进行磨光，然后擦净。大表面的可用机械方法，例如用旋转的擦亮圆盘来抛光。磨光以后，再以擦亮用上光蜡进行抛光，使之表面更富有均匀的光泽。

砂蜡专供各种涂层磨光和擦平表面高低不平之用，可消除涂层的橘皮、污染、泛白、粗粒等弊病。

使用砂蜡之后，涂层表面基本上平坦光滑，但光泽还不太亮，如再涂上光蜡进行擦亮抛光后，能保护涂层的耐水性能。上光蜡的质量主要取决于蜡的性能，较新型的上光蜡是一种含蜡质的乳浊液，由于其分散粒子较细，并且其中还存在着乳化剂或加有少量有机硅成分，所以在抛光时可以帮助分散、去污，因此可得到较光亮的效果。

4.3.2　涂装常用方法

涂装常用方法有：刮涂、刷涂、滚涂、擦涂、浸涂、喷涂、淋涂、电泳涂装、粉末涂装等。

(1) 刮涂

使用金属或非金属刮刀，如牛角刮刀、橡皮刮刀、油灰刀、钢皮刮刀等，在被涂物表面进行手工涂刮的一种涂装方法。刮涂常用于腻子和各种厚浆涂料的涂装，其主要目的是将被涂物表面的洞眼、凹陷、裂缝等缺陷填平。

(2) 刷涂

用手握紧各种形状的漆刷，靠手腕和手臂的活动，将涂料涂装在被涂物表面的一种涂装方法。它是一种最简单、最普遍的施工方法，但不适用于挥发性涂料如硝基漆、过氯乙烯漆等。

刷涂有蘸油、摊油、理油三个步骤。

(3) 滚涂

利用带漆的滚筒在被涂物表面上滚转，而将涂料涂覆的一种方法。滚涂分手工滚涂和机械滚涂两种。手工滚涂法主要用于房屋建筑用的乳胶漆、水性涂料以及船舶漆等涂料的涂装，也可进行滚花；机械滚涂法常用于木材填孔辊涂、卷板预涂辊涂及人造革、纸张和塑料薄膜的涂装。

(4) 擦涂

又称揩涂，是用细麻布包裹脱脂棉球、旧绒线，或直接使用棉纱团、麻纤、竹丝等，蘸漆后在物件表面进行手工擦涂的一种涂装方法。擦涂多用于木器家具的涂装。

(5) 浸涂

将被涂物件全部浸没在盛有涂料的漆槽中，过一定时间后取出，使物件表面涂上涂料，多余的涂料流回漆槽的一种涂装方法。

浸涂可与机械化、自动化生产配套，故适用于结构比较复杂的小型五金件、仪器仪表的涂装。挥发性涂料、含有重质颜料的涂料、双组分涂料如聚氨酯漆不宜采用浸涂方法。

手工浸涂的主要设备有浸漆槽、滴漆槽和干燥设备等。机械浸涂的主要设备有浸漆槽、带有挂具的传动装置、滴漆槽和干燥设备等。

(6) 喷涂

分空气喷涂、高压无空气喷涂、静电喷涂、热喷涂、气雾喷涂、双口喷枪喷涂等施工方法，其中空气喷涂为最普通、最简便的喷涂法。

空气喷涂是利用压缩空气及喷枪使涂料雾化而分散沉积在被涂物表面，形成均匀涂膜的一种涂装方法，常用的工具和设备有喷枪、储漆罐、空气压缩机、油水分离器、喷涂室、排风系统等。其中喷枪有吸入式、压入式、自流式等。

高压无空气喷涂是让涂料在高压($1\times10^7\sim3\times10^7$ Pa)作用下，经过喷嘴小孔(0.2～1.0 mm)喷出，涂料立即在空气中膨胀雾化成很细的扇形气流而喷射到被涂物表面。高压无空气喷涂设备有固定式、移动式、轻便手提式等。

静电喷涂是利用高压静电场的作用，使漆雾带电，并且在电场力作用下吸附在带异性电荷的工件上的一种喷涂方法。其主要设备有：静电发生器、静电喷枪、供漆系统、传送装置、烘干设备以及给漆管道、高压电缆等。静电喷涂用涂料一般应选用易于带电的涂料，高电阻的涂料需加入高沸点、高极性、高闪点的溶剂如酮类、醇类来调整，也可以加入导电助剂降低涂料电阻率。

(7) 淋涂

是物件以一定的速度通过幕式漆帘而被涂装的方法。淋涂可用于流水线生产如家具厂，由于可以密闭操作，有利于改善劳动环境。

淋涂的主要设备有：淋漆机头、储漆罐、输漆泵、过滤器、传送装置、调整装置及与之配套的干燥装置等。用于淋涂的涂料中需加入一定量的润湿剂、抗氧化剂、消泡剂等，以消除可能出现的涂膜缺陷。

(8) 电泳涂装

是水性涂料的一种重要的涂装方法，在汽车、机械制造等工业部门得到广泛应用。

电泳涂装所用的涂料分阴离子型的阳极电泳涂料和阳离子型的阴极电泳涂料，其中阴极电泳涂料的防腐蚀性能比阳极电泳涂料更好。

(9) 粉末涂装

该方法所用的粉末涂料是以固体树脂粉末为成膜的物质，一般采用静电喷涂法，其设备包括高压静电发生器、喷枪、供粉器、回收系统装置等。

各种涂装设备见图 4-12。

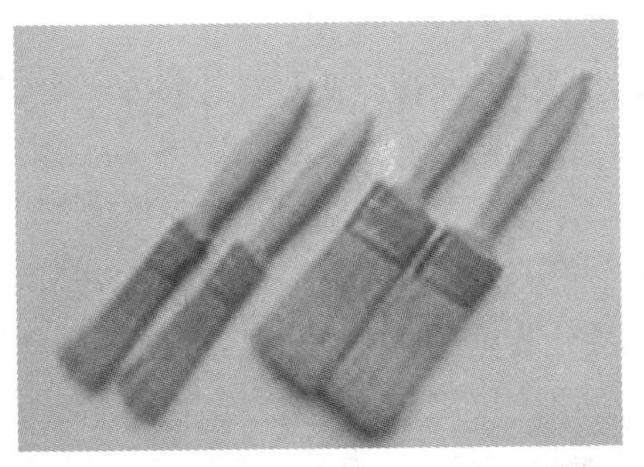
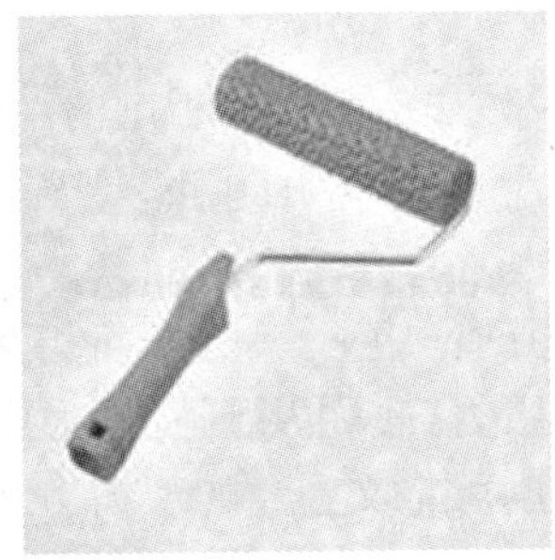
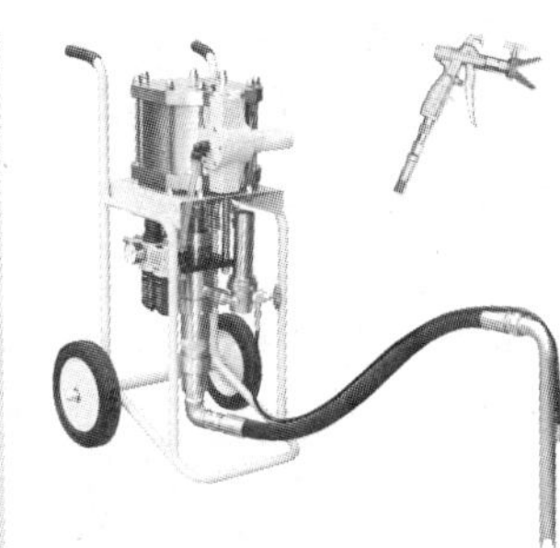

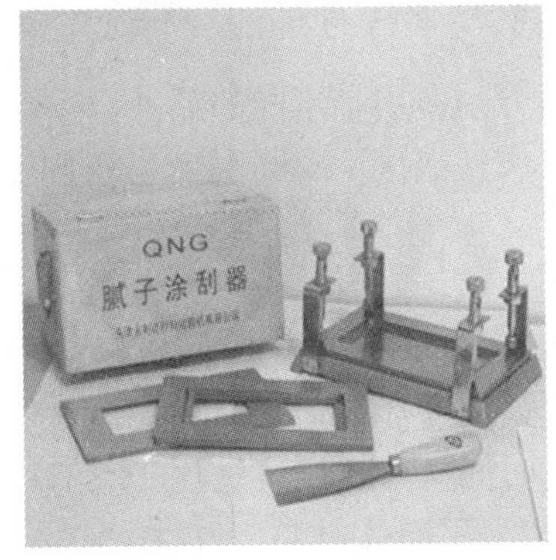

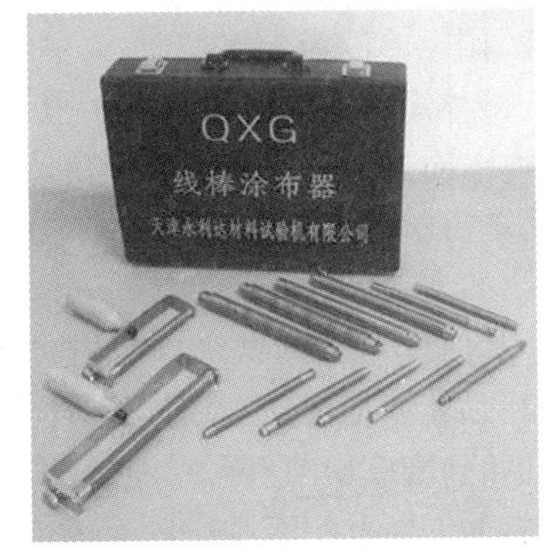

图4-12　各种涂装设备

4.4　涂料的性能检测

在涂料生产过程中，我们需要对产品进行一系列的质量检测，以保证产品的质量，满足客户的要求。当然，除了对涂料本身的质量检测之外，还必须根据客户的要求对涂膜性能进行检测。所以，涂料产品的性能检测一般包括涂料性能、涂料施工性能及涂膜性能检测三个方面。

4.4.1　涂料性能检测

1. 密度

测定涂料产品密度的目的主要是控制产品包装容器中固定容积的质量。在生产中可以利用密度测定来发现配料有否差错，投料量是否准确；在检测产品遮盖力时，可了解在施工时单位容积能涂覆的面积等。

图4-13　密度杯

密度的测试原理是利用密度杯（质量/体积杯）在规定的温度下测定液体产品密度。按GB/T6750—86（色漆和清漆密度的测定）的规定，具体操作是用蒸馏水校准比重瓶，然后用产品代替蒸馏水，重复同样操作步骤测定密度，结果以g/mL表示。

2. 研磨细度

研磨细度是涂料中颜料及体质颜料分散程度的一种量度，即在规定的试验条件下，于刮板细度计上所获得的读数，以 μm 表示。具体测量方法见 4.1.3 节。

3. 黏度

液体的黏度是液体在外力的作用下，其分子间相互作用而产生阻碍分子间相对运动的能力，即液体流动的阻力。这种阻力(或称内摩擦力)通常以对液体施加的外力与产生流动速度梯度的比值来表示，液体的黏度可定义为它的剪切力与剪切速率之比，即动力黏度，其国际单位为 Pa·s。若同时考虑黏度与密度的影响，则采用运动黏度，其定义为动力黏度与液体密度之比，国际单位为 m^2/s。

液体涂料的黏度检测方法很多，分别适用于不同的品种，对透明清漆和低黏度色漆以流出法为主；对透明清漆还可采用落球法和气泡法。对高黏度色漆则通过测定不同剪切速率下的应力的方法来测定黏度。

(1) 流出法

其原理是利用试样本身重力流动，测出其流出时间以换算成黏度。按 GB/T 1723—93(涂料黏度测定法)的规定，具体操作是用塞棒或手指堵住黏度杯流出孔，倒入试样，测定从流出开始到流柱中断所需时间，结果以时间 s 计。该法适用于具有牛顿型或近似牛顿型的液体涂料，如低黏度的清漆和色漆等，一般采用涂-4 杯黏度计(图 4-14)来进行测试。

(2) 垂直式落球法

其原理是在重力作用下，利用固体球在液体中垂直下降速度的快慢来测定液体的黏度。具体操作是测定钢球通过落球黏度计上、下两刻度线之间的距离所需的时间，结果以时间 s 表示。

(3) 气泡法

其原理是利用空气气泡在液体中的流动速度来测定涂料产品的黏度。具体操作是将待测试样装入管内，并留有气泡空间，把试管迅速垂直翻转 180°，试样自重下流，气泡上升触及管底，测定气泡在规定距离内的上升时间，结果以时间 s 表示，测试设备一般用格式管黏度计(图 4-15)。

(4) 设定剪切速率法

一般采用旋转黏度计(图 4-16)进行测试，其原理是用圆筒、圆盘或桨叶在涂料试样中旋转，使其产生回转流动，测定使其达到固定剪切速率时需要的应力，从而换算成黏度。按 GB/T 9751—88(涂料在高剪切速率下黏度的测定)的规定，具体操作是试样被置于两个同心圆筒之间，在环形空隙中流动，指针指示的读数乘以转子系数，即得出黏度，结果以Pa·s表示。

图 4-14　涂-4 杯黏度计

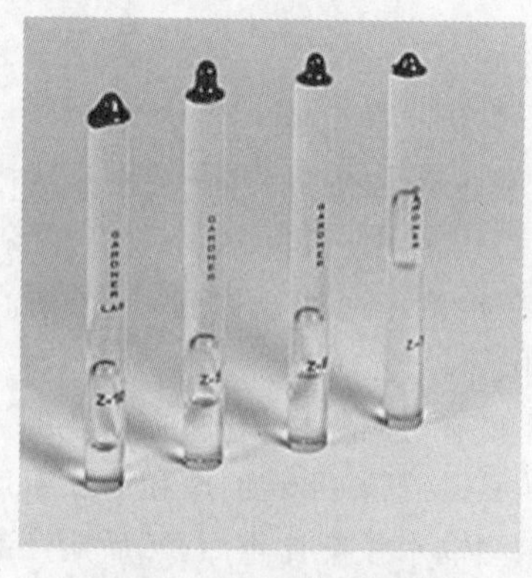

图 4-15　格式管黏度计

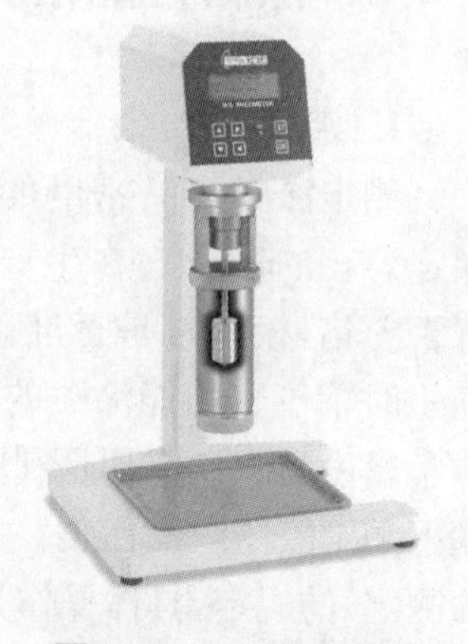

图 4-16　旋转黏度计

4. 不挥发分含量

不挥发分是涂料生产中正常的质量控制项目之一，是指物料在规定的试验条件下挥发后而得到的残余物，它的含量高低对形成的涂膜质量和涂料使用价值有着直接关系。其含量不是绝对的，而是依赖于试验所采用的加热温度和时间，由于溶剂的滞留、热分解和低相对分子质量组分的挥发，使所得的不挥发物含量仅是相对值而非真值。当黏度一定时，通过不挥发分的测定，可以定量地确定涂料成膜物质含量的多少，正常的涂料产品黏度和不挥发分总是稳定在一定的范围内。

不挥发分含量测定方法有重量法和容量法。

(1) 重量法

其原理是利用加热焙烘方法以除去试样中的蒸发成分。按GB/T 172589(涂料固体含量测定法)的规定，具体操作是将少量试样置于预先称重和干燥过的容器内，涂布均匀，在一定温度下焙烘，称重、恒重，结果以比例的形式表示。

(2) 容量法

其原理是利用加热熔烘方法以除去涂膜中的蒸发成分。按GB/T 9272—88(液态涂料内不挥发分容量的测定)的规定，具体操作是先测定涂漆圆片的质量和体积，再测定涂漆圆片在一定温度和时间烘干后的质量和体积，这两个体积之比就是该涂料的不挥发分容量，结果以体积分数表示。

5. 容器中状态及贮存稳定性

涂料产品从制成到使用往往需经一段时间，理想的涂料产品在容器中贮存应该不发生质量变化。但由于涂料品种不同、生产控制水平不同或贮存保管不善等原因，往往在容器中产品的物理性状发生变化，严重的可能影响使用，特别是氧化干燥型涂料。为了保证使用时不发生问题，在生产一批涂料产品时，应该抽样检测产品在容器中的状态，并进行在特定条件下的贮存试验，以检查其质量的变化，即贮存稳定性的检查。

(1) 容器中状态检查

容器中状态的检查通常在涂料取样过程中进行。打开封盖后对液体涂料要检查的项目有：结皮情况、分层现象、颜料上浮、沉淀结块等。样品经搅拌后有沉淀的应易搅起、颜色应上下一致、产品呈均匀状态者为合格。

(2) 贮存稳定性检查

贮存稳定性是指涂料产品在正常的包装状态和贮存条件下，经过一定的贮存期限后，产品的物理性能或化学性能所能达到原规定使用要求的程度。对贮存稳定性的检测按国家标准GB/T 6753.3—86涂料贮存稳定性试验方法进行，见表4-1。

表4-1　涂料贮存稳定性试验方法

方法名称	自然环境条件贮存	人工加速
试验条件	温度：(23±2)℃ 时间：6～12月	温度：(50±2)℃。时间：30 d
操作简介	将待测试样品取3份分别装入容积为0.4 L的标准的压盖式金属漆罐中，1罐作原始试样在贮存前检查，2罐进行贮存性试验	
检查项目	结皮、腐蚀和腐败味，分为6个等级；涂膜上颗粒、胶块及刷痕，评定标准分6个等级；沉降程度检查；黏度变化检查	
结果表示	通过/不通过	

6. 结皮性

氧化干燥型清漆和色漆在贮存中的结皮倾向是贮存稳定性的一个检测项目，但有时把它单列出来专门进行检测。涂料产品结皮不但会改变涂料组分中的颜基比，影响成膜性能，还会引起涂料的其他各种弊病，造成施工质量的下降。因此必须努力避免和防止这种现象，至少应控制结皮的形成速度和结皮的性质。

结皮性测定主要是两个方面，一个是测定涂料在密闭桶内结皮生成的可能性；另一个是测定在开桶后的使用过程中结皮形成的速度。

(1) 密闭试验

推荐使用 125 mL 的广口磨口玻璃瓶或 0.33 L 的漆罐，试样装入玻璃瓶的量为(95±2) mL，漆罐内装入 2/3 的试样。广口瓶盖紧后在(23±2)℃条件下避光贮存48 h，然后开盖检查，观察有无结皮现象。以 48 h 为一个周期，连续检查三个周期，每个周期之间保持 5 min 换气时间，如三个周期仍无结皮则确认为无结皮现象。另外也可将漆罐在常温自然环境中避光贮存一年，到时开盖检查，看是否有结皮现象。

(2) 敞罐试验

试样装入漆罐深度的一半，敞盖并时时观察，直到结皮为止。试验时最好用一种已知性质的样品同时敞盖存放，以便在不同阶段比较这两者的结皮情况。

4.4.2 施工性能检测

1. 使用量

使用量是指涂料在正常施工情况下，在单位面积上制成一定厚度的涂膜所需的质量，以 g/m^2 表示。使用量的测定，可作为设计和施工单位估算涂料用料计划的参考。它与涂料中着色颜料的多少无关，但受产品的密度影响较大。

按 GB/T 1758—89(涂料使用量测定法)的规定，检测操作是先称出漆刷及盛有试样的容器的质量，用刷涂法制完板后，再称出漆刷及剩余试样和容器的质量，或者先称出马口铁板的质量，用喷涂法制板，干燥 24 h 后再称重，结果以 g/m^2 表示。

2. 施工性

施工性是指涂料施工的难易程度。液体涂料施工性良好一般是指涂料易施涂(刷、喷、浸或刮涂等)，得到的涂膜流平性良好且重涂性好，不出现流挂、起皱、缩边、渗色或咬底等现象，干性适中、易打磨。由于施工性考查是根据实际施工的结果，因此在评定时存在着主观因素，应同时采用标准样品比较。

按 GB/T 6753.6—86(涂料产品的大面积刷涂试验)规定，具体操作应用刷子蘸漆制板，同时对商定的标准样也制一块参照板。结果与标准样品就刷痕消失、流挂、收缩以及镶边边缘处流失、起皱、发花等现象进行比较。

3. 流平性

流平性是指涂料在施工后，其涂膜由不规则、不平整的表面流展成平坦而光滑表面的能力。涂料在刷涂时可以理解为漆膜上刷痕消失的过程，喷涂时则可以理解为漆雾粒痕消失的程度。按 GB/T 1750—89(涂料流平性测定法)规定，具体操作应将涂料刷涂或喷涂于马口铁板上，使之形成平滑均匀的涂膜表面，结果以刷纹消失和形成平滑涂膜表面所需时间(min)

表示。

4. 流挂性

在垂直面施工时，从涂装至固化这段时间内，由于湿膜向下移动，造成涂膜厚薄不匀，下部形成厚边的现象称为流挂。流挂可由整个垂直面上涂料下坠而形成似幕帘状的涂膜外观，称为帘状流挂；也可由局部裂缝、钉眼或小孔处的过量涂料造成不规则的细条状下坠，称为流注或泪状流挂。通过流挂性测定，可检验涂料配方是否合理，施工方法是否正确。

其测试方法是观察10条不同膜厚的涂层在干燥过程中有否下坠而并拢的倾向。按GB/T 9264—88（色漆流挂性的测定）规定，具体操作应用刮涂器将涂料涂于玻璃板或测试纸上，立即垂直放置，使湿膜呈横向水平，保持上薄下厚。没有流坠在一起的最后一道涂层的厚度，就是施工时不产生流挂的最大厚度。

5. 干燥时间

涂料由液态涂膜变成固态涂膜的全部转变过程称为干燥。依据干燥的变化过程，习惯上分为表面干燥、实际干燥和完全干燥三个阶段。由于涂料的完全干燥所需时间较长，故一般只测定表面干燥（表干）和实际干燥（实干）两项。

根据国标GB/T 1728—79(89)，涂料的干燥程度分为表面干燥和实际干燥两个阶段。表面干燥时间测定方法有吹棉球法、指触法和小玻璃球法；实际干燥时间测定方法有压滤纸法、压棉球法、刀片法、厚层干燥法和无印痕试验法。

（1）表面干燥测定法

以吹棉球法为例，按GB/T 1728—89（漆膜、腻子膜干燥时间测定法）规定，在漆膜表面上放一个脱脂棉球，用嘴沿水平方向轻吹棉球，如能吹走而膜面不留有棉丝，即认为表面干燥。记录达到表面干燥所需的最长时间，或按规定的表干时间判定合格或不合格。

（2）实际干燥测定法

以压滤纸法为例，按GB/T 1728—89（漆膜、腻子膜干燥时间测定法）的规定，操作方法是在漆膜上用干燥试验器（干燥砝码，重200g）压上一片滤纸或一个脱脂棉球，经30s后移去试验器，将样板翻转，滤纸能自由落下或漆膜上无棉球痕迹及失光现象，即认为实际干燥。记录达到实际干燥所需的最长时间，或按规定的实干时间判定合格或不合格。

6. 涂膜厚度

在涂料生产、检验和施工过程中，涂膜厚度是一项很重要的控制指标。涂料某些物理性能的测定及耐久性等某些专用性能的试验，均需要把涂料制成试板，在一定的膜厚下进行比较；在施工应用中，如果涂装的涂膜厚薄不匀或厚度未达到规定要求，会对涂层性能产生很大的影响。

目前测定涂膜厚度有各种仪器和方法，选用时应考虑测定涂膜的场合（实验室或现场）、底材（金属、木材、玻璃）、表面状况（平整、粗糙、平面、曲面）和涂膜状态（湿、干）等因素，这样才能合理使用测试仪器和提高测试的精确度。

（1）湿膜厚度的测定

测定湿膜厚度主要是为了核对涂料施工时的涂布率以及保证施工后涂膜的总干膜厚度。湿膜的测量必须在涂膜制备后立即进行，以免由于挥发性溶剂的蒸发而使涂膜发生收缩现象。

以轮规法为例，其原理是由三个轮同轴组成一个整体，直径为50 mm，厚度为11 mm，中间轮与外侧两个轮偏心，具有高度差，轮外侧有刻度，以指示不同间隙的读数。按GB/T

13452.2—92(色漆和清漆漆膜厚度的测定)规定,操作时把轮规垂直压在被测试表面,从最大读数开始滚动到零点,湿膜首先与中间偏心轮接触的位置即为湿膜厚度,以 μm 表示(图 4-17)。

(2) 干膜厚度的测定

干膜厚度的测量目前已有多种仪器和方法,常用的有非破坏性仪器测量法(磁性测量法、涡流测量法、β 射线反向散射法)和机械法(杠杆千分尺法、指示表法、显微镜法)。

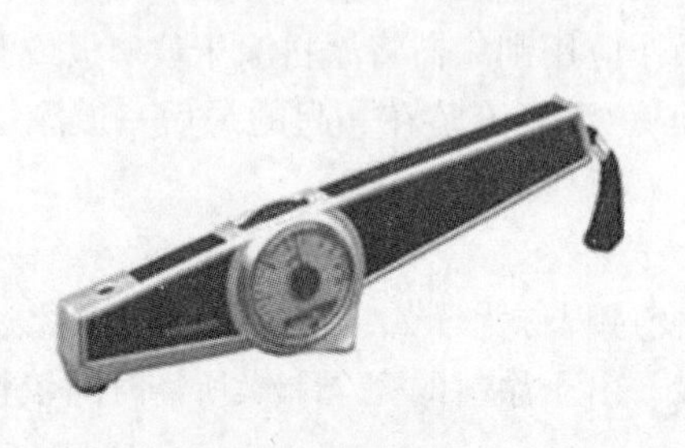

图 4-17　涂膜测厚仪

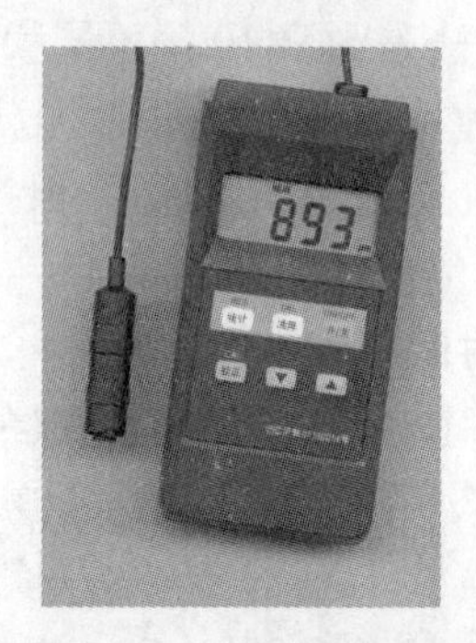

图 4-18　电磁式测厚仪

非破坏性仪器测量法以电磁式测量法为代表(图 4-18),其原理是利用电磁场磁阻原理,以流入钢铁底材的磁通量大小来测定涂层厚度。具体操作是仪器经置零和调校后,将测头置于被试涂膜上即可测得涂层厚度,结果以 μm 表示。

机械法以显微镜法为代表,其原理是从涂膜到底材切割出一个 V 形缺口,测量斜边的宽度,就能按比例得到涂膜厚度。具体操作是选择一定角度的刀具,将涂层作一个 V 形缺口直至底材,然后从带有标尺的显微镜中可直接读出每一涂层的实际厚度,结果以 μm 表示。

7. 遮盖力

将色漆均匀地涂刷在物体表面上,使物体底色不再呈现的能力称为遮盖力。涂膜对底材的遮盖能力主要取决于涂膜中的颜料对光的散射和吸收的程度,也取决于颜料和涂料两者折射率之差。对于一定类型的颜料,为了获得理想的遮盖力,颜料颗粒的大小和它在涂料中的分散程度也很重要。同样质量的涂料产品,遮盖力高的在相同的施工条件下就可比遮盖力低的产品涂装更多的面积。

色漆的遮盖力测试原理以遮盖住单位面积所需的最小用漆量来测定。按 GB/T1726-89(涂料遮盖力测定法)规定,操作时用漆刷将涂料均匀、快速地涂刷在黑白格玻璃板上,至看不见黑白格为止,将所用的涂料量称重,再按公式计算得遮盖力;或者将涂料薄薄地分层喷涂在规定尺寸的玻璃板上,然后放在黑白格木板上,至看不见黑白格为止(图 4-19)。将喷漆后的玻璃板称重,再按公式计算得遮盖力,结果以g/m^2表示。

图 4-19　涂膜遮盖力测试仪——黑白板

8. 混合性和使用寿命

指多组分涂料按规定比例混合的均匀程度及混合后可使用的最长时间。多组分涂料的混合性和使用寿命是它的特有的重要的施工性能。组分混合后最好能很快混合均匀，不需要很长的熟化时间；混合好的涂料要有较长的使用寿命，即涂料在使用期间性能不发生变化，如变稠、胶化等，以保证所得涂膜质量一致。

(1) 混合性

将组分按产品规定的比例在容器中混合，用玻璃棒进行搅拌，如果很容易混成均匀的液体，则认为混合性"合格"。

(2) 使用寿命

将组分按产品规定的比例在容器中混合成均匀液体后，按规定的使用寿命条件放置。达到规定的最低时间后，检查其搅拌难易程度、黏度变化和凝胶情况；并将涂制样板放置一定时间后与标准样板作对比，检查漆膜外观有无变化或缺陷产生。如果不发生异常现象，则认为使用寿命"合格"。

9. 涂装适应性

指产品施涂于底材上，而不致引起不良效果的性能。底材可以是未涂漆的、经特殊处理过的、涂过漆的或涂过漆并经老化的底材。试验可在实验室或施工现场进行，以评定施涂的色漆或色漆体系相互之间的适应性。

按ISO 4627:1981(色漆和清漆——产品与待涂表面适应性的评价试验方法)规定的方法，以规定的涂布率(或漆膜厚度)将待试产品或产品体系施涂于标准板和规定的底材上，干燥(或烘烤)至规定时间，与涂过漆的标准板比较漆膜外观的不均匀性、颜色、光泽以及附着力等项目。

10. 打磨性

指涂膜或腻子层用砂纸或浮石等研磨材料干磨或湿磨后，产生平滑无光表面的难易程度。这是涂膜的一项实用性能，特别对底漆和腻子是一项重要的性能指标。

(1) 手工法

用水砂纸在涂膜上均匀地摩擦，可以是干磨或沾水湿磨。在打磨过程中，要求涂膜不应有过硬或过软的现象，也不应有发热、黏砂纸或引起漆膜局部破坏的现象。

(2) 仪器法

按GB/T 1770—89(底漆、腻子膜打磨性测定法)规定，在仪器的磨头上装上规定型号的水砂纸，将待磨样板置于磁性工作台上，加一定的负荷，磨头经一定的往复次数打磨后观察样板表面现象，以其中两块现象相似的样板来评定结果，判断表面是否均匀平滑无光，是否有磨不掉的微粒或发热变软等。

4.4.3　涂膜性能检测

涂膜的性能即涂膜应具备的性能，也是涂料最主要的性能。涂料产品本身的性能只是为了得到需要的涂膜，而涂膜性能才能表现涂料是否满足了被涂物体的使用要求，即涂膜性能表现涂料的装饰、保护和其他作用。涂膜性能检测的内容主要包括4个方面：①基本物理性能的检测，其中有表观及光学性质、力学性能和应用性能(如重涂性、打磨性等)；②耐物理变化性能的检测，如对光、热、声、电等的抵抗能力的检测；③耐化学性能的检测，主要是检查涂膜对各种化学品的抵抗性能和防腐蚀(锈蚀)性能；④耐久性能的检测。这些检测项目主要是对涂在底材上的涂膜进行的。

1. 光学性能检测

(1) 涂膜的外观

用于检测涂膜样板干燥后的表面状态，一般采用目测的方法，通过与标准样板对比观察涂膜表面有无缺陷现象。通常在日光下肉眼观察，可以检查出涂膜有无缺陷，如刷痕、颗粒、起泡、起皱、缩孔等。由于制备样板通常是在室内标准状况下进行且操作比较仔细，所以结果比较准确，但与实际施工条件的涂膜的外观是有差距的。

(2) 光泽

指涂膜表面将照射在其上的光线向一定方向反射出去的能力，也称镜面光泽度。根据漆膜反射光量的能力，漆膜的光泽可分为有光、半光和无(平)光，反射的光量越大，其光泽越高。常用60°角的光泽计测光泽(图4-20)，但为提高分辨能力，对于高光泽漆膜(60°角光泽>70)可用20°角测量；对于低光泽漆膜(60°角光泽<30)可用85°角测量，涂膜光泽的分类见表4-2。

表4-2 涂膜的光泽分类

光泽的区分	等　级	光泽的区分	等　级
高光泽	70%及更高	半光或中等光泽	30%～70%
蛋壳光	6%～30%	蛋壳光—平光	2%～6%
平光	2%及2%以下		

光泽的测定基本上采用两大类仪器，即光电光泽计和投影光泽计，目前以前者为主。具体操作按GB 1743—89(漆膜光泽测定法)的规定，打开光电光泽计的电源开关，按下量程选择开关，拉动样板架，放入标准板校对，然后放入样板测试，结果以光泽单位表示。

图4-20 60°角镜向光泽计

(3) 鲜映性

指涂膜表面反映影像(或投影)的清晰程度，以*DOI*值表示。它能表征与涂膜装饰性相关的一些性能(如光泽、平滑度、丰满度等)的综合指标，实际上也是涂膜的散射和漫反射的综合效应。鲜映性可用来对飞机、汽车、精密仪器、家用电器，特别是高级轿车车身等的涂膜的装饰性进行等级评定。

鲜映性测定仪的关键装置是一系列标准的鲜映性数码板，以数码表示等级，分为0.1、0.2、0.3、0.4、0.5、0.6、0.7、0.8、0.9、1.0、1.2、1.5、2.0共十三个等级，称为*DOI*值。每个*DOI*值旁印有几个数字，随着*DOI*值升高，数字越来越小，用肉眼越来越不宜辨认。观察被测表面并读取可清晰地看到的*DOI*值旁的数字，即为相应的鲜映性。

测试原理是将数码板上的数码通过光的照射及被测表面的反射映照在观测孔中，通过测量者的肉眼观测，读出鲜映性级别*DOI*值，达到测量涂膜表面装饰性能指标的目的，*DOI*值越高鲜映性越好。测试时把标准反射板放在桌上，将涂膜鲜映仪仪器底部的测量窗口对准标准反射板放好，然后按下电源开关，从目镜筒观察映照在标准反射板上的数码板，确认可清晰地读取数码板上*DOI*值为1.0的数字。将仪器置于被测物体表面，使测量窗口与被测面对好，按动电源开关，从目镜筒中观察被映照的数码，读取可看清楚的*DOI*值数字(数字要清晰)。

(4) 雾影

指高光泽漆膜由于光线照射而产生的漫反射现象。雾影只有在高光泽下产生,且光泽必须在90以上(用20°法测定)。雾影值最高可达1 000,但评价涂料时,雾影值在250以下就足够了,故仪器测试范围为0～250。涂料厂生产的产品雾影值应定在20以下,否则将严重影响高光泽漆膜的外观,尤其浅色漆影响更为显著。

雾影测试原理是利用漆膜表面接近20°反射光两侧(±0.9°)处接收的散射光,以测出漆膜的反射雾影。具体操作是首先用光泽和雾影标准板校正仪器,然后把试板放在样品升降台上,紧贴测试孔,液晶显示屏上就能同时显示出该漆膜的20°光泽值和雾影值,结果以0～250的数值表示。

(5) 颜色

颜色是一种视觉,是不同波长的光刺激人的眼睛之后在大脑中所引起的反映。涂膜的颜色是当光照到涂膜上时,经过吸收、反射、折射等作用后,其表面反射或投射出来进入人们眼睛的颜色。决定涂膜颜色的是照射光源、涂膜性质和人眼。

测定涂膜颜色一般方法是按标准的规定将试样与标准样同时制板,在相同的条件下施工、干燥后,在天然散射光线下目测检查,如试样与标准样颜色无显著区别,即认为符合技术容差范围。也可以将试样制板后,与标准色卡进行比较,或在比色箱CBB标准光源D_{65}的人造日光照射下比较,以适合用户的需要。

按GB 9761—88(色漆和清漆　色漆的目视比色)规定,具体操作时使用自然日光或比色箱,将试板并排放置,使相应的边互相接触或重叠,判定各种颜色。

(6) 白度

是在某种程度上白色涂膜接近于理想白色的属性。白色涂膜的白度不仅表现了颜色的特征,同时也反映了所使用的白色颜料的优劣。白度越高,则遮盖力也越强,其他性能也相应地得到提高。

在涂料的检验中,漆膜的白度一般用目测法或白度计进行评定。

(7) 明度

是颜色的三属性之一,是物体反射光的量度。明度表示物体表面相对明暗的特性;在同样照明条件下,以白板作为基础,明度是对物体表面的视觉特性给予的分度。与不同颜色对比,白色涂膜反射光的能力最强。明度高的白色涂膜或彩色涂膜表示它反射了大部分投射在涂膜上的光。

明度的测定使用光谱光度仪,按GB/T 3979—83(物体色的测量方法)光谱光度测定法测出Y_C值,查出明度值。另一种方法是用漫射日光或D_{65}人造光源,按45°/0°条件观察,对照色卡,用相应数字表示结果。

2. 力学性能检测

涂膜作为保护性材料必须具备一定的强度,它的力学性能是非常重要的。涂膜的力学性能关联性很强,每个性能的检测有很多方法,分别从不同的角度来表示其性能,在选用时要根据产品情况和施工需要来确定。

(1) 硬度

指涂膜抵抗诸如碰撞、压陷、擦划等力学作用的能力,也可以理解为漆膜表面对作用其上的另一个硬度较大的物体所表现的阻力。即一定质量的负荷作用在比较小的接触面积上时，涂膜抵抗碰撞、压陷或擦划等而变形的能力。

硬度的测试方法较多，目前常用的主要有三种：摆杆阻尼硬度法、划痕硬度法和压痕硬度法。三种方法表达涂膜不同类型的阻力，各代表不同的应力—应变曲线（图 4-21 和 4-22）。

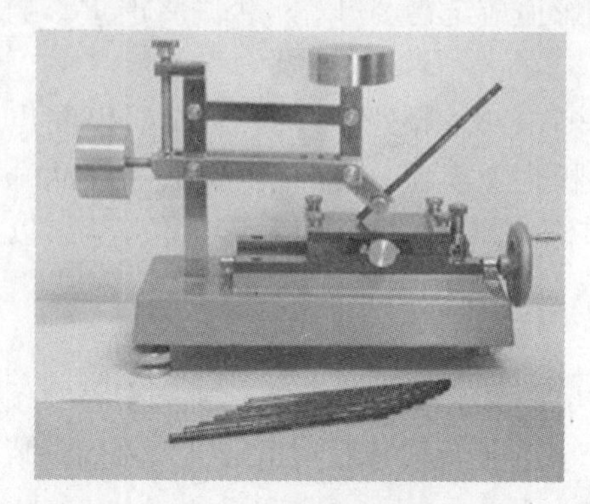

图 4-21　铅笔硬度计

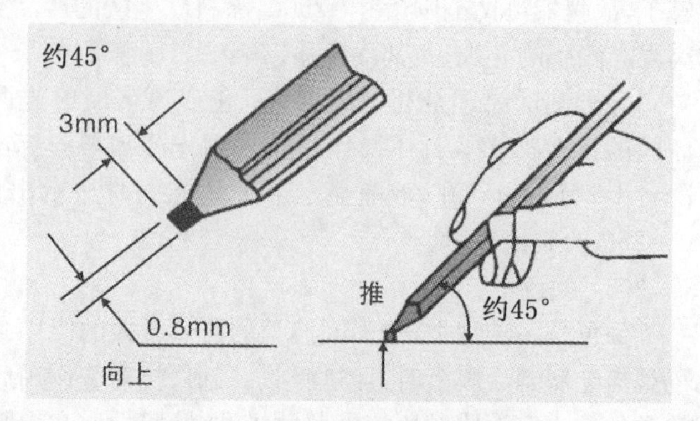

图 4-22　铅笔笔头形状及测试方法

摆杆阻尼硬度法的主要原理是通过摆杆横杆下面嵌入的两个钢球接触涂膜样板，在摆杆以一定周期摆动时，摆杆的固定质量对涂膜压迫，而使涂膜产生抗力，根据摆杆的摇摆规定振幅所需要的时间判定涂膜的硬度，摆动衰减周期时间长的涂膜硬度高。

按 GB/T 1730—93（漆膜硬度的测定摆杆阻尼试验）规定，将测试样板涂膜朝上，放置在水平工作台上，然后使摆杆慢慢降落到试板上。将摆杆偏转并松开，测定摆杆从5°～2°（双摆）或者 6°～3°（K 摆）或者 12°～4°（P 摆）的时间，结果以样板的摆动时间与空白玻璃板上的摆动时间之比表示。

（2）耐冲击性

涂膜在重锤冲击下发生快速形变而不出现开裂或从金属底材上脱落的能力。它表现了被试验涂膜的柔韧性和对底材的附着力。

耐冲击性的测试是以一定质量的重锤落在涂膜样板上，记录使涂膜经受伸长变形而不引起破坏的最大高度（图 4-23）。按 GB/T 1732—93（涂膜耐冲击测定法）规定，将试板涂膜朝上平放在冲击试验仪铁台上，重锤借控制装置固定在滑筒的某一高度，按压控制钮，重锤即自由地落于冲头上。取出试板，记录高度，检查试板有无裂纹、皱纹及剥落等现象，以 cm 或N · cm 表示结果。

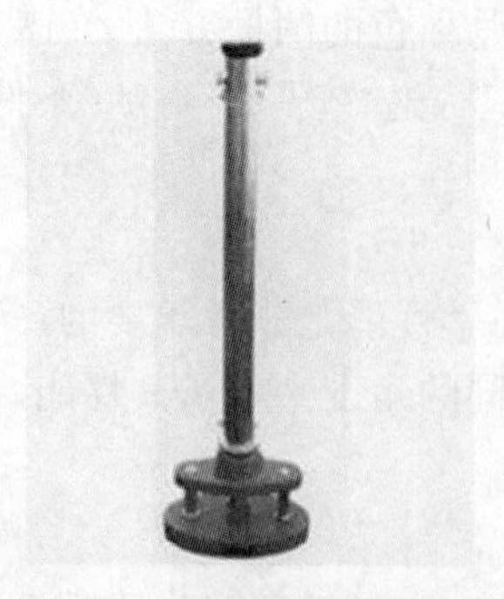

图 4-23　漆膜耐冲击测试仪

图 4-24　漆膜柔韧性测定仪

图 4-25　漆膜附着力测试仪

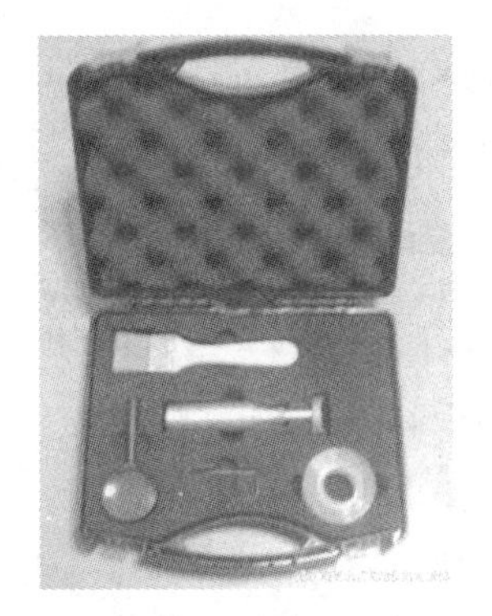

图 4-26　漆膜划格器

(3) 柔韧性

指涂膜随其底材一起变形而不发生损坏的能力。当涂于底材上的涂膜受到外力作用而弯曲时，所表现的弹性、塑性和附着力等的综合性能称为柔韧性。涂膜的柔韧性由涂料的组成所决定，它与检测时涂层变形的时间和速度有关。

柔韧性测定是通过涂膜与底材共同受力弯曲，检查其破裂伸长情况，其中也包括了涂膜与底材的界面作用。按 GB/T 1731—93(漆膜柔韧性测定法)规定，测试时用双手将试板涂膜朝上，紧压于柔韧性测定器规定直径的轴棒上，利用两个大拇指的力量，在 2～3 s 内绕轴棒弯曲试板，弯曲时两个大拇指应对称于轴棒中心线。弯曲后，检查涂膜是否产生网纹、裂纹及剥落等破坏现象，结果以 mm 表示(图 4-24)。

(4) 杯突试验

是评价色漆、清漆及有关产品的涂层在标准条件下使之逐渐变形后抗开裂或抗与金属底材分离的性能。杯突试验所使用的仪器头部有一个球形冲头，恒速地推向涂漆试板背部，以观察正面涂膜是否开裂，涂膜破坏时冲头压入的最小深度即为杯突指数。

杯突试验是利用静态负荷下的冲击来测试金属底材上涂层的延展性(形变能力)。按 GB/T 9753—88(色漆和清漆　杯突试验)规定，测试时在杯突试验机上，将试板固定，涂层面向外，冲头以(0.2±0.1)mm/s 恒速顶推试，直至涂层开裂，结果以 mm 表示。

(5) 附着力

指涂膜与被涂漆物面之间(通过物理和化学作用)结合的坚牢程度。被涂面可以是裸露底材也可以是涂漆底材。

以划圈法为例，按 GB/T 1720—89(漆膜附着力测定法)规定，在划圈法附着力测定仪上，将样板用螺栓固定，调整回转半径为 5.25 mm，使转针的尖端接触到漆膜，如划痕未露底板，应酌加砝码。按顺时针方向以 80～100 r/min 的转速均匀摇动摇柄。圆滚线划痕标准图长为(7.5±0.5)cm。取出样板，观察涂膜损坏的程度，结果以 1～7 级表示(图 4-25)。

(6) 耐磨性

指涂层对摩擦机械作用的抵抗能力。实际上是涂膜的硬度、附着力和内聚力综合效应的体现，与底材种类、表面处理及涂膜在干燥过程中的温度和湿度有关。

测试原理是观察涂膜在一定的负载下经规定的磨转次数后的失重。目前一般是采用砂粒或砂轮等磨料来测定涂膜的耐磨程度，常用的有以下几种：①落砂法；②喷射法；③橡胶砂轮法。

以橡胶砂轮法为例，按 GB/T 1768—89(涂膜耐磨性测定法)的规定，具体操作是将样板固定于漆膜耐磨仪工作转盘上，加压臂上加所需的质量和经整新的橡胶砂轮，加上平衡砝码，放下吸尘嘴。开启总开关、吸尘器开关、转盘开关。把样板先磨 50 转，称重。然后重新磨至规定的转数，称重，计算损耗量，结果以漆膜的失重量(g)表示。

(7) 抗石击性

又称石凿试验，专用于检测汽车涂膜，它模仿汽车行驶过程中砂石冲击汽车涂层以说明涂膜抵抗砂石高速冲击的能力。它实际上是冲击、摩擦和附着力的综合性能检验项目，测试原理是将规定形状和质量的冲击物以一定速度击向涂膜样板，根据样板受击损伤的斑点数目、大小及深度来评定涂膜的抗石击性。

按 ASTM D 3170—87(1996)涂层抗石击性试验方法的规定，具体操作是在石子冲击试验仪上，把直径为 4～5 mm 的钢砂用压缩空气吹动喷打在被测样板上。每次喷砂 500 g，在 10 s 内以 2 MPa 的压力冲向试板，重复两次。然后贴上胶带纸拉掉松动的涂膜，将涂膜破坏情况与标准图片对比，取其就近的编号，即为该涂膜的抗石击性结果，0 级最好，10 级最差。

3. 涂膜耐物化性能检测

涂膜在使用过程中除了受外力作用外，光、热、电的作用也会使涂膜的强度、外观等发生变化。根据产品需要，检测涂膜对这些因素的抵抗力。

(1) 保光性

指涂膜在经受光线照射下能保持其原来光泽的能力。

按 GB/T 9754—88(色漆和清漆不含金属颜料的色漆漆膜的 20°、60°和 85°镜面光泽的测定)的规定，具体操作是将被测涂膜样板遮盖住一部分，在日光或人造光源下照射一定时间后，用光电光泽仪测定未照射和被照射部分的光泽，计算其比值。保光性为照射后的光泽/照射前的光泽，失光率小于 5%为 0 级；5%～20%为 1 级；21%～50%为 2 级；51%～80%为 3 级；大于 80%为 4 级。

(2) 保色性

指涂膜在经受光线照射下能保持其原来颜色的能力。通常的检测方法也是比较被照射涂膜与未照射涂膜在颜色上的差别。

保色性测定采用目测法和仪器测定法，以涂膜颜色变化的程度判定保色性。按 GB/T 9761(色漆和清漆　色漆的目视比色)的方法，具体操作是将色差仪放于样板上，通过选择开关，可测定相关的数据，保色性为照射后的颜色/照射前的颜色。

(3) 耐黄变性

含有油脂的涂料的涂膜在使用过程中经常会发生黄变，甚至有的白漆标准样板在阴暗处存放过程中也会逐渐地产生黄变现象。原因大都是涂料中所含油类干燥过程和继续氧化时生成的分解物质带有黄色，在浅色漆上比较容易觉察。

测试原理是仪器带有 3 个或 4 个滤光器，其滤光器能使测量值与三刺激值间有一定的线性关系。按 GB 11186.2—89(涂膜颜色的测量方法)的规定，具体操作是将样板放人色差仪适当的位置，通过选择开关，分别测 X 值、Y 值、Z 值，泛黄程度值 $D=(1.28X-1.06Z)/Y$。

(4) 耐热性

指涂膜对高温的抵抗能力。由于许多涂料产品被使用在温度较高的场所，因此耐热性是这些产品上的涂膜的重要的技术指标。若涂层不耐热，就会产生气泡、变色、开裂、脱落等现象，使涂膜起不到应有的保护作用。测定涂膜耐热性的方法一般采用鼓风恒温烘箱或高温炉，在达到产品标准规定的温度和时间后，对涂膜表面状况进行检查。

按 GB 1735—79(89)涂膜耐热性测定法的规定，具体操作是将三块制好的涂漆样板放置已调节至按产品标准规定温度的鼓风恒温烘箱或高温炉内，待达到规定时间后，取出样板，冷至(25±1)℃，与预先留下的样板对比，检查其有无起层、皱皮、鼓泡、开裂、变色等现象，结果以合格或不合格表示。

4. 涂膜耐化学及耐腐蚀性能检测

(1) 耐水性

指涂膜对水的作用的抵抗能力，即在规定的条件下，将涂漆试板浸泡在水中，观察其有无发白、失光、起泡、脱落等现象以及恢复原状态的难易程度。

涂膜耐水性的好坏与树脂中所含的极性基团、颜料中的水溶盐、涂膜中的各种添加剂等因素有关，也受被涂物的表面处理及涂膜的干燥条件等因素所影响。

耐水性测试原理是涂料在使用过程中往往与潮湿的空气或水分直接接触，随着涂膜的膨胀与透水，涂膜就会出现各种破坏现象，直接影响涂料的使用寿命。按 GB/T 1733—93(涂膜耐水性测定法)的规定，具体操作是样板投试前先用 1∶1 的石蜡和松香混合物封边，将三块样板放人玻璃水槽的水中，并使每块试板的长度的 2/3 浸泡于水中。常温为(23±2)℃；沸水应保持沸腾状态。观察样板是否有失光、变色、起泡、起皱、脱落、生锈等现象。

(2) 耐盐水性

指涂膜对盐水侵蚀的抵抗能力。可用耐盐水性试验判断涂膜防护性能，其测试原理是涂膜在盐水中不仅受到水的浸泡发生溶胀，同时又受到溶液中氯离子的渗透而引起强烈腐蚀，因此涂膜除了可能出现耐水性的起泡、变色等现象外，还会产生许多锈点和锈蚀等破坏。按 GB/T 1763-89(涂膜耐化学试剂性测定法)的规定，具体操作是样板投试前先用 1∶1 的石蜡和松香混合物封边，将三块样板放入水中，并使每块试板的长度的 2/3 浸泡于 3%的盐水中。常温为(25±1)℃；加温耐盐水为(40±1)℃。观察样板是否有失光、变色、发白、起泡、软化、脱落、生锈等现象以及恢复原状态的程度。

(3) 耐石油制品性

指涂膜对石油制品(汽油、润滑油、溶剂等)侵蚀的抵抗能力。

现代工业产品经常会接触到各种石油制品，如汽油、润滑油、变压器油等，这些物件的涂膜必须具有对这些石油制品侵蚀作用的抵抗能力。按 GB/T1734-93(漆膜耐汽油性测定法)的规定，具体操作是将三块样板放人油中，并使每块试板的长度的 2/3 浸泡于汽油中。常温为 25℃±1℃，分为浸汽油和浇汽油两种方法，观察涂膜有无变色、失光、发白、起泡、软化、脱落等现象以及恢复原状态的难易程度。

(4) 耐化学试剂性

指涂膜对酸碱盐及其他化学药品的抵抗能力。

测试方法是在规定的温度和时间内，观察涂膜受介质侵蚀情况。按 GB/T 1763-89(涂膜耐化学试剂性测定法)的规定，具体操作是将三块样板放入温度为(25±1)℃介质中，并使每块试板的长度的 2/3 浸泡于介质中，观察涂膜是否有失光、变色、起泡、斑点、脱落等现象。

(5) 耐溶剂性

指涂膜对有机溶剂侵蚀的抵抗能力。

测试方法是在规定的温度和时间内，观察涂膜受介质侵蚀情况。按 GB/T 9274—88(色漆和清漆　耐液体介质的测定)的规定，具体操作是将三块样板放入温度为(23±2)℃介质中，并使每块试板的长度的 2/3 浸泡于介质中，观察涂膜是否有失光、变色、起泡、斑点、脱落等现象。

(6) 耐家用化学品性

又称污染试验或耐洗涤性，即涂膜经受皂液、合成洗涤剂液的清洗(以除去其表面的尘埃、油烟等污物)而保持原性能的能力。涂膜接触到这类物品，如果被玷污留有痕迹或受到侵蚀，都将影响到装饰和保护作用。

按 GB/T 9274-88(色漆和清漆　耐液体介质的测定)的规定，具体操作是将点滴法分为覆盖法和敞开法。将测试液体滴在制好的试验样板涂膜表面，在规定的(23±2)℃下，在规定时间内，样板应不受干扰。达到标准规定时间后，用水或溶剂清洗，立即检查涂膜变化情况，结果以级表示。

(7) 耐化工气体性

即涂膜在干燥过程中抵抗工业废气和酸雾等化工气体作用而不出现失光、丝纹、网纹或起皱等现象的能力。

在工业大气的环境中，空气中含有大量的工业废气和酸雾等化工气体，尤其在化工厂及其临近地区所使用的设备、构件、管道、建筑物等，危害更为严重。为此在这些地区所使用的涂料不仅要具有一定的耐候性，更需要有较高的抵抗这些化工气体腐蚀性的能力。

耐化工气体性测试是用 SO_2 或 NH_3 进行耐化工气体的腐蚀试验，以便模仿化工厂的室外环境条件，使测试结果与实际应用更为一致。按 ISO 3231—1993(抵抗含 SO_2 潮湿大气的测定法)的规定，具体操作是控制气密箱中一定的温度和湿度，通过调节通人适量的 SO_2 气体，到规定的时间后，观察涂膜表面是否有失光、丝纹、网纹或起皱。

5. 涂膜耐候性能检测

耐候性是检查膜层在自然大气条件下的耐候性能。一般在选定的暴晒环境中把试片放置在试验架上进行试验。这种试验时间长，前三个月每半月检查 1 次；三个月到一年，每 1 个月检查 1 次；一年后，每 3 个月检查 1 次。在雨季或天气剧变时应随时检查。通常当膜层表面的任一参数被破坏的程度达到评级标准中差的程度时即可终止试验。

(1) 耐人工老化试验

自然耐候试验时间很长，所谓人工老化即是在人为的苛刻条件下缩短试验时间。常用的人工老化试验机设有高强度紫外光源，控温、调湿装置等。试验时按 GB 1865—1997(色漆和清漆 人工气候老化和人工辐射暴露)的规定调整好温度、湿度，喷水周期，试片距灯源的距离等参数，按《GB/T 1766—1995 色漆和清漆涂层老化的评级方法》进行检查、评级(图 4-27)。

(2) 耐湿热性

指涂膜对高温高湿环境作用的抵抗能力，湿热试验也是检测涂膜耐腐蚀性的一种方法，一般与盐雾试验同时进行。

一般在相对湿度较低的情况下，涂膜附着力的变化是不明显的，但随着相对湿度增加到 90%，甚立于更高，附着力的丧失就会变得很快，除了个别涂膜外，大多数涂膜在干燥后附着力均不能恢复。

具体按 GB/T 1740—89(漆膜耐湿热性测定法)进行操作。在调温调湿箱中,将样板垂直挂于样板架上,样板正面不相接触,温度为(47±11)℃、相对湿度为(96±2)%。当回升到规定的温度和湿度时,开始计算时间。结果以级表示。

(3) 耐盐雾性

涂膜对盐雾浸蚀的抵抗能力,是一项历史最久、使用最广的人工加速腐蚀试验方法。大气中的盐雾是由悬浮的氯化物的微小液滴所组成的弥散系统,它是由于海水的浪花和海浪击岸时泼散成的微小水经气流输送过程所形成。一般在沿海或近海地区的大气中都充满着盐雾。由于盐雾中的氯化物,如:氯化钠、氯化镁具有在很低相对湿度下吸潮的性能和氯离于具有很大的腐蚀性,因此盐雾对于在沿海或近海地区的金属材料及其保护层具有强烈的腐蚀作用。

测试过程中要使溶液的成分接近天然海水,以模拟真实海洋大气的腐蚀条件,采用一定压力的空气通过实验箱内的喷嘴把盐水喷成雾状而沉降在试验板上。按 GB/T 1771—91(色漆和清漆耐中性盐雾性能的测定)的规定,具体操作是在盐雾试验箱中,配制氯化钠的浓度为(50±10)g/L,pH 为 6.5～7.2,经 24 h 周期后计算每个收集器收集的溶液,每 80 cm^2 的面积应为 1～2 mL/h,温度为(35±2)℃。观察样板的破坏现象,如起泡、生锈、附着力的降低、由划痕处腐蚀的蔓延等(图 4-28)。

图 4-27　人工老化试验箱

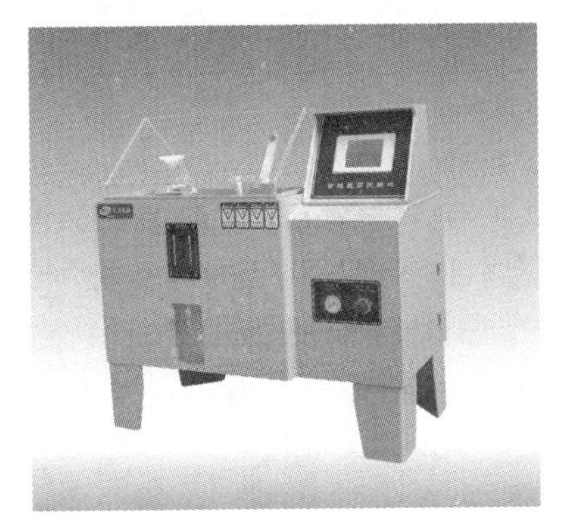

图 4-28　盐雾箱

第 5 单元

金属涂料

金属涂料指适用于金属物品表面涂装的一系列涂料，也称金属专用漆，简称金属漆。金属腐蚀是金属表面和周围环境中的介质发生化学或电化学反应，逐步由表及里使金属丧失其原有性能的现象。据不完全统计，每年因腐蚀而造成的金属构件、设备及材料的损失量，大概相当于当年金属产量的 20%～40%。可以说金属腐蚀现象促进了金属涂料行业的发展。

5.1 金属防腐原理

金属腐蚀有各种各样的分类。按腐蚀介质不同，可以分为大气腐蚀、海水腐蚀、土壤腐蚀及化学介质腐蚀；以腐蚀过程的机理划分，可分为化学腐蚀和电化学腐蚀。对于防腐蚀涂料工作者来说，常常将腐蚀归纳为"湿蚀"和"干蚀"两类。湿蚀指在水或水汽的参与下各种介质对金属的作用，大气腐蚀、水及海水腐蚀、电解质腐蚀等都属于"湿蚀"；"干蚀"则是指化学物质对金属的直接作用及高温氧化等。

1. 原理

防腐蚀涂层可以通过屏蔽、缓蚀、阴极保护作用保护金属基材免受腐蚀。

(1) 屏蔽作用

涂层的屏蔽作用在于使基体和环境隔离以免受其腐化。对于金属，根据电化学腐蚀原理，涂层下金属发生腐蚀必须有水、氧、离子存在，以及离子流通(导电)的途径。由此为防止金属发生腐蚀，涂层需能阻挡水、氧以及离子透过涂层到达金属表面，所以，屏蔽效果决定于涂层的抗渗透性。

(2) 缓蚀作用

在涂层含有化学防锈颜料的情况下，当有水存在时，从颜料中解离出缓蚀离子，后者通过各种机理使腐蚀电池的一个电极或两个电极极化，抑制腐蚀进行。故缓蚀作用能弥补屏蔽作用的不足，反过来屏蔽作用又能防止缓蚀离子的流失，使缓蚀效果稳定持久。

(3) 阴极保护作用

涂层中如加入对基体金属能优先腐蚀的金属粉，便能使基体金属免受腐蚀，富锌底漆对于钢铁的保护即在于此。

由上述防腐蚀涂层的作用来看，屏蔽作用要求涂层不渗透水、氧和离子，而缓蚀作用又要求有一定量的水，有的缓蚀颜料还需要有氧的存在。如要兼顾发挥两种作用，有时要考虑平衡，但抗渗透仍是防腐蚀涂层的基本要求。此外，在任何情况下均要求涂层耐久性能良好才能有实用价值。而要耐久，则涂层必须对环境介质稳定，对基体牢固附着，并对外加应力有相当的适应性。所以抗渗透性、对介质稳定、附着力和机械强度是对防腐蚀涂层的基本要求。

水对涂层的渗透是吸附、溶解、扩散、毛细管作用的过程。前两者与作为漆基的高聚物中所含极性基因和可溶性成分有关，后两者与聚合物链节的活动性、涂层的孔度和浸出量（浸出增加孔度）有关。可溶成分和浸出物包括小分子单体、滞留溶剂和外来污染物，以及高聚物的降解物。涂层的孔度决定于涂层的针孔以及高聚物分子之间和大分子内部存在的气孔。针孔来自不理想的施工，而气孔决定于高聚物的分子结构、交联密度和排列状态等，是涂层固有的。因此，涂层的渗透不可能绝对的避免。颜料的加入能提高涂层的抗渗透性，颜料粒子不透水，它能填充管孔，延长渗透至基体金属的路程，涂层中颜料少于临界颜料体积浓度时，水通过颜料粒子之间的基料渗透；大于此浓度时，便更快地通过颜料粒子之间的空隙扩散，故色漆的水渗透性决定于颜料的品种、用量、分散度和粒子的几何形状。如惰性的片状颜料在涂层中起着挡板的作用。

此外，颜料—高聚物、颜料—高聚物—水、高聚物—基体之间的相互反应也对水的渗透有影响。

防腐蚀涂层对腐蚀介质的稳定性是指化学上既不被介质分解，也不与介质发生有害的反应；物理上不被介质溶解或溶胀。大多数防腐蚀涂层只用于中性至微碱性的含水介质和极性较低的有机溶剂中。但是，经过加强和加厚的涂层体系，也有能长期耐强腐蚀介质作用的，无机酸对涂层的作用主要是使涂层中高聚物的某些极性基团水解，在双键处发生加成反应和异构化，还能溶解和分解涂层中的颜料和添加剂，最终使涂层失去保护作用。有机酸由于高聚物还具有溶胀和溶解作用而加速有害反应的进行，使侵蚀作用更为强烈；碱溶液的作用主要是水解，并与高聚物中的酸性基团成盐，使涂层更加亲水甚至泡胀软化。水是最常遇到的腐蚀介质，除其本身对于高聚物有水解和渗透破坏作用，还与存在的其他物质起协同破坏作用，盐溶液的破坏在于增大了离子浓度，而离子的渗透引起涂层电阻下降，有些离子如氯和硫酸根离子还会在膜底干扰缓蚀颜料的作用，促进涂层下金属腐蚀。从耐介质腐蚀性来看，碳链高聚物比杂链好。碳链上的氢原子被氟、氯原子取代更好。饱和度高、极性小的比含有双键和极性基团多的要好。

2. 影响因素

涂层要保护基体，必须在使用期间始终与基体牢固附着。除反应性底漆外，涂层的附着力主要靠分子间的物理吸引，称次价力或范得华力。其中以氢键吸引最强，但这类引力只有在分子级距离内才产生，故底漆应润湿性好，使能与基体充分接触。使用过程中影响附着力的主要因素有以下两方面。

（1）涂层—金属界面上水的积聚

由于水对金属的亲和力大于一般高聚物对金属的亲和力，故水能插入其间，取代了高聚物的吸附。界面水可能来自施工时金属表面原来吸附的水膜，影响涂层原始强度，也可在使用中由涂层表面渗入或破损处进入，对附着力逐渐下降。所以在高温条件下，附着力下降更快。

(2) 内应力的积累

由于固化后期溶剂挥发，使用过程中的进一步交联和小分子物浸出等因素使涂层体积收缩而形成内应力，在反复的冷热、干湿循环中，由于涂层和基体涨缩不一致使界面产生反复的相对位移也会形成破坏性应力。内应力积累至大于附着力，涂层便脱开。如小于附着力而大于内聚力，涂层便开裂。据测因体积收缩而形成的内应力可高达 9.8×10^3 kPa，可见其影响之大。

内应力的形成与高聚物结构也有很大关系，低模量的柔软涂层能通过分子构象变化消除内应力，高交联的刚性涂层则不能。片状或纤维状颜料填料能与高聚物间微观开裂而局部释放了应力降低涂层的内应力。

涂层的常规机械性能指标有硬度、柔韧性，耐冲击、耐磨耗等。从涂层为黏弹体系考虑，则机械性能可综合地反映因外力而产生的变形大小，而机械性能又与温度相关，故在讨论如何使涂层长期适应所承受的外力时，首先应考虑应力—应变特性和玻璃化温度。

高聚物的机械性能受控于玻璃化温度(T_g)，T_g则决定于高聚物分子的结构，刚性分子链和高的次价键力可提高 T_g，颜填料的加入对 T_g影响不大。

涂层的机械性能取决于所承受的机械应力与高聚物结构内部产生的应变分布状况间的关系。涂层应力—应变特性与高聚物的种类、颜填料种类和浓度有关。在颜(填)料浓度低于临界颜料体积浓度范围内，随着浓度提高涂膜的抗张强度提高而延伸性下降。涂膜低的伸长率和高的抗张强度说明其硬而韧，预示耐磨性好；高的伸长率和低的抗张强度说明其为柔软的弹性膜；而两值均高为强韧的弹性膜。故在研制或选用防腐蚀漆时，应将应力—应变特性作为考核指标。

总之，上述对防腐蚀涂层性能的要求，相互间不免出现矛盾，如高度抗渗性和耐介质腐蚀要求采用低极性、结构规整、分子链刚性的树脂作基料，但牢固附着要求高极性，清除内应力要求无规结构和柔性链；提高颜料浓度(临界颜料体积浓度以下)也有利抗渗而不利弹性和耐磨耗等机械性能。高性能和低成本要求也是矛盾的，所以需要研制和选用涂料时全面考虑、分清主次，可利用树脂改性和配方调整来进行恰当处理。

5.2　金属涂料的分类

金属主要包括黑色金属和有色金属；黑色金属一般泛指钢铁类(例如铸铁、锻铁、碳钢、软钢等等)；有色金属一般指非铁类的、常带有某些颜色的金属，如铝、铜、铅、锌、铬、金、银及其镀层等。

黑色金属表面容易被环境中活泼性物质(如：O_2、CO_2、CO、SO_2、酸雾、盐雾、碱水……)侵蚀而导致生锈，金属涂料的涂装对象一般以黑色金属为重点目标。

有色金属一般无须涂刷油漆类保护涂层，这是由于一些有色金属化学性质不那么活泼而具有惰性，不容易发生腐蚀现象；另外部分有色金属虽同黑色金属一样易受环境中活泼物质的腐蚀，但它们被腐蚀后产生的沉积物会牢固地附着在金属表面形成致密的保护膜，使其金属体不再继续被腐蚀，或者是使侵蚀的速度相当缓慢，客观上使金属体受到了一定程度的保护。因此本单元重点讨论黑色金属用涂料。

金属制品的种类多不胜数，因而所用的涂料品种也繁多。目前学术上对涂料品种的分类也有多种观点：有主张按化学结构来分类的；有主张按施工方法来分类的；有主张按行业和用途来分类的等。就金属涂料而言，已经确定了涂装对象是金属这一范畴，所以选用行业用途分类法为好。

目前用到金属涂料的行业较多，例如：汽车行业、摩托车行业、电气业行业、轻工机械行业、石油化工行业、造船业、航天航空业、民用制品及小五金行业等等。由于篇幅所限，不可能在此逐一叙述，仅选一些常用的、在市场上所占份额较大的产品来进行分析研究。本单元主要讲述以黑色金属为主要涂装对象的行业：机动车漆（以汽车漆为例）、轻工机电用漆（以家电及自行车漆为例）和五金制品用漆，另外将简述其他金属表面用涂料和水性金属漆。

5.3　机动车漆

机动车通常包括汽车、火车、摩托车、拖拉机等。基于其使用场合和环境的特殊性，要求能经受室外自然条件下行驶的严酷考验，如风吹、日晒、雨打、雪袭、沙石击打、洗涤剂及油污的沾染、酸碱盐的侵蚀等等，因此防腐问题必须特别关注。另外，机动车会不同频次地与某些阶层的人群接触，其外观会给人们一个深刻的印象，所以装饰性也应是关注的另一问题。选择合适的涂料对机动车进行涂装正好可以解决上述问题。

很多情况下，机动车的涂装是系列性地配套使用油漆的，例如从底漆→中涂漆→面漆→罩光漆。对不同涂层的油漆我们应该懂得如何选用颜（填）料及基料。

5.3.1　底漆

1. 底漆配方设计原则

底漆，就是直接涂装在经过表面处理的车身或部件表面上的第一道涂料，它是整个涂层的开始。是金属表面与中涂漆得以较好连接的媒介，它除了要对金属表面有很强的附着力外，还要对上层的中涂漆也有较好的结合力，更需具有一定的防锈、抗腐蚀能力和机械强度。所以选择底漆用的颜料和基料（树脂）必须考虑周全，因为底漆干固之后，漆膜上应该还留有一些活性交联基团（官能团）以便于跟中涂漆的活性基团交联产生交联固化点，从而增强两者间的结合力。防锈颜料和强黏附力的树脂（如环氧树脂或复合型树脂）是较好的选择，也可考虑使用电泳底漆。另外底漆光泽低些也可增强与面漆之间的结合力，一般的底漆光泽可控制在20～30，故在底漆配方中可适量增加填料的份量来降低底漆光泽，但底漆光泽也不能太低，否则会明显消减最终漆膜的光泽。

一般底漆有：铁红醇酸底漆、铁黑环氧酯底漆、黑色阴极电泳底漆、红丹防锈漆等。

2. 底漆配方实例（质量份）

（1）铁红醇酸底漆配方

氧化铁红	22	锌铬黄	4
硫酸钡	4	滑石粉	15
亚桐油醇酸树脂(50%)	46	10%含量的防沉剂	3
环烷酸铅(10%)	1.5	环烷酸钴(3%)	0.2
环烷酸锰(3%)	0.1	环烷酸锌(3%)	0.2
防结皮剂(甲乙酮肟)	0.2	研磨分散剂	0.8
二甲苯	1.5	200号溶剂汽油	1.5

(2) 单组份磷化底漆配方,见表5-1(适用于镀锌、镀铬工件和黄铜等有色金属)

表5-1 单组份磷化底漆配方

原料名称	配方1	配方2(孟山都产品)
聚乙烯醇缩丁醛(10%固含)	84.7	(100%固含)11.0
铅铬黄	8.5	0
滑石粉	1.4	0
磷酸(85%)	2.7	0.72
水	2.7	7.21
乙醇	0	36.3
丙酮	0	44.4
合计	100.0	100.0
说明	本产品保质期约三个月 本产品涂布表干后一周内应马上涂以其他底漆,然后一起烘干 本产品不宜单独烘烤	

(3) 普通型(双组份)磷化底漆配方,见表5-2(也可适用于有色金属)

表5-2 普通型(双组份)磷化底漆配方

原料名称		配方1	配方2
A组分	聚乙烯醇缩丁醛	(10%固含)液体72.0	(100%固含)7.2
	锌黄	6.9	6.9
	滑石粉	1.1	1.1
	丁醇	0	48.7
	95%乙醇	0	16.1
B组分	磷酸(85%)	3.6	3.6
	水	2.4	3.2
	95%乙醇	14	13.2
合计		100.0	100.0
说明	本产品应在使用时现混现用,6 h内用完 涂布表干后应在一周内涂其他底漆,然后一起烘干 本产品不应单独烘烤		

(4) 环氧富锌底漆(双组份)配方

A组分:

a) 环氧树脂100/型(壳牌公司)	3.5
b) 锌粉	83.0
c) 防沉剂(有机膨润土)	0.7
d) 二甲苯	4.4
e) 甲基异丁酮	4.4

B组分:

a) 聚酰胺树脂(Versamid115)	1.9
b) 二甲苯	1.05
c) 甲基异丁酮	1.05

(5) 锌黄醇酸防锈漆配方

锌铬黄(锌黄)	22.8	中铬黄	4.0
氧化锌	15.20	醇酸树脂(50%)	41.0
二甲苯	7.0	200号溶剂汽油	7.0
环烷酸钴(2%)	0.50	环烷酸锰(2%)	0.50
环烷酸铅(10%)	1.00		

(6) 红丹环氧酯防锈漆配方

红丹	60.0	滑石粉	3.0
硫酸钡	3.0	碳酸钙	4.0
环氧酯漆料(50%)	24.5	环烷酸钴	0.2
环烷酸锰	0.2	环烷酸铅	0.6
二甲苯	4.5		

3. 汽车底漆配方

汽车底漆必须具有下列功能:①防止由于涂料的使用、汽车的装配和用户使用的不当导致涂膜的损坏而产生的腐蚀扩散;②预防力学损伤(如石击)和控制力学损伤的发展;③提供黏结力;④填平增加车身美观;

早期底漆的厚度一般为20～40 μm,占整个涂层的20%～40%。20世纪60年代中期以后,开始使用的底漆主要为溶剂性或水性浸涂底漆、电泳底漆,目前工业化国家几乎所有的汽车制造厂均采用电泳底漆技术,尤其是阴极电泳底漆技术。

(1) 浸涂底漆

溶剂性浸涂底漆树脂体系为半干性中油度的醇酸树脂或环氧酯树脂,以三聚氰胺甲醛作固化剂,加入酚醛树脂可改善耐腐蚀性和耐皂化性。颜料主要为铁红,体质颜料为重晶石、碳酸钙,加入铬酸锌或硅铬酸铅作抗腐蚀剂。颜料的总体积固含量为35%～45%,溶剂为低到中等芳香族高沸点化合物,常加入少量(3%～7%)。典型的配方见表5-3。

早期的水性浸涂底漆为水溶性醇酸树脂、油改性的酚醛树酯或环树脂。可以将其通用型树脂与含羧基单体反应(如马来酸酐氧化再以碱中和,得到在水中的相溶性,加入水溶性溶剂如乙二醇单丁醚)有利于改善溶解性、流动性和对底材的润湿性,以水溶性六甲氧基甲基三聚氰胺作固化剂或加金属催化剂。后来改为水分散性和胶乳作浸涂底漆以改善其应用性能,机械性能和耐腐蚀性能。典型的配方见表 5-4。

表 5-3　汽车溶剂性浸涂底漆配方实例

组成	质量(g)	组成	质量(g)
脂肪族/芳香族溶剂	7.0	硫酸钡	33.0
醇	3.0	炉黑	2.0
防沉剂	0.2	铬酸锌	1.5
氧化铁	2.5	三聚氰胺甲醛树脂	1.5
环氧/酚醛树脂	7.0	有机酸催化剂	0.5
中油度豆油醇酸树脂	38.7	流变剂	3.1

表 5-4　汽车水性浸涂底漆配方实例

组成	质量(g)	组成	质量(g)
水溶性醇酸树脂	10.0	加氨调整 pH 值 9～9.5	少量
镁或锆干燥剂	1.0	分散后加入下列组份	
水	1.0	丁苯胶乳(pH 值 8.5～9)	26
表面活性剂(20%溶液)	10.0	水	3.4
氧化物	15.0	表面活性剂(25%的溶液)	0.6
硫酸钡	30.0	纤维素类增稠剂	1.0
高岭土	2.0	颜料体积浓度(%)	40.0

(2) 电泳底漆

与浸涂底漆相比，电泳底漆具有下列显著特点，因而能很快取代前者，为各汽车制造厂家所接受：①漆膜均匀，即使一些“死角”，如接点、洞穴等处，在 15～35 μm 范围内也可预测膜厚；②使用条件不苛刻，弹性大；③机械性能和耐腐蚀性远优于浸涂底漆；④大大降低了毒性和火灾危险性；⑤自动化程度高；⑥维护费和人力费用低；⑦有效使用率可达 95%；⑧可改善性大。

电泳底漆又分为阳极电泳底漆和阴极电泳底漆。

① 阳极电泳底漆

最早的阳极电泳底漆用成膜物质为马来酸化油和酚醛改性醇酸树脂，但很快被马来酸化环氧酯和马来酸化聚丁二烯所代替，因为后者具有更好的耐腐蚀性和工作性能(如贮存性，成膜质量、重复性等)。

马来酸化环氧脂的制备方法有两种：①环氧树脂上的羟基和环氧基团完全或几乎完全与脂肪酸进行酯化反应，脂肪酸中至少含部分不饱和酸，后者再与马来酸酐反应；②羟基和环氧基团仅部分与脂肪酸酯化，另一部分脂肪酸与二元或三元酸(酐)进行 化反应，所用的多元酸(酐)有邻苯二甲酸酐、马来酸酐、琥珀酸、苯三酸酐、二聚脂肪酸等。

工业上，所用环氧树脂的环氧当量为850～940与足够不饱和脂肪酸，通常为脱水蓖麻油脂肪酸反应，残留的羟基被后面的马来酸酐和植物油脂肪酸酯化。

马来酸化聚丁二烯是利用由阴离子聚合合成的低相对分子质量聚丁二烯（如相对分子质量为1 000）上的双键（主要为1,2双键）和马来酸酐上的双键反应，用醇溶剂稀释后加氨中和。

无论是马来酸化环氧酯树脂还是马来酸化聚丁二烯，其固化方式均是通过自交联反应，固化温度为160～180℃，固化时间20～30 min。

所选用颜料必须在碱性条件稳定且不含水溶性颜料，如氯化物、硫酸盐、重金属等，一般为钛白粉、氧化铁、碳黑，体质颜料有滑石粉、高岭土、重晶石、防腐颜料如硅铬酸铅等。典型的比例为：

主颜料	30%～40%	防腐颜料	30%～40%
体质颜料	30%～40%		

常加入添加剂，作用为：①控制沉积后流动；②预防漆膜缩孔；③有助颜料分散悬浮；④防止自动氧化；⑤控制极性化，防止微生物增长。

典型配方设计：

阳离子聚合物（固体）	30%～50%	流动控制剂	1%～1.5%
主颜料	2%～3%	防缩孔剂	0.3%～0.5%
体质颜料	1%～2%	防沉剂	0.1%～0.2%
防腐颜料	2%～3%	软化水加碱	60%～65%

② 阴极电泳底漆

与阳极电泳底漆相比，阴极电泳底漆具有以下优点：①大大改善了耐腐蚀性，尤其是5～10 μm磷化差的铜板表面；②优异的泳透力；③改进的耐皂化性；④降低了沉积过程中涂料的破损，改善了其黏结性和耐腐蚀性；⑤其固有的稳定性，耐化学品性和pH小于7下操作防止了聚合物氧化、水解、微生物侵蚀等。

因而在短时间内很快取代了阳极电泳涂料底漆。成膜物质为环氧当量为500～2 000的环氧树脂与胺的反应产物。

固化剂为多异氰酸酯，常用的为甲苯二异氰酸酯（TDI）与三羟甲基丙烷（TMP）的加成物，固化机理涉及到环氧树脂上的羟基与异氰酸酯基的反应。

典型的配方设计：

环氧树脂/胺加成物	65%～70%	流动助剂	0%～5%
固化剂	30%～35%	pH（操作）	6～6.8
黏结改进剂	0%～3%	操作固含量	20%～33%
防缩孔剂	0%～5%	沉积电压	250 V～350 V

(3) 其他汽车底漆

① 富锌底漆

广泛用于汽车装配中的各焊接部分边角等不规则处的防腐蚀。典型的锌粉组成为：

铁	<0.01%	金属锌	97%～97.5%
钙	0.2%～0.4%	氧化锌	2%～2.5%
铅	<0.01%		

另外，还加入少量特制聚合物（通常为4%～6%）以提供对底材必要的黏结性和润湿性，

如中油度半干性环氧酯(酸值<3),也可用氯化橡胶或聚乙烯基缩丁醛。

② 防石击底漆

最常用的成膜物质为聚氨酯,有时也可用乙烯增塑溶胶。膜厚为3～10 μm至70～100 μm,前者用于玻璃区域,后者以10～20 cm窄条用于车梁部分。

③ 塑料部件用底漆

主要是提供黏结和/或防止后面涂料中有机溶剂带来的对塑料表面损伤。一般为氯化聚烯烃或聚氨酯,膜厚度为2～3 μm。

④ 非铁系金属底漆

主要用于汽车用铝或铝合金,一般作清漆使用。成膜物质有:a. 热固性丙烯酸改性环氧树脂;b. 聚氨酯(丙烯酸树脂多元醇/异氰酸酯);c. 丙烯酸酯粉末涂料。固化条件为140～145℃下20～30 min。

5.3.2 腻子

在机动车涂装中,腻子用于打磨后的头道底漆之上,以填没打磨后的小缺陷、凹点、刮痕或其他加工痕迹,形成光滑的表面,以便涂刷下一道油漆。其特点是颜(填)料含量较高、呈厚浆状、容易干燥,干后坚硬、细腻,易于打磨。常用腻子的主要种类有醇酸腻子、环氧酯烘干腻子、硝基腻子、过氯乙烯腻子、氨基烘干腻子、各种原子灰(普通原子灰为以不饱和聚酯为成膜物的厚浆)等。由于腻子涂层的机械性能强度差且易脱落,所以目前大量流水线生产的新车已不再使用腻子。腻子主要用于汽车修补行业,修复车身及外表附件由于敲打、拉拔、撬顶等出现的高低、凹凸及焊缝痕迹等。

1. 铁红醇酸腻子配方(%)

铁红粉	0.2	中油度亚桐油醇酸树脂(固含50%)	15.0
黄丹	0.5	滑石粉	8.8
重质碳酸钙	40.0	重晶石粉	24.5
氧化锌	7.8	环烷酸铅(10%)	1.0
环烷酸锰(3%)	0.2	二甲苯	0.6
200号溶剂汽油	2.4		

2. 灰色环氧酯醇酸腻子配方(%)

立德粉	5.0	氧化锌	5.0
炭黑	0.1	黄丹	0.5
滑石粉	18.0	沉淀硫酸钡	10.0
重质碳酸钙	40.0	624#环氧酯树脂(50%)	8.0
中油度亚麻油醇酸树脂(50%)	8.0	环烷酸钴(3%)	0.4
环烷酸锰(3%)	1.0	二甲苯	4.0

5.3.3 中涂漆

汽车的中涂漆必须有以下几方面的性能:①良好的填平性;②机械强度高,尤其是柔韧性和抗冲击性卓越；③抗石击性；④打磨修复性好；⑤与底、面漆结合力强；⑥闪光漆做面漆时，中涂漆应耐紫外线；⑦适宜的烘烤固化温度。

1. 中涂漆配方设计原则

中涂包括二道底漆、封闭底漆、喷用腻子等，是用于机动车底漆和面漆或底色漆之间的涂料。中涂漆一般需有如下特点：结合力强、填平性好、打磨性好、抗石击性好等。它要求既能牢固地附着在底漆表面上，又能容易地与它上面的面漆涂层相结合，起着重要的承上启下的作用；除了要求与其上下涂层有良好的附着力和结合力外，中涂漆还应具有填平性，以消除被涂物表面的洞眼、纹路等，从而制成平整的表面，使部件涂饰面漆后得到平整、丰满的涂层，提高整个漆膜的鲜映性和丰满度，以提高整个涂层的装饰性；它还应具有良好的打磨性，打磨后能得到平整光滑的表面。

二道底漆含颜料量比底漆多，比腻子少，它的作用既有底漆性能，又有一定填平能力，能填补底漆或腻子表面所存留的针孔、细眼等缺陷。它所选用的基料与底漆和面漆所用基料相似，这样就可保证达到与上下涂层间牢固的结合力和良好的配套性。另外，由于它所含有的基料较少、附着力较差，所以在漆二道底漆后必须要把表面的二道底漆大部分磨去，否则会影响面漆涂层的附着力，所以二道底漆需具有良好的打磨性。

封闭底漆综合腻子与二道底漆的性能，是涂面漆前的最后一道中间层涂料，涂膜呈光亮或半光亮，一般仅用于装饰性要求较高的涂层中（例如汽车修补），这种涂层要求在涂面漆之前涂一道封闭漆，以填平上述底层经打磨后遗留的痕迹，从而得到满意的平整底层。

喷用腻子具有腻子和二道底漆的作用，颜料含量较二道底漆高，可喷涂在底漆上。

目前新车原始涂装一般采用二道底漆作为中间涂层，主要采用聚酯树脂、氨基树脂、环氧树脂、聚氨酯树脂和黏结树脂作为基料；颜料和填料选用钛白、炭黑、硫酸钡、滑石粉、气相二氧化硅等。二道中涂一般固体分高，可以制得足够的膜厚（大约 40 μm）；机械性能好，尤其是具有良好的抗石击性；另外还具有表面平整、光滑、打磨性好、耐腐蚀性、耐水性优良等特点，对机动车整个漆膜的外观和性能起着至关重要的作用。

2. 中涂漆配方应用举例

聚酯中涂漆（质量份）

原料	用量	原料	用量
脂肪酸改性线型聚酯树脂	30～40	防流挂树脂	8
封闭聚氨酯树脂	5	氨基树脂	10～15
颜填料	26	膨润土	5
消泡剂	1	溶剂	5.2
丙烯酸类流平剂	0.2		

3. 中涂漆设计原则及其配方实例

用于中涂漆的树脂体系主要有三大类：醇酸树脂、环氧酯、合成聚酯树脂。

固化剂传统上多使用三聚氰胺甲醛树脂，但现在多选用异氰酸酯或苯代三聚氰胺。

早期汽车中涂漆的 PVC 为 30%～50%，现今由于金属质量的改善而多采用低 PVC，如 15%～20%，包括主颜料和体质颜料。

汽车中涂漆实例配方举例如下：

（1）白色二道底漆配方（%）

锌钡白	51.4	煤焦溶剂(140～190℃)	6.6
滑石粉	4.0	环烷酸锰液(2%金属锰)	0.8
44%油度豆油醇酸树脂(50%)	26.6	环烷酸铅液(10%金属铅)	0.8
低醚化度三聚氰胺树脂(60%)	3.0	环烷酸锌液(4%金属锌)	0.8
二甲苯	6.0		

(2) 黑色二道底漆配方(%)

炭黑	3.0	二甲苯	9.0
滑石粉	5.0	煤焦溶剂(140～190℃)	5.0
碳酸钙	20.0	环烷酸钴液(2%金属钴)	0.5
硫酸钡	20.0	环烷酸锰液(2%金属锰)	0.5
44%油度豆油醇酸树脂(50%)	30.0	环烷酸铅液(10%金属铅)	1.0
低醚化度三聚氰胺树脂(60%)	5.0	环烷酸锌液(4%金属锌)	1.0

5.3.4 面漆

1. 面漆配方设计原则

面漆按色调分为本色漆、金属闪光底色漆、罩光清漆等，是整个漆膜的最外一层，这就要求面漆具有比底层涂料更完善的性能。首先耐候性是面漆的一项重要指标，要求面漆在极端温变湿变、风雪雨雹的气候条件下不变色、不失光、不起泡和不开裂。面漆涂装后的外观也很重要，要求漆膜外观丰满、无橘皮、流平好、鲜映性好，从而可使车身具有高质量的协调和外形。另外，面漆还应具有足够的硬度、抗石击性、耐化学品性、耐污性和防腐性等性能。

如上所述，面漆一般有较好的机械性能及耐候性。一般机动车面漆，特别是汽车面漆多数为高光泽的，有时根据需要也采用半光漆、垂纹漆等。面漆所采用的树脂基料基本上与底层涂料相一致，但其配方组成却截然不同。例如，底层涂料的特点是颜料分高，配料预混后易增稠，生产及储存过程中颜料易于沉淀等。而面漆在生产过程中对细度、颜色、涂膜外观、光泽、耐候性方面的要求更为突出，原料和工艺上的波动都会明显地影响涂膜性能，对加工的精细度要求更加严格。

目前机动车一般采用的面漆的品种主要有：氨基烘漆、丙烯酸烘漆、脂肪族聚氨酯（双组分）磁漆、聚酯氨基烘漆、热塑性丙烯酸闪光漆与珠光漆（底色漆），及氨基醇酸、丙烯酸氨基、双包装聚氨酯罩光清漆。

2. 面漆配方实例

面漆实例配方如下(%)：

(1) 金属闪光漆配方

ZX1050 银粉	7	乙酸丁酯	8
BYK-104S	0.2	BYK310	0.3
聚酯树脂 PJ-320 型	38.0	PJ320/201 蜡	6.0
氨基树脂 PJ512 型	17.0	三乙胺	0.3
醋酸丁酯纤维素(30%固含液)	16.2	1/2s 硝化纤维液(30%)	5

本产品可用于汽车涂装或电气仪表的涂装。

(2) 透明蓝耐浑浊冲卷钢用漆配方

PJ350耐浑浊饱和聚酯树脂	75.0	稳定型钛菁蓝	1.2
747甲醚化氨基树脂	21.0	BYK-310	0.1
异佛尔酮	2.7		

本产品可用于卷钢涂装生产线，也可用于二片罐、瓶盖的涂装。

(3) 白色丙烯酸烘干磁漆(双组份)配方

A组分：

PJ32-60A丙烯酸树脂	54.85	R902钛白粉	25.0
SD-1防沉剂	0.3	BYK-310	0.15
二甲苯	2.00	CAC(乙二醇乙醚醋酸酯)	3.00

B组分：

N-75固化剂	14.70

本产品可用于汽车修补漆。

(4) 咖啡氨基烘漆(应用于家电、轻工行业)

铁红粉	6.5	中铬黄	6.0
硬质炭黑	0.6	研磨分散剂	0.3
防沉剂SD-1型	0.3	短豆油醇酸树脂	66.0
高醚化度丁醚化氨基树脂	18.0	甲基硅油液(1%)	0.3
丁醇	1.0	二甲苯	1.0

(5) 氨基清漆

PJ1365醇酸树脂	62.70	PJ582氨基树脂	26.90
BYK-310	0.10	甲基硅油(1%)液	0.3
二甲苯	6.0	丁醇	2.0
环已酮	2.0		

本产品耐黄变性好，适用于高档产品罩光。

(6) 海蓝色聚氨酯/醇酸磁漆(双组份)

A组分：

合成脂肪酸改性醇酸树脂(50%)	50.90	R902钛白粉	7.00
深铬黄	3.70	稳定型钛菁蓝	3.40
环已酮	1.0		

B组分：

缩二脲75%液	34

本产品使用于铁路客车车厢及电气、仪表产品的涂装。

说明：如需要改善油漆的干燥性能；可按A、B组分总量的1%加入二月桂酸二丁基锡(1%固含)，于配制工作液时加入。

(7) 海蓝色丙烯酸/聚氨酯磁漆(双组份)

A组分：

含羟基丙烯酸树脂液(48%)	46.0	R902钛白粉	10.00

深铬黄	5.20	稳定型钛菁蓝	4.80
甲基异丁基酮	1.0		

B组分：

缩二脲75%液	31.0

说明：如需要改善油漆的干燥性能，可按A、B组分总量的1%加入二月桂酸二丁基锡（1%固含），于配制工作液时加入。

(8) 黑色环氧酯氨基烘干磁漆

硬质碳黑	4.00	环氧酯树脂	63.00
582氨基树脂	20.50	丁醇	8.00
醋酸丁酯	4.00	硅油(1%)	0.5

本产品适用于电机、电器、仪表等产品的涂装。

3. 汽车面漆设计原则及其配方实例

面漆的主要作用是提供外表装饰，它必须具有长久保持表面光泽和保色、抗光氧化和耐水解的能力和耐其他机械力。面漆又分为单层面漆和金属色漆，后者由底色漆和罩清漆组成。

(1) 溶剂性面漆(原装单层面漆OEM)配方设计原则

大、中巴车面漆必须一次性涂装，漆膜要具有好的光泽度、鲜映性、流平性、硬度、耐化学品性、耐汽油性及好的耐刮伤性。软性树脂体系为含羟基聚合物如含羟基醇酸树脂、含羟基聚酯或含羟基丙烯酸树脂，固化剂为氨基树脂。

含羟基醇酸树脂为邻苯二甲酸酐，多元醇如三羟甲基丙烷、季戊四醇和饱和脂肪酸的酯化产物。脂肪酸含量为20%～50%，数均相对分子质量为1 500～5 000，羟值为60～150，酸值为5～25。有时少量不饱和脂肪酸可以改善树脂的溶解性、相容性、颜料表面的润湿性、漆膜的柔软性和黏结性等，但用量不能太多，否则漆膜易变黄。含羟基醇酸树脂作原装单层面漆多用于欧洲。在美国多用含羟基丙烯酸树脂，选择不同用量和不同烷基长度的丙烯酸酯和甲基丙烯酸酯以及不同用量含羟基官能团单体以控制树脂的溶解性，柔软性和硬度等。数均相对分子质量为5 000～20 000，羟值为60～160，酸值为5～25。

固化剂主要为三聚氰胺甲醛树脂，也可以用脲醛树脂，氨基甲酸酯和苯代三聚氰胺树脂或其中的混合物。交联反应除羟基与氨基树脂上的烷氧基的主反应外，还有烷氧基之间的自交联反应。主反应越多漆膜耐久性、柔软性和耐化学品性越好；自交联反应越多，则漆膜的硬度和耐溶剂性越好。

含羟基聚合物和三聚氰胺树脂的用量比介于60∶40～85∶15之间(质量百分数)。醇酸树脂或丙烯酸树脂上的羧基可作催化剂。也可加入额外酸作固化催化剂，固化温度为130℃，固化时间为30 min。

颜料的选择则主要根据其着色力、遮盖力、耐光、耐候性来决定，此外，还要考虑其在树脂体系中的润湿性、分散性和毒性。面漆所用溶剂，按重要性顺序如下：芳香族碳氢化合物(二甲苯C_3～C_5，或更高级烷基苯)；C_2～C_6烷基醇的醋酸酯和丙酸酯；C_2～C_{13}烷基醇、乙二醇和丙二醇的烷基醚和它们的醋酸酯。美国则多用酮类作面漆溶剂。

添加剂则有颜料润湿分散剂，涂料稳定剂如醇类，流平剂如硅油，固化催化剂，抗氧剂和光稳定剂等。

典型配方设计如下：

大中巴面漆配方：

甲组分	质量(g)	乙组分	质量(g)
含羟基丙烯酸树脂(羟值96)	57.1	Desmodur-N75	17.3
钛白粉	30.7	醋酸丁酯	7.4
防沉剂	1.1	甲组分/乙组分	4/1
PU稀释剂	9.1	涂装黏度涂4-杯	17S
催化剂(10%)	0.1	干膜厚度	25.6 μm
流平剂(30%)	0.4		
消泡剂(30%)	1.5		

将羟值高的羟基丙烯酸树脂代替上述配方中的低羟基丙烯酸树脂，则固化速度加快，催化剂的用量相应的可以减少，但异氰酸酯的需求量则有所增加，如下列配方所示：

甲组分	质量(g)	乙组分	质量(g)
含羟基丙烯酸树脂(羟值142)	55.0	Desmordur-N75	23.0
钛白粉	30.2	醋酸丁酯	10.0
防沉剂	1.1	甲组分/乙组分	3/1
PU稀释剂	9.1	涂装黏度涂4-杯	16.5s
催化剂(10%)	0.03	干膜厚度	30.0μm
流平剂(30%)	0.4		
消泡剂(30%)	1.2		

(2) 金属底色漆的配方设计原则

设计金属底色漆时，选用的树脂必须保持底色漆不溶于后面的清漆；中途不需要固化工序；有利于铝粉的定向排列；溶剂挥发要快，罩清漆前只需少量的干燥时间。一般多选醋丁酸纤维素来满足这些要求，并加入羟基聚酯/氨基树脂或羟基丙烯酸树脂/氨基树脂以改善漆膜的柔软性。

金属颜料主要为非浮型铝粉，铝粉粒子必须分布在底色漆的薄层内，必须覆盖底色漆下的表面和像金属表面一样反射所有的光。当视角为垂直方向时，颜色为浅色；当视角更大时，颜色变深，这种现象称为随角异色度。另一种重要的金属颜料是云母片，可以得到珍珠效果，将云母粒子表面包覆一薄层金属氧化物，也可以随视角得到不同颜色效果。加入少量硅酸盐类颜料如滑石粉，膨润土等有利于假塑性流体的形式，有利于铝片的定向排列和固定。

金属底色漆的固含量一般为12%～15%(质量)。如下为一金属底色漆配方实例：

组成	质量(g)	组成	质量(g)
非浮型铝粉糊(62%AL)	1.7	二甲苯	33.5
铬绿	1.0	醋酸丁酯	16.4
醋丁酸纤维素	23.7	100号溶剂汽油	7.5
羟基丙烯酸树脂(50%固含)	11.4	聚乙烯蜡(10%固含量)	3.0
丁醚化MF树脂	1.8		

(3) 罩清漆的配方设计原则

罩清漆基本性能要求：与底色漆有好的相容性和黏结性，涂漆过程中不能溶解底色漆，好的透明性，好的耐溶剂性、耐化学品性、耐候性和耐机械力撞击。树脂主要选用羟基丙烯酸树脂，其硬度和柔软性可根据选用不同的单体，羟值的控制和固化剂来调整。固化剂以前通常为高相对分子质量 MF 树脂，但其固化漆膜的耐酸蚀性较差，如用多异氰酸酯作固化剂，则漆膜的耐腐蚀性和户外耐久性比用 MF 树脂作交联剂的罩清漆好。添加剂有 UV 吸收剂，如二苯甲酮类、苯并三唑类化合物等，自由基捕捉剂如受阻胺光稳定剂(简称 HALS)等。

配方举例如下：

组分	质量(g)	组分	质量(g)
羟基丙烯酸树脂(60%固含)	75.0	二月桂酸二丁基锡	0.5
乙二醇醋酸酯	11.5	UV 吸收剂	少量
二甲苯	13.5	脂肪族异氰酸酯	适量

5.3.5 汽车涂装工艺

汽车涂装有以下几个特点：

(1) 汽车涂漆部件种类多，有不同的标准和要求。汽车特别是轿车车身是高级装饰性涂层，又要具备极优良的保护性，作为户外使用的涂层，要经受不同地区、不同气候条件下的考验，要经受油污、沥青、酸碱等的侵蚀，还要经受砂石等的冲击，要保持长达 10～20 年的耐腐蚀要求，质量要求十分高。汽车的各种零部件又各有不同要求，有要求既有装饰性又有保护性的；有要求优质防腐蚀的；有要求高级装饰性的；有要求耐水的，以及耐酸的、耐汽油的、耐热的、耐磨的、防声等的特殊涂层。各种零部件的形状、大小也不同。因而所用涂料品种最后多样，涂装工艺也相应不同。

(2) 汽车涂装，特别是新车涂装是在工厂完成的，属于典型的工业制品涂装。汽车车身和零部件加工成型后进行涂装，涂漆后的部件还要经过组装成为成品，而不是在最后工序涂漆，这就为涂料和涂装提出了更高的要求。

(3) 现代化的汽车涂装是由高速的生产流水线进行的，自动化程度高。车身和各种零部件在不同的涂装线上生产。现代化的汽车生产线年生产能力达到几十万台，各个零部件的涂装时间短到以秒计算，大型汽车厂每个车身在一分钟内即要完成涂装。生产节奏快就要求与之相适应的涂料产品和涂装工艺。

(4) 近年来汽车生产发展快，竞争激烈。涂层质量要求不断提高，汽车用涂料和涂装要不断革新才能适应。流水线涂装时工艺上的改变不能随意轻率进行，需要经过长期的、慎重的试验，这就使涂料和涂装工艺的创新改革工作比较艰巨，以能够尽快地适应汽车工业发展的需要。

对汽车各个零部件的涂层质量，一些国家和汽车制造厂分别制定了各自的标准。我国机械工业部于 1986 年制订了编号为 JB Z111—86 的“汽车涂层质量”的部标准，在标准中将需要涂漆的汽车部件分为 10 组，分别规定了涂层等级、特性和主要质量标准。标准对所用涂料和涂装工艺没有统一规定。各个汽车制造厂又按照自己的情况分别制定自己的质量标准，一般高于部标准，且明确规定了各个部件所用的涂料和涂装工艺。

轿车车身的涂漆质量要求最高，是汽车涂装的代表，现代通行的涂装工艺一般采用三涂层（底漆层＋中间层＋面漆层）涂装体系，包括漆前处理的工艺。

1. 漆前表面处理

（1）白车身检验合格（表面平整、无锈）后，挂到运输链上；

（2）预清洗以除掉车身碱洗不易洗掉的污物，通常采取手工操作，用石油溶剂油擦洗；

（3）除油，用60℃热碱液冲洗1～2 min后，采用浸喷结合方式使用50～70℃热碱液除油，用40℃温水冲洗半分钟，再在室温用浸喷结合方式冲洗。为使磷化膜结晶细化，水中加表面调整剂；

（4）磷化，用锌盐磷化液，采用浸喷结合方式在50～60℃磷化处理1～2 min，室温水冲洗半分钟，再用室温水浸喷结合方式冲洗半分钟，最后用去离子水淋洗0.1 min，热风吹干或烘干5～10 min后冷却。

2. 涂底漆

通常使用阴极电泳底漆，有厚膜（25～35 μm）和薄膜（15～20 μm）之分。

（1）车身入电泳槽涂漆，时间2～3 min，电压200～350 V；

（2）电泳后分次水洗，用超滤液3次水洗后再水洗和用去离子水淋洗；

（3）在170～180℃烘20 min；

（4）冷却、检查、修补缺陷；

（5）车身底部喷涂车底涂料，车身内焊缝处涂密封胶。

3. 涂中间层（中间层涂料与面漆配套）

（1）擦净被涂漆表面；

（2）喷涂（静电喷涂或机械手自动喷涂）中间层（有时连续喷涂二道，湿碰湿）；

（3）130～140℃烘25～30 min；

（4）冷却后进行湿打磨，擦净；

（5）去离子水清洗。

（6）烘干水分，120～140℃烘25～30 min。

在要求更高的情况下，要在中间层上面再涂一道封底漆，施工程序相同。使用不打磨中间涂料可取消湿打磨工序。

4. 涂面漆

面漆层有两类：本色涂层和金属闪光涂层。本色涂层一般涂两道，有二涂二烘、湿碰湿和烘烤-打磨-烘烤，即再流平的不同工艺。金属闪光涂层有清漆湿碰湿，色漆、清漆一次烘干的不同工艺。

本色涂层通常使用氨基漆和热固性丙烯酸漆。

（1）擦净被涂面漆的表面。

（2）自动喷涂及手工静电喷涂面漆。采用湿碰湿工艺时，喷第一道后晾干5～10 min，再喷涂第二道面漆，再晾干5～10 min后，一道烘干。再流平工艺适用于丙烯酸涂料，先喷一道漆后，在60～80℃的较低温度下烘烤约15～30 min，使其表面半硬化，在将其冷却后用500＃～600＃细砂纸轻轻湿打磨，消除漆膜缺陷，清洗干净，再送入烘道在规定的温度烘烤，使其受热“再流平”而完全固化。

金属闪光涂层通常使用热固性丙烯酸漆或非水分散型丙烯酸漆。一般涂两道色漆和一道清漆，膜厚约 50～60 μm，通常为喷第一道色漆后晾干数分钟，再喷涂第二道同类色漆，再晾干数分钟，再喷涂清漆，晾干数分钟，然后在 140℃烘烤约 30 min，三道漆膜一次烘干。也有涂一道色漆烘干后，再按“湿碰湿”，喷两道清漆一次烘干的工艺。

涂完面漆后经过冷却，进行最终检查：漆膜表面无缺陷，符合规定；涂膜厚度和硬度符合技术要求；合格车身送至装配车间，外观不符合产品要返修补喷。

5.4 轻工机电用漆

轻工机电用漆指在轻工行业、机械行业、电器（含仪表）行业中所用到的涂料，其涂装对象（工件）繁多，例如缝纫机、自行车、各种烤炉、机床、车床、风机、水泵、电机、各种家电（金属）、电饭锅、变压器、镇流器、配电柜、仪表等产品都需要涂装相应的油漆产品。

由于这类工件在使用场合和对装饰、保护的要求等方面不尽相同，性价比（或档次）差别也较大，因而对涂料品种的性能要求也不同。例如：缝纫机、自行车对漆膜的颜色、光泽、硬度及装饰性都要求较高；而机床、车床、风机对漆膜的颜色、光泽、要求不高，只要符合安全使用规范即可；变压器、镇流器则着重关注漆膜的“（耐高压）击穿强度”，其余技术指标不算太严格。各种烤炉（包括烤鸭炉、面包炉等）通常要求能耐 250～600℃的高温，并且受热时不能有油漆气味散发出来，其余技术指标则要求一般。

现市场上配套轻工机电用的涂料产品主要有：

(1) 腻子：醇酸腻子、硝基腻子、环氧酯腻子、酚醛腻子；

(2) 底漆：铁红醇酸底漆、红丹防锈漆、磷化底漆、锌黄底漆、阳极电泳漆底漆；

(3) 面漆：各色氨基烘漆、美术漆（皱纹漆、锤纹漆、砂纹漆、桔纹漆等）罩光清漆、各色丙烯酸烘漆、双组份聚氨酯磁漆、过氯乙烯磁漆、有机硅耐热漆、氨基聚酯红漆、醇酸磁漆；

(4) 特种漆：氨基醇酸绝缘漆、环氧酯烘干绝缘漆、醇酸烘干绝缘漆、各色醇酸低氨基烘干漆、环氧沥青防腐蚀漆（双组份）、聚氨酯环氧防腐蚀漆（双组份）、聚乙烯磁漆（双组份）等等。

严格来讲，这里介绍的轻工机电用漆实质上已经包含有轻工行业机械行业和电气行业等几大领域用户的用漆，但它们的涂装要求往往大同小异，主要视工件（产成品）的性能要求和价格的贵贱来选择涂料品种以及选择相应的涂装方式。

5.4.1 家用电器与自行车用漆

家用电器与自行车（包括缝纫机、电扇、洗衣机、电冰箱等）是轻工市场的主要产品。随着人民生活水平的日益提高，对轻工市场产品产量、品种和质量的要求与日俱增。同时与之配套的涂料产量、品种和质量的要求亦愈来愈高。目前家用电器与自行车用漆（主要指面漆）有氨基醇酸烘漆（以下简称氨基漆），聚酯氨基烘漆和丙烯酸氨基烘漆等品种。但其中仍以价廉物美的氨基漆控制轻工市场用漆量的 70％～80％。

我国氨基漆在 20 世纪 60 年代初期投入批量生产，当时主要以豆油改性短油度醇酸树脂和丁醇醚化三聚氰胺甲醛树脂为主要成膜物的烘漆，它是氨基比例偏低、烘烤时间较长的一个品种。

近年来，氨基漆的产量、品种和质量得到飞速的发展。为了满足轻工市场不同的要求，从底漆、二道底漆、表面漆和清罩光等形成系列产品。其中表面漆又有无光、半光和高光泽之分，满足对漆膜不同的附着力、冲击、弹性、硬度、耐磨性和三防性能(防湿热、防盐雾和防霉)等的物理性能的要求和特种用途的需要。

为此，氨基漆的品种已发展到采用不同的油种改性的醇酸树脂来设计性能各异的氨基漆，如蓖麻油、脱水蓖麻油、椰子油、茶油、花生油、亚麻仁油和桐油等单独使用或混合改性的醇酸树脂。配合以丁醇、甲醇或异丁醇醚化的三聚氰胺甲醛树脂、苯代三聚氰胺甲醛树脂、甲醛树脂或其共缩聚树脂等。对光泽、硬度、保光性、保色性、烘干时间等方面的性能均有不同程度的提高。

氨基漆又可分成室内和室外使用两大类：主要是颜料使用类型不同，成膜物对室外耐久性亦有一定的影响。表面漆用白色颜料以钛白粉为主；金红石型用于室外，锐钛型用于室内，传统的彩色颜料如铁蓝(华蓝)、锡利蓝(孔雀蓝)、铅铬黄、大红粉、甲苯胺红和色素炭黑等用于室内。高级或室外用氨基漆的彩色颜料(自行车、缝纫机、电冰箱、洗衣机、轿车和卡车等以及国外已发展的预涂金属卷材涂料)应选用具有色彩鲜艳、耐晒性、耐酸碱性优良的有机或无机彩色颜料。

氨基漆具有良好的施工性能和漆膜流平性，可以用手工或静电喷涂工艺进行涂装施工。

5.4.2　家用电器与自行车用漆实例配方举例

1. 透明和清氨基醇酸烘漆配方实例(表5-5)

表5-5　透明和清氨基醇酸烘漆配方(%)

原　料	透明红	透明蓝	透明绿	清漆 No.1	清漆 No.2	清漆 No.3	清漆 No.4
耐晒醇溶火红B	2.4						
酞菁蓝		2					
酞菁绿			2.4				
44%油度豆油醇酸树脂(50%)	69	69	69	64			
50%油度蓖麻油醇酸树脂(55%)					51	33	
37%油度十一烯酸醇酸树脂(50%)							64
低醚化度三聚氰胺树脂(60%)	21.3	21.3	21.3	23.5	34	52	26.6
苯甲醇	2						
丁醇	4.8	3.0	3.0	6.0	7.5	4.6	4.4
二甲苯		4.4	4.0	6.0	7.0	2.9	4.5
五氯联苯						7.0	
硅油溶液(1%)	0.5	0.3	0.3	0.5	0.5	0.5	0.5

2. 各色氨基醇酸烘漆配方实例(表 5-6)

表 5-6 各色氨基醇酸烘漆配方(%)

原料名称	白色 No. 1	白色 No. 2	大红 No. 1	大红 No. 2	黑色	中黄	淡灰
钛白	25	27.5					19.1
大红粉			8				
镉红				14			
炭黑					3.2		0.1
中铬黄						24	0.6
钛菁蓝							0.2
44%油度豆油醇酸树脂(50%)	56.5		67.5	68	70	59.5	62
33%油度十一烯酸醇酸树脂(50%)		51					
低醚化度三聚氰胺树脂(60%)		15.5					
高醚化度三聚氰胺树脂(60%)	12.4		15	12.5	16	10.5	11
甲基硅油(1%溶液)	0.3	0.3	0.5	0.3	0.5	0.3	0.3
环烷酸锰液(2%金属锰含量)			0.2		0.2		
环烷酸锌液(4%金属锌含量)			0.16				
乙醇胺			0.14				
丁醇	3	3	3	3	6	3	3
二甲苯	2.8	2.7	5.8	2.2	3.8	2.7	3.7

3. 无光氨基醇酸烘漆配方实例(表 5-7)

表 5-7 无光氨基醇酸烘漆配方(%)

原料名称	黑色	白色	灰色	草绿色
钛白		25	24	
炭黑	3.4		0.12	0.8
中铬黄			0.1	8.8
酞菁蓝			0.03	
铁黄				18.4
铁蓝				1.3
碳酸钙	20	15	15	8.8
硫酸钡	20			
滑石粉	4	10	10	8
44%油度豆油醇酸树脂(50%)	25		33	32
44%油度花生油醇酸树脂(50%)		21.4		

（续　表）

原料名称	黑色	白色	灰色	草绿色
低醚化度三聚氰胺树脂(60%)	5	8.6	5	5
丁醇	7	9.7	5	4
二甲苯	14.8	10	7.25	12.4
环烷酸锰液(2%金属锰)	0.5			
硅油溶液(1%)	0.3	0.3	0.5	0.5

4. 半光氨基醇酸烘漆配方实例(表5-8)

表5-8　半光氨基醇酸烘漆配方(%)

原料	黑色	灰色	青色	原料	黑色	灰色	青色
钛白		21	17.1	44%油度花生油醇酸树脂(50%)			36.5
炭黑	3.4	0.2					
铬黄		0.1	1.0	低醚化度三聚氰胺树脂(60%)	9	8	14
酞菁蓝			0.5				
碳酸钙	8	11.2	10.2	丁醇	6.5	3.5	4.4
硫酸钡	20.5			二甲苯	12.4	3.7	9.2
滑石粉		7	6.8	环烷酸锰液(2%金属锰)	0.5		
44%油度豆油醇酸树脂(50%)	39.8	44.8		合计	100	100	100

5.4.3　家用电器与自行车涂装工艺简介

家用电器与自行车都以氨基烘漆作为保护装饰涂料。大都是钢铁件产品，亦有部分是铝或铝合金表面。

为了保证涂层质量必须做到：①对于钢铁表面(或铝表面)必须进行严格的表面处理，以增强涂膜与钢铁表面的附着力，挺高耐腐蚀性能；②必须注意涂料的配套性，包括底漆、腻子、二道浆、表面漆和罩光漆；③选择稀释溶剂必须按产品技术要求，切勿任意变动，以免影响质量；④必须按照产品技术条件中规定的烘干温度和时间，作为施工工艺条件，使涂膜充分固化，才能发挥应有的品质。

常用钢铁件表面涂装顺序如下：表面处理为除油、除锈、磷化和钝化。在没有条件磷化处理的场合，可采用二罐装磷化底漆、自干、涂膜厚度8～10 μm。然后喷涂环氧铁红底漆或醇酸铁红底漆或电泳底漆(亦可不用磷化底漆)等，经烘干、水磨、再烘干，然后喷涂(手工或静电)氨基烘漆1～2次，烘干即成。需要的话可以喷涂氨基清烘漆。

常用铝件表面涂装工艺顺序如下：表面处理为除油污物和阳极氧化或铬酸处理，除了底漆采用环氧锌黄底漆或醇酸锌黄底漆或者可与铁红底漆1∶1拼用外，以后的工艺和钢铁件工艺雷同。

下面将主要轻工产品的涂装工艺作一介绍。

1. 自行车涂装工艺

自行车是我国主要轻工产品，涂膜质量直接影响自行车质量。它对涂料质量要求较高，不但要漆膜光亮丰满，具有良好的机械性能，且要求耐水、耐磨和室外耐久性好，要具有优良的保光、保色性。我国自行车以黑色车为主，要求黑度黑。而国外以彩色车为主，色彩较为丰富，亦是我国今后发展的方向。

目前国内以沥青系和氨基醇酸烘漆为自行车用漆的主要体系，在高档车上亦有用特黑特制氨基烘漆和特黑新戊二醇聚酯烘漆。国际上主要是氨基醇酸烘漆，其他亦有聚酯型、丙烯酸酯型，亦用粉末涂料的。

(1) 沥青系漆

沥青系自行车用漆，国内尚大量应用，但国际上已趋淘汰。虽价廉和有一定黑度外，但漆膜耐候性差，漆干温度高，能耗大，与氨基清烘漆结合力差，易脱皮等缺陷。国内中高档自行车已不采用，有被氨基烘漆、聚酯烘漆和丙烯酸酯烘漆所取代的趋势。

常用底漆有沥青烘干底漆、环氧电泳底漆、纯酚醛电泳底漆，环氧铁红底漆等品种。中间层漆亦有将沥青底漆和面漆混合使用。面漆常用沥青清烘漆，可以手工或静电喷涂，然后用氨基清烘漆罩光。

(2) 氨基醇酸烘漆

是目前国内外自行车用漆主要涂装工艺，底漆采用环氧铁红底漆或环氧电泳底漆，面漆采用氨基醇酸烘漆，再以同类型清烘漆罩光。若采用红、蓝、绿透明氨基烘漆，则在底漆和面漆之间增加一层特制铝色氨基烘漆，增加闪烁的效果，面漆和清烘漆均以静电喷涂流水线生产工艺。它由特制铝粉浆合装供应，一次喷涂即能形成金属闪烁效应漆膜的氨基闪光烘漆，漆膜烘干快速、光亮丰满，具有较好的保光、保色性。这种漆比较老的透明烘漆减少一道铝粉漆工艺，可以在黑色底漆上施工，亦可在淡色底漆上施工，能闪烁出不同的色彩。

(3) 其他漆

尚有聚酯氨基烘漆、丙烯酸酯氨基烘漆等品种作为中高档自行车用漆，比氨基醇酸烘漆有更好的保光、保色性和室外耐久性。

2. 缝纫机涂装工艺

缝纫机是一种生产工具，在家庭中又是装饰家俱，因此其漆膜要求与家具色彩协调和一定的装饰性、有良好的保护性能、附着力强、优良的机械性能、一定的三防性能和耐磨性等。

由于缝纫机系室内使用产品，因此在设计涂料配方时较少考虑外用因素。随着人民生活的不断提高，产品结构的改革，使彩色车的需求日益增多，将逐步取代传统的黑色车。

缝纫机用漆仍以氨基醇酸烘漆为主，黑色快干静电氨基烘漆的生产应用已有20年的历史，但由于机壳(机头)是铸铁件，表面比较粗糙，给涂装工艺带来困难，反复的腻子层，填平打磨。既影响产品质量提高，又有劳动强度大、操作困难、能源消耗大等缺点。

80年代初期，彩色聚酯桔形烘漆为缝纫机厂优质产品配套，漆膜光泽柔和、色彩丰富，以彩色为主，表面形成美丽的桔形花纹具有强烈的装饰性。同时缩短涂装工艺时间，由原来(黑色)43道工序减少到15道，降低了能源消耗，减轻劳动强度，同时在硬度、耐磨和防潮性能等方面均比氨基醇酸烘漆有所提高。此外尚有环氧粉末涂料应用于工业缝纫机。

(1) 机壳

采用环氧型底漆，常用的有环氧铁红底漆，自干或烘干、喷涂或浸涂均可。也可用铁红环氧酯烘干电泳底漆、腻子，大部分工厂用红灰底漆(酚醛型)自行调配，采用喷、刮、嵌各一道，以填平铸铁件表面的缺陷再喷一道铁黑环氧底漆作为中间(封闭)层，以提高漆膜的耐湿性，若采用彩色氨基烘漆作为表面涂层，则尚需加喷一道浅灰色氨基烘干底漆以遮盖深色漆，面漆常用A04-9各色氨基烘漆、A04-14氨基静电烘漆等品种最后可用A01-2或A01-9氨基清烘漆罩光。

彩色聚酯桔形烘漆，在经填嵌并涂有底漆的机壳表面，经打磨平滑后，用黏度为25～30 s(涂-4杯)的聚酯桔形漆为头道漆喷涂，以60～100℃烘半小时后，再以40～50 s黏度作为二道喷涂。喷枪与工件间距30～40 cm，要大桔点时用3 mm口径喷嘴，气压0.15 MPa；要小桔点时用2 mm喷嘴，气压0.25 MPa；亦可用不同的施工条件，来达到不同的桔形花纹。

(2) 机架部分

包括车脚、横档、罩壳、下轮和踏脚等底漆。一般采用H06-2铁红环氧底漆、红灰酚醛底漆、淡棕环氧电泳底漆等，面漆采用银棕氨基静电烘漆。

3. 电扇涂装工艺

电扇的部件可分为扇叶、扇座、网罩、机头前后盖壳等，部件的材质有铝材、铁材、塑料等。不同的材质要用不同的油漆，对涂膜的要求除了漆膜色彩鲜艳、平整、光亮的装饰性外，尚需良好的附着力和机械性能，并具备一定的三防性能。

(1) 扇叶

铝材，可先采用X06-1磷化底漆进行表面处理，再喷涂环氧锌黄底漆(铁材用环氧铁红底漆)，经水磨、干燥后再喷涂A04-9各色氨基烘漆，可以手工或静电喷涂。

(2) 扇座

铝材，采用环氧锌黄底漆或各色环氧烘干电泳底漆，经干燥后刮嵌环氧腻子，水磨、干燥、喷涂A06-2各色氨基烘干底漆，水磨、烘干、最后手工或静电喷涂A04-9各色氨基烘漆。

(3) 网罩

除镀铬外，亦可采用各式环氧电泳底漆，再喷各色氨基烘漆，铝色网罩用铝粉浆配以醇酸清烘漆，采用浸涂，甩除多余漆液后烘干即成。

(4) 后盖壳施工同扇座。

4. 玩具用漆及涂装工艺

玩具要有利于儿童的智力开发和体力、心灵的健康成长。它对漆膜的要求是光亮、耐磨和具有优良的附着力。

玩具材料有金属、木材、塑料等，因此选用涂料亦不尽相同。金属玩具一般将铁皮经磷化处理后即可喷涂A04-9氨基烘漆，可手工或静电喷涂。近年来亦有开发用粉末涂料喷涂。

目前有发展印刷油墨金属玩具产品，主要是头道不泛黄、耐冲击的白涂料打底，上面再以油墨印成各种彩色图案，表面滚涂一道耐冲击、不泛黄的清烘漆。

白涂料有以下两种：

(1) 醇酸涂料

头道 350 醇酸打底清漆—烘干—辊涂一道白色醇酸烘漆,最后以氨基清烘漆罩光。

(2) 聚酯环氧(耐深冲)涂料

辊涂一道白色聚酯环氧烘漆,最后以氨基清烘漆或聚酯环氧清烘漆罩光。

以上漆膜均能承受 784 MPa 的冲击压力和 15 cm 高度的拉伸的玩具行业标准模冲压。而聚酯环氧型在附着力、耐冲性、耐磨性和耐腐蚀性均超过醇酸型涂料。

另外,国际市场要求玩具须具备漆膜无毒的特殊要求。为此,应采用特制无毒(无铅)氨基烘漆或无毒聚酯玩具烘漆,作为金属玩具表面涂装。

5. 洗衣机和电冰箱的涂装工艺

洗衣机和电冰箱,同属箱体式大型冷轧板材,对涂层要求有良好的耐腐蚀性、耐水性、附着力和机械性能。由于大面积喷涂要求漆膜具有良好的流平性,涂膜平滑光亮而丰满,色彩以白色及浅色漆为主。

为了提高漆膜的耐蚀性能对钢材必须进行严格的表面处理,即除油、除锈、磷化、钝化处理。

底漆应选择耐腐蚀性较为优良的环氧底漆、环氧电泳底漆或高泳透力的环氧电泳底漆,以保证大而封闭型箱体涂装内外涂层的质量,烘干可采用远红外线流水性烘干室干燥。

石漆采用氨基醇酸烘漆、聚酯氨基烘漆或丙烯酸氨基烘漆,可以手喷亦可静电喷涂,施工性能以氨基醇酸烘漆较好。可以二度二烘或二度一烘的湿碰湿工艺。漆膜总厚度要求控制在干膜不低于 60 μm,以保证漆膜的耐腐蚀性能。

5.5 民用及小五金用漆

民用漆一般指城乡居民用于美化、翻新、和保护家庭用品与建筑设施所用的金属涂料;而小五金用漆是指一般五金制品厂(如锁厂、锁牌厂、灯具厂、金属家俱厂、综合五金厂等等)所用的金属涂料。这些涂料的涂装对象可以是:家庭防盗网、需要保护或翻新的铁门(窗)、需要保护或翻新的金属柜(桌)或金属凳(椅)、贴纸花盆架、锁具、销售牌、煤油炉、桅灯、铁夹、订书机、暖水瓶壳等。

民用及小五金用漆一般情况下,性能和档次要求不太高,有时甚至可以采用低档漆。选用这类油漆的用户往往着重要求价格低廉而不苛求质量指标。

适用于民用及小五金的涂料产品主要有:

(1) 腻子 醇酸腻子、酯胶腻子、酚醛腻子;

(2) 底漆 铁红醇酸底漆、红丹防锈漆、调和底漆;

(3) 面漆 各色氨基漆、美术漆、各色醇酸磁漆、酚醛漆、酯胶漆。

鉴于前两节配方实例应用较多,本节在此不详细展开讲述。

5.6　其他金属表面用涂料

在工业上使用最多的金属材料是钢铁，除此之外，工业上还使用一些有色金属材料如铝、锌或表面是有色金属的钢铁，如镀锌铁皮等。在这些材料表面上使用的涂料系统有特殊的要求，有许多和钢铁表面用涂料的相似之处，其中不少涂料既可在钢铁表面上使用，又可以在有色金属表面上使用。

在涂漆之前铝、锌等表面应当进行一定的处理。铝、锌等有色金属的表面上常常有一层氧化层，但这种氧化层在形成时如果其中没有混入空气中存在的污染物（如盐类）而变得疏松的话，其结构是比较紧密的，它们对材料的性能并没有什么坏处，还常常有保护作用。这和钢铁表面上的氧化层（即铁锈）不同，特别是对镀锌铁皮来说，如果让它在空气中放置几个月再用清水洗刷，对涂料的黏附性有利。经过加工的铝制品表面，特别是那种用电化法进行阳极化处理的铝制品，常常有一层本身就有保护作用的氧化层。

铝、锌等材料表面上的灰尘和油脂（油脂常用来对这些材料进行暂时性的保护）在涂漆前必须除去，去除油脂的方法可用蒸气脱脂，在现场施工时也可用溶剂或金属清洗剂揩洗。

如果铝锌等金属放置在户外已有较长时间，表面上可能会形成疏松的氧化层，并有盐类和污物存在，这时可采用比较简单的方法如用钢丝刷和砂纸擦除。但如果用喷砂或喷丸等剧烈的清洗方法，则会将起保护作用的紧密氧化层或甚至镀锌钢铁材上的锌层完全除去，因而使防腐性能降低。和对钢铁表面进行磷化处理相似，对铝和锌也有可在工厂中使用的化学预处理方法。

5.6.1　铝材用涂料

和大多数有色金属一样，铝具有比钢铁大得多的耐腐蚀性，因此可在铝材上使用的涂料有较大的选择余地。在大多数户外使用的场合，采用一般的醇酸型二道底漆和有光面漆即可。在腐蚀性较大的环境中，如在化工厂周围，则可使用常规型（即薄膜型）的氯化橡胶或环氧类涂料。这些面漆和二道底漆的配方与在钢铁表面上使用的相同。

铝材上使用得最普遍的底漆是磷化底漆（洗涤底漆），其配方见表5-1和表5-2。但在铝材表面用磷酸盐进行过预处理后则不必再涂磷化底漆，与钢铁表面的涂装工艺相同。若铝材的使用环境较严格，则要在磷化底漆（或磷化处理后）干燥之后，在上面还应涂一道底漆，通常是铬酸锌底漆。如果铝材的使用环境属于中等到严酷的条件，则底漆中防锈颜料完全用铬酸锌，其颜料体积浓度约为35%，其中也可根据不同的情况而加些填料（体质颜料）。在使用条件比较温和时，则可采用铁红-铬酸锌底漆（见表5-3）。

如果使用工业烘漆在工厂中涂装铝制品，那么只要烘温不太高，各种工业烘漆都可选用。最高烘温的极限取决于铝材的组成，即铝的纯度、合金元素的种类和含量等，通常烘温不宜超过120℃。

5.6.2 锌表面上用的涂料

锌板、镀锌铁皮或喷锌的钢铁具有中等到高度的耐腐蚀性。尽管如此，其表面仍常常涂以涂料，这不仅是为了提高其装饰性，而且也是为了阻止腐蚀性的物质侵蚀锌的表面以免损及外观，还可延长其使用寿命。

和铝材上涂漆的情况一样，镀锌或喷锌的表面上常常先涂一道磷化底漆。用铅酸钙防锈颜料配制的底漆是锌表面上使用的传统的防锈底漆，其配方见表 5-9。配方中草酸二乙酯能吸收组分中的潮气，此配方的颜料体积浓度约为 35%。这种底漆能长期保持对底材的附着力，在持久性上无疑是首屈一指的品种。锌往往会与含油的基料发生反应而生成盐类，由于锌盐在底材和涂膜的界面上形成并且具有酸性，所以它不仅影响涂膜在底材上的附着力，还会使涂膜发脆。但是铅酸钙底漆恰恰能适应这种情况，它能与锌形成对涂膜性能没有坏处的复杂的有机金属化合物，这种底漆甚至能在刚镀过锌不久的钢铁上使用而有良好的附着力，而一般的底漆是很难在新镀锌的钢板上黏附的。要注意铅酸钙颜料的毒性较大，这也限制了它的应用。

表 5-9 铅酸钙底漆

名 称	质量百分数(%)
二氧化钛	5.1
铅酸钙	35.7
滑石粉	5.1
重晶石粉	5.1
中油度脱水蓖麻油醇酸树脂 50%	40.9
改性膨润土	0.4
草酸二乙酯	0.2
24%环烷酸铅	0.5
6%环烷酸钴	0.1
4%环烷酸锰	0.1
200 号溶剂汽油	6.8

二道底漆和面漆仍可使用前面叙述的普通的醇酸型配方。但在严酷的使用条件下，则可在醇酸基料中使用云母氧化铁颜料。这种颜料不但可以加在二道底漆中，也可以加在面漆配方中。

云母氧化铁是一种具有鳞片状结晶结构的天然氧化铁矿。当它与少量铝粉合用时，得到的涂膜具有很低的渗透性和很高的耐久性，并有相当程度的装饰性。使用云母氧化铁颜料的二道底漆和面漆的配方实例见 5-10，两者的颜料体积浓度均约为 44%。

表 5-10 的配方也可以在严酷条件下使用的钢铁结构上应用。在钢铁上使用时，云母氧化

铁颜料也可以各种用量在底面各道涂料中应用。表5-10中的二道底漆在钢铁上使用时可作为防锈底漆，再涂面漆。

云母氧化铁涂料典型的施工方法是刷涂和喷涂。在某些施工比较麻烦的场合，如涂刷电缆铁塔时，涂料的配方必须能进行大量的稀释以方便施工，但不应影响其防锈性。云母氧化铁涂料是少数几种能容许进行这样稀释的涂料之一。

表5-10　云母氧化铁涂料

名　　称	二道底漆，质量百分数(%)	面漆，质量百分数(%)
云母氧化铁	60.0	50.0
瓷土	5.0	—
浮型铝粉浆，含30% 200号溶剂汽油	1.5	15.0
长油度干性油醇酸树脂，含30% 200号溶剂汽油	24.0	27.0
24%环烷酸铅	0.35	0.4
6%环烷酸钴	0.15	0.2
200号溶剂汽油	8.4	6.8
膨润土	0.4	0.4
工业乙醇	0.2	0.2

5.7　水性金属漆

水性金属漆是现今多用的国际性环保水性工业漆，以清水为稀释剂，不含有害溶剂，在施工前后不会造成环境污染，也不会危害人体健康。它排放的VOC含量优于环境标准要求，而且产品的各项性能指标比溶剂型同类油漆更胜一筹。水性烘烤金属漆不容易燃烧，且无毒无气味，是全新的环保产品。

1. 水性金属漆优点

(1) 不含甲醛、不含游离TDI、不含苯类等有害溶剂，无毒环保；

(2) 由于主要溶剂为水，以水作为稀释剂，属无味涂装，对环境污染及涂装人员的伤害也较溶剂型涂料少；

(3) 施工简单方便，不易出现气泡、颗粒等油性漆常见毛病，且漆膜手感细腻、光泽柔和统一；

(4) 稀释固体含量高，填充性好，漆膜丰满坚韧、附着力高；

(5) 耐黄变性佳，耐水性优良，不易燃烧；

(6) 直接用自来水稀释即可，施工方便、安全，施工后用具或设备极易清洗。

2. 水性金属漆缺点

(1) 水性金属漆主要以水作为溶剂，依靠水和成膜助剂的挥发进行自交联反应成膜干燥。

水的蒸发潜热大，所以漆膜干燥缓慢，常温下需较长时间才能达到预期物性效果。其漆膜保养期较长（自干型一般要一周左右，时间越久漆膜越硬）。

(2) 干燥过程受环境的温湿度影响较大，特别是待干燥环境相对湿度的高低。相对湿度越低干燥越快，反之干燥越慢。但可通过加热和除湿设备来改善待干条件。

(3) 国内水性金属漆在漆膜的硬度、耐磨性和抗划伤等方面与溶剂性涂料比较尚有一定差距。

(4) 金属涂装水性漆可能会发生氧化生锈的情况，所以在涂装之前一定要对金属底材进行防止锈蚀的前处理，如磷化等，所以工艺相对复杂。

(5) 价格方面比溶剂型涂料要贵。

另外，水性金属漆施工比较困难，难度主要集中在板材的质量、现场的施工环境、温度湿度等气候、现场施工人员的培训及管理等。尤其前三项均有一定的客观因素存在，很难进行太大的调整，只有根据现场情况做出综合分析，也可考虑做一样板供决策使用。针对以上优缺点，施工前要尽量做到趋利避害，认真做好准备工作。施工前的准备有：涂装应在金属前处理结束后才能进行，涂装场所务必清理干净，不得有积尘、飞尘、杂乱物品，否则影响涂装效果。涂装宜选晴好天气进行。喷涂施工前必须将不需要喷涂处遮盖严实，以免漆雾沾染。

水性金属漆按照涂装工艺，一般可分水性烘烤金属漆和水性自干金属漆两种。

5.7.1 水性烘烤金属漆

水性烘烤金属漆由水性树脂（如水性丙烯酸树脂、水性氨基树脂等）与颜料、助剂及助溶剂经高速分散、研磨、调制而成。水性烘烤金属漆以清水为稀释剂，在施工前后不会造成环境污染，也不会损害人体健康，是全新的环保产品。它具有漆漠丰满、平滑、硬度高、附着力极强、耐黄变、耐水、耐酸、耐碱、耐磨、耐溶剂、性能持久稳定、施工方便安全和烘烤固化时不会产生气泡等优点。特别值得一提的是水性烘烤不易燃烧，而且无毒无气味，这对环保和安全相当有利。目前国内外这类产品的各项性能指标已经可以达到或超过同类溶剂型油漆水平，国外已经大规模用其替代油性产品。

水性烘烤金属漆适用于金属制品（不锈钢、铝合金、镁合金、马口铁等），起到表面装饰及保护作用。水性烘烤金属漆的产品有：亮光金属清漆、哑光金属清漆、平光金属清漆、蒙砂金属清漆、各色金属漆（亮光、平光、哑光）、实色金属漆、各色透明金属漆、金色金属漆、银色金属漆、闪光金属漆、裂纹金属漆等，并可按客户提供样品调配金属色漆。

施工注意事项及使用方法：

(1) 水性烘烤金属漆适用于溶剂型涂料的施工工艺。

(2) 涂装前工件必须表面处理干净，严格避免有机溶剂、油、酸、碱、盐和机械杂质吸附表面，影响漆膜效果，工件除锈可采用砂纸打磨，也可用酸洗。经过表面处理的工件，建议立即施工喷涂，以避免闪锈。

(3) 开罐后应充分搅拌均匀水性烘烤漆再倒入调漆桶中，用纯水、无离子水或自来水将罐底残漆清洗干净，一并倒入调漆桶中。本产品可用水直接稀释，稀释比例为本产品重量和水重量比（1：0.4～0.6），可根据喷涂或浸涂工件表面角度大小来调整喷涂或浸涂施工黏度。加水稀释后，搅拌均匀静置 5 min 后测试其黏度，工件表面角度越小，喷涂或浸涂施工黏度要求越高，正常要求在28～50 s(涂4杯25℃)，用200～300目滤网过滤后，即可直接喷涂或浸涂。

(4) 喷涂或浸涂后的金属工件需静置流平5～10 min，即可放入烘箱(房)烘烤，烘烤温度及时间170～180℃、20 min，工件厚度越厚，烘烤时间越长，具体时间由施工情况控制，必须使漆膜完全固化。如果使用浸涂方法施工时，根据工件形状、大小规格，要配一个浸涂槽和一个备用槽。备用槽主要用于浸涂余下的工作液回收和过滤处理，处理后的工作液可以循环使用。工件浸涂静置流平后可放入烘箱(房)烘烤，烘烤温度160～180℃或根据工件要求，施工时按具体情况调整，必须使漆膜完全固化。

(5) 水性烘烤金属漆根据用户对漆性能等特殊要求，改变产品常规配方生产，并对用户作技术指导。

5.7.2　水性自干金属漆

水性自干金属漆是由水性树脂、无机黏合剂、防腐剂、有机颜料及特殊助剂等组成，一般为单组份自干水性漆料。

水性自干金属漆具有附着力强、干燥快、耐磨性、抗刮伤、耐酸、耐碱和施工方便等优点，适用于金属表面、防锈、防腐和表面装饰等。

水性自干金属漆的目前主要产品有：平光金属清漆、哑光金属漆、半哑光金属清漆、蒙砂金属清漆、各种实色金属漆、透明色金属漆，特殊效果的金属色漆，也可按客户提供样品要求调配。

施工注意事项及使用方法：水性自干金属漆涂装前工件表面干净，避免有机溶剂、油、酸、碱、盐等机械杂质附表面，影响漆膜附着力。涂料开罐后应充分搅拌均匀倒入调漆桶，用纯水无离子或自来水将罐底残漆清洗干净，一并倒入调漆桶中，漆与水的比例为(1∶0.1～0.2)，加入稀释后搅拌均匀，用160～200目滤网过滤后即可喷涂施工。对稀好的涂料没有喷涂完，一定要用盖子盖好，以防止涂料表面结皮。

另外，使用时还要注意以下几个方面：

(1) 漆膜未干之前，涂装物应避免沾水；

(2) 不能与其他油漆混合使用；

(3) 施工环境应保持在相对湿度不小于65%，温度不低于8℃；

(4) 色漆经长期存放，可能会出现轻微沉淀的情况，使用前应充分搅拌均匀，避免出现颜色不均匀现象；

(5) 在需做多层涂装时，应在底层涂层干燥后方可进行面层施工；

(6) 施工时若涂料溅入眼睛，应立即用清水冲洗，必要时应到医院就诊。

第 6 单元
塑料涂料

随着科学技术的发展，塑料，特别是工程塑料事业突飞猛进，塑料制品种类繁多、性能特异、加工成型方便、性价比合适，因而在日常生活中到处可见塑料的踪影，如常见的水桶、水盆、载物箱、电视机壳、收音机壳、门、窗制成品等等。塑料在很大范围内取代了木材和钢铁，特别是在一些特殊的场合，如水、酸、碱、盐雾环境场合等往往选用塑料制品，成本也得以大大降低。

6.1　塑料的种类与分类

塑料主要有如下几种分类方法：

1. 按不同行业分类

可分为汽车行业用、家电产品用、机械设备用、包装材料用、建筑材料用及玩具用等。

汽车行业主要使用聚丙烯(PP)、聚乙烯(PE)、丙烯腈-丁二烯-苯乙烯(ABS)、聚氯乙烯(PVC)、聚醚砜(PES)、聚醚醚酮树脂(PEEK)、聚氨酯(PU)、尼龙(PA)、不饱和聚酯(UP)和玻璃纤维增强复合材料等，其用量已达整车质量的20%～25%。

家电产品已大量使用各种塑料，主要有聚氯乙烯(PVC)、聚乙烯(PE)、聚丙烯(PP)、聚苯乙烯(PS)、丙烯腈-丁二烯-苯乙烯(ABS)、聚甲基丙烯酸甲酯(有机玻璃 PMMA)、尼龙(PA)、聚甲醛(POM)、酚醛(PF)、脲醛(UF)、三聚氰胺甲醛树脂(MF)等。

机械设备主要使用机械性能优良的聚碳酸酯(PC)、ABS、聚苯乙烯(PS)、聚丙烯(PP)、聚苯醚(PPO)、聚醚砜(PES)、聚醚醚酮树脂(PEEK)等。

普通包装材料以采用聚苯乙烯(PS)、聚氯乙烯(PVC)、聚乙烯(PE)、聚丙烯(PP)为主，食品包装材料大量使用聚乙烯(PE)、聚丙烯(PP)、尼龙(PA)、聚苯乙烯(PS)等。

建筑材料也大量使用聚氯乙烯等各种塑料作为各种板材、管路等成型制品和装饰制品，主要品种有聚氯乙烯(PVC)、聚碳酸酯(PC)、聚苯乙烯(PS)、酚醛(PF)、环氧(EP)、不饱和聚酯(UP)等。

玩具用塑料主要是聚氯乙烯(PVC)、酚醛(PF)、聚苯乙烯(PS)、ABS、环氧(EP)等，医用塑料则以聚乙烯(PE)、聚丙烯(PP)和有机硅(SI)为主。

2. 按照塑料合成树脂的分子结构和受热特性分类

可分为热塑性塑料和热固性塑料两大类。这种分类方法反应了高聚物的结构特点、物理特性、化学性能和成型特性。

热塑性塑料：在一定的温度范围内加热时软化并熔融为可流动的黏稠液体，可成型为一定形状的制品，冷却后变硬并保持已成型的形状，并且该过程可以反复进行。这类塑料在成型过程中只有物理变化而无化学变化，其树脂分子链都是线型或带支链的结构，分子链之间无化学键产生。常见的热塑性塑料有聚乙烯、聚丙烯、聚苯乙烯、聚氯乙烯、聚甲基丙稀酸甲脂(有机玻璃)、ABS、聚氨酯、聚四氟乙烯等。

热固性塑料：第一次加热时可以软化流动，加热到一定温度产生化学反应交联固化而变硬，塑件形状被固定不再发生变化。工业上正是借助这种特性进行成型加工，利用第一次加热时的塑化流动，在压力下充满形腔，进而固化成为确定形状和尺寸的制品。热固性塑料的树脂固化前是线型或带支链的，固化后分子链之间形成化学键，成为三维体型的网状结构，不仅不能再熔融，在溶剂中也不能溶解。上述过程既有物理变化又有化学变化，与热塑性塑料不同的是，该类制品一旦损坏则不能再回收。酚醛塑料(俗称电木，常用作线路板基料)、氨基塑料、环氧塑料、有机硅塑料、不饱和聚酯塑料是常用的热固性塑料。

3. 按照塑料的性能和用途分类

可分为通用塑料、工程塑料和特种塑料。

通用塑料：这类塑料生产量大、货源广、价格低，适用于大量应用。通用塑料一般都具有良好的成型工艺性，可以采用多种工艺成型出各种用途制品，主要包括：聚乙烯、聚氯乙烯、聚苯乙烯、聚丙烯、酚醛塑料和氨基塑料六大品种，其产量占塑料总产量的一半以上，构成了塑料工业的主体。

工程塑料：是指那些具有突出力学性能、耐热性或优异耐化学试剂、耐溶剂性，或在变化的环境条件下可保持良好绝缘介电性能的塑料。工程塑料一般可以作为承载结构件、升温环境下的耐热件和承载件，升温条件、潮湿条件、大范围的变频条件下的介电制品和绝缘用品。工程塑料的生产批量小，价格也较昂贵，用途范围相对狭窄，一般都是按某些特殊用途生产一定批量的材料。目前常用的工程塑料包括聚酰胺、聚甲醛、聚碳酸酯、ABS、聚砜、聚苯醚、聚四氟乙烯等。

特种塑料：这类塑料具有某种特殊功能，适于某种特殊用途，如用于导电、压电、热电、导磁、感光、防辐射、光导纤维、液晶、高分子分离膜、专用于摩擦磨损用途等塑料，又称功能塑料。特种塑料的主要成分是树脂，有些是专门合成的特种树脂，但也有一些是采用上述通用塑料或工程塑料用树脂经特殊处理或改性后获得特殊性能的树脂。

6.2　塑料表面涂饰的目的和意义

现代工业塑料产品的制作过程中，虽然可以使塑料自身着色(如色母粒)，但由于塑料用途日益广泛，表面装潢要求愈来愈高，靠塑料染色工艺所得到的装饰效果已不能满足人们的要求。为此塑料表面的二次加工应运而生，如塑料表面电镀、附膜、烫金、丝印、涂饰等手段。塑料表面涂饰是其中重要的工艺之一，涂装在塑料表面上的涂料俗称为塑料涂料或塑料漆。

通过塑料表面涂饰可达到下面几个目的：

(1) 改善塑料表面质感，通过涂饰可造成金、铝、铜等的金属感或木质感；

(2) 塑料制品色彩合理布置，可在同一部件上根据需要涂几种颜色；

(3) 遮掩制品成型过程中产生的一些欠缺及划伤；

(4) 可改善或提高制品表面的光泽、硬度及耐划伤性等；

(5) 可提高制品的耐候性、耐光性、阻燃性、耐溶剂性、耐药品性能等。还能根据需要赋予塑料表面防静电、导电等新的物理性能。

6.3 塑料涂料配方设计

6.3.1 塑料涂料配方设计考虑因素

由于塑料的耐热性和耐溶剂性有较大的局限，所以对塑料漆的设计者来说应对涂料配方的选择作多方面的考虑。

(1) 塑料的耐热性。塑料的耐热性较差，热固性比热塑性高一些，但热变形温度普遍都不高(见表 6-1)，所以我们制造的塑料漆应该以自干漆即室温干燥漆为主。为此塑料漆应设计成挥发型自然干燥漆或者是交联型自然干燥漆的类型。

表 6-1 各种塑料的热变形温度

塑料品种	热变形温度(℃)	塑料品种	热变形温度(℃)
聚苯乙烯(PS)	80～110	高抗冲聚苯乙烯(HIPS)	70～105
ABS	75～107	聚碳酸酯(PC)	135～143
有机玻璃(PMMA)	70～90	尼龙(PA)	130～182
聚氯乙烯(PVC)	55～75	聚苯醚(PPO)	60～125
聚丙烯(PP)	100～110	酚醛(PF)	130～205
低压高密度聚乙烯	60～85	氨基塑料(MF)	130～180
高压低密度聚乙烯	40～50	不饱和聚酯	120～200
		环氧	90～180

如果客户对涂料特殊的性能要求，或涂装施工的条件有所限制，就不得不借助于烘烤干燥成膜，仅能设计成低温烘烤交联干燥成膜的油漆类型，烘烤温度一般应在低于热变形温度 10～20℃下进行，否则可能会使塑料变形或受热分解。

(2) 塑料的降解性。塑料在受到光、热、O_2、H_2O及其他介质作用时会发生分解、光氧化、水解作用而老化，影响使用寿命。因此塑件需要抗介质作用强的耐候性涂料来保护。

(3) 塑料的耐磨抗划伤性。塑料制品表面虽然非常光滑，但由于质地较软，容易被磨毛划伤，影响其外观；而透明的光学塑料元件磨毛后就影响其使用性能，需用硬质涂膜来保护。

(4) 塑料的耐溶剂性。除聚乙烯(PE)、聚丙烯(PP)和聚四氟乙烯(PTFE)外，热塑性塑料耐溶剂性都较差，热固性塑料的耐溶剂性稍强(见表6-2)。若溶剂对塑料产生溶解和溶胀作用，会使塑件应力开裂、冲击强度下降、涂膜发软多气孔；若溶剂与塑料的相容性很差，涂膜则易剥落。因此塑料需要专用涂料，以免除涂料中溶剂产生的不良影响。

表6-2　塑料的耐溶剂性

塑料种类	硝基漆稀料	聚氨酯稀料	过氯乙烯稀料	氨基漆稀料	丙烯酸漆稀料	醇类	芳烃	脂肪烃	酮类	酯类	氯代烃	醇醚类
PS	3	3	2	3	2	5	1	3	2	3	2	3
ABS	2	2	2	2	2	4	2	2	3	3	3	4
PMMA	4	5	5	5	4	5	2	5	3	2		5
硬PVC	5	5		5	5	5	3	2	5	3	4	5
PC	3	2	2	2	3	5	2	5	3	3	2	3
聚酯	5	5	5	5	5	5	5	3	5	5	5	5
PP	5	5	5	5	5	5	5	5	5	5	5	5
PE	5	5	5	5	5	5	5	5	5	5	5	5
PPO	5	5	5	5	5	5	5	5	5	5	5	1
氨基塑料	5	5	5	5	5	5	5	5	5	5	5	5
酚醛塑料	5	5	5	5	5	5	5	5	5	4	5	5
脲醛塑料						5	5	5	5	5	1	5
尼龙							5	5	5	5	5	5
聚砜						5	4	5	4	4	2	

注:5优,4良,3中,2差,1很差。

(5) 塑料的涂漆性。塑料由于表面光滑、极性小、润湿性差及有一定的结晶度，涂漆时最常见的问题是涂膜附着力差。

另外，由于塑料表面光滑，一般无需涂刮腻子，无需生产塑料专用腻子。目前大多数涂料厂生产塑料漆时主要生产底漆、色漆、银粉(铝粉浆)闪光漆、罩光清漆等几大类型。也有不少使用者往往省去底漆，直接涂装面漆以便降低成本。

塑料表面的性质及其用途的不同，决定了塑料采用涂料的品种的独特性，如表6-3所示。

表 6-3 各塑料适用涂料品种

塑料品种	适用涂料
PS HIPS	丙烯酸、丙烯酸硝基、丙烯酸过氯乙烯、环氧
ABS	环氧、醇酸硝基、酸固化氨基、丙烯酸、聚氨酯
有机玻璃(PMMA)	丙烯酸、有机硅(改性)
PVC	乙烯基、丙烯酸、聚氨酯
PP 低压 PE 高压 PE	环氧、丙烯酸、氯化聚丙烯
PC	丙烯酸聚氨酯、有机硅(改性)、氨基
尼龙(PA)	丙烯酸、聚氨酯
聚苯醚(PPO)	丙烯酸、聚氨酯
酚醛(PF、热固性) 氨基塑料(MF、热固性)	丙烯酸、环氧、聚氨酯
聚酯(玻璃纤维增强) 环氧(玻璃纤维增强)	丙烯酸、环氧、聚氨酯

6.3.2 塑料涂料配方举例

下列所有配方用质量百分数表示。

(1) 热塑性丙烯酸塑料罩光清漆(适用于一般极性塑料)

① PJ8040A 丙烯酸树脂(50%)(江门制漆厂有限公司) 57.0
② 1/2 秒硝化棉液(20%) 34.0
③ 醋酸丁酯 4.0
④ 甲乙酮 2.0
⑤ 甲苯 2.0
⑥ 丁醇 1.0

(2) 黑色热塑性丙烯酸塑料漆(适用于 ABS、聚苯乙烯等塑料)

① PJ8040D 丙烯酸树脂(江门制漆厂有限公司产品) 35.2
② PJ8040C 丙烯酸树脂黑浆(江门制漆厂有限公司产品) 40.0
③ CAB381-2 液(15%)(醋酸丁酯纤维素) 17.3
④ 邻苯二甲酸二异辛酯 2.0
⑤ 附着力增进剂 0.3
⑥ 蜡粉(AB381-2 液分散体) 0.5
⑦ BYK141 流平剂 0.2
⑧ 乙二醇丁醚 4.5

(3) 丙烯酸闪光塑料漆(可用于多种塑料基材的涂装)

① PJ8040D 丙烯酸树脂	60.0
② CAB381-2 液(15%)(醋酸丁酯纤维素)	27.0
③ BYK-306 流平剂	0.3
④ 铝银浆	8.0
⑤ 醋酸丁酯	1.5
⑥ 乙二醇丁醚	1.5
⑦ 异丁醇	1.7

(4) 浅灰哑光丙烯酸塑料漆(可用于聚丙烯塑料、聚乙烯塑料的涂装)

① 丙烯酸树脂(台湾立大公司产)	24.0
② 丙烯酸树脂/氧化硅消光浆	16.0
③ 丙烯酸树脂/钛白粉	38.0
④ CAB381-2 液(15%)(醋酸丁酯纤维素)	2.0
⑤ 丙烯酸树脂/中色素碳黑黑色浆	2.0
⑥ 丙烯酸树脂/蜡粉(助剂)浆	4.0
⑦ 邻苯二甲苯异辛酯	0.5
⑧ 附着力增进剂	0.3
⑨ 醋酸丁酯	12.0
⑩ BYK104S 润湿剂+BYK110 分散剂+BYK358 流平剂	0.5+0.2+0.5

(5) 丙烯酸聚氨酯塑料罩光清漆(双组份)(A:B=4:1)

A 组份:① PJ32-60D 丙烯酸树脂(江门制漆厂有限公司生产)	75.0
② BYK-310 流平剂	0.1
③ EFKA777 流平剂(埃夫卡公司)	0.1
④ 醋酸丁酯	8.0
⑤ 二甲苯+乙二醇乙醚乙酸酯	11.8+5.0
B 组份:缩二脲 N-75 固化剂	25.0

6.4 各种塑料用涂料介绍

6.4.1 PS 塑料用涂料

PS 有很好的透明性及成型加工性能,但抗冲击性、耐溶剂性极差,对苯类、酮类及酯类溶剂均敏感。因此 PS 用涂料中的溶剂应该具有快挥发性,对 PS 底材不敏感,涂膜要有高透明性。因此,PS 用涂料主要由热塑性丙烯酸树脂配制,并用硝化棉来提高丙烯酸树脂膜的硬度及溶剂释放性。由于硝化棉与丙烯酸树脂的相容性不太好,硝化棉不宜多加,还需用醇醚类溶剂改善两者之间的相容性。

PS用丁二烯改性的塑料是高抗冲聚苯乙烯(HIIPS),家用电器外壳有较多使用,涂料要求同PS。

PS用涂料示例:1/2 s硝化棉5份、热塑性丙烯酸树脂43.5份、专用混合溶剂49.5份、邻苯二甲酸二丁酯(DBP)1份、邻苯二甲酸二辛酯(DOP)1份。

专用混合溶剂:丙酮15.6份、异丙醇20.1份、二丙酮醇23份、醋酸丁酯20份、乙二醇乙醚醋酸酯6.7份、甲苯14.6份。

6.4.2 PP塑料用涂料

PP塑料的高结晶度、低极性使PP塑料表面涂层附着力很差,此类材料首先要表面处理,如化学氧化、火焰喷射5～10 s等,其表面产生一些极性基团,并用氯化聚烯烃树脂液作为专用底漆,解决附着力问题。需要涂漆的PP制品通常是采用乙丙橡胶改性的PP材料,赋予较好的涂层结合力。

PP塑料专用底漆实际是稀的纯氯化聚丙烯树脂液,其面漆示例如下:

(1) 40%丙烯酸改性氯化聚丙烯制备:15%氯化聚丙烯CPP(26%Cl)溶液67份、30%氯化聚丙烯CPP(30%Cl)溶液100份、甲苯28份,90℃滴加40份甲基丙烯酸缩水甘油酯、20份丙烯酸丁酯、2份BPO,每隔2 h补加AIBN0.5份×6,得改性树脂。

(2) 40%丙烯酸树脂的制备:120份甲苯、30份异丁醇、90℃滴加甲基丙烯酸甲酯50份、甲基丙烯酸-2-(二甲基氨基)乙酯10份、19份丙烯酸乙酯、20份苯乙烯、1份丙烯酸聚合。

(3) 配漆:取50份丙烯酸改性氯化聚丙烯树脂液、50份丙烯酸树脂液、11份铝粉浆配漆,喷涂在PP塑料板上,60℃烘30 min或常温干燥一周,有良好附着力、硬度、表面平整度、光亮度及耐溶剂性和耐候性。

6.4.3 PVC塑料用涂料

PVC制品一般加较多的增塑剂,含10%以下的为硬质PVC,10%～30%之间的为半硬PVC,软质PVC的增塑剂含量高达30%以上。在软质PVC表面涂漆最大的问题是增塑剂的迁移析出,易造成涂膜脱落。

因此硬质PVC制品用涂料选用含氯乙烯基共聚树脂、丙烯酸树脂、聚氨酯及硝化棉等;软质PVC制品选用氯乙烯—醋酸乙烯共聚树脂、专用聚氨酯涂料等。

PVC用涂料示例:9∶1氯乙烯—醋酸乙烯共聚树脂16份、热塑性丙烯酸树脂3.5分、1/2 s硝化棉0.5份、颜填料3份。

混合溶剂:丙酮33.5份、醋酸丁酯5份、环已酮10份、甲苯28.5份。

氯乙烯—醋酸乙烯共聚树脂和硝化棉分别用混合溶剂溶解。要先将氯乙烯—醋酸乙烯共聚树脂溶液加颜填料研磨分散,再加入余下成分调和,过滤包装。

PVC塑料门窗用涂料要求有良好的耐磨抗划伤性及优异的耐候性,应采用双包装脂肪族聚氨酯。从装饰性考虑,可提供高光、半光、平光、亚光及特殊表面颗粒效果的涂料。涂料的附着力0级,铅笔硬度2H,人工加速老化达到5 000 h以上,才能对PVC塑料门窗产生长久性保护。

6.4.4　ABS 塑料用涂料

ABS 是丙烯腈—丁二烯—苯乙烯的三元共聚物，它具有良好的机械强度和加工性能，是一种应用广泛的工程塑料。它有很多型号，一般分为普通、高抗冲击型及耐热性三类。ABS 的表面张力为 34～38 mN/cm，热变形温度 70～107℃。

1. ABS 用双包装聚氨酯涂料

ABS 用涂料主要是提高其耐候性、耐溶剂性、耐化学性、硬度及耐磨性，因此其面漆可用耐候性好的丙烯酸树脂和聚氨酯配制。双组分丙烯酸聚氨酯涂料一般采用脂肪族多异氰酸酯为固化剂，羟基树脂为丙烯酸树脂，羟基含量一般在 1.5%～3.5%之间。

ABS 用双包装聚氨酯涂料示例：

甲组分：50%缩二脲型多异氰酸酯（NCO 含量 8.7%）12.5 份；

乙组分：50%羟基丙烯酸树脂 64 份、钛白粉 15 份、分散剂 1 份、增塑剂 2.5 份、环己酮 8 份、醋酸丁酯 5 份、醋酸乙酯 5 份、1%甲基硅油 0.5 份。

由于 ABS 树脂型号不同或成型加工条件的变化，ABS 制品表面会出现耐溶剂性很差或涂膜附着力很差的情况。

此时，ABS 制品表面需要专用底漆。该专用底漆用较高玻璃化温度的热塑性丙烯酸树脂、快挥发溶剂及高体积浓度颜填料配制而成。

2. ABS 用低温烘漆

该涂料用氨基树脂作交联剂，为单包装涂料，需加较多强酸催化剂来降低烘烤温度，但对耐湿热性会有影响。

（1）低温烘干丙烯酸氨基烘漆

50%低羟值丙烯酸树脂 65 份、60%混醚型三聚氰胺甲醛树脂 7.8 份、酸催干剂 2 份、助剂 0.2～0.5 份、颜料 3～20 份、混合溶剂适量。

混合溶剂配方：乙二醇丁醚 22%、醋酸丁酯 30%、丁醇 30%、二甲苯 18%。

其特性列于表 6-4。

表 6-4　低温烘干丙烯酸氨基烘漆特性

项　　目	清　　漆	黑　　漆
固体份(%)	≥45	≥60
细度(μm)	≤10	≤20
黏度(涂 4 杯，25℃)(s)	≥50～60	≥60～90
烘干性(74～76)℃(min)	40	40
铅笔硬度	H	H
附着力(划格法)	100/100	100/100
耐醇性(次)	≥1 500	≥1 500

（2）高固体分聚酯氨基烘漆

高固体分聚酯氨基烘漆用六甲氧基三聚氰胺 HMMM 交联，加对甲基苯磺酸催化剂来降低烘烤温度，涂膜有较好的柔韧性。配方如表 6-5 所示。

表 6-5　驼色高固体份聚酯氨基烘漆配方

组　　分	用量(质量份)
85%聚酯(Cargill 57—5803,固体树脂羟基当量 390±20)	65
甲基异戊基酮	32.5
BYK P-104 流平剂	3.2
钛白粉	154.6
炭黑	0.3
铁黄	6.0
砂磨分散后再加	
聚酯	408.1
六甲氧基三聚氰胺(HMMM, Resimene 747)	134.0
甲基异戊基酮	97.5
正丁醇	37.1
流平剂(BYK-300)	1.1
Exxate 600	18.6
对甲基苯磺酸	33.5
合计	991.5

涂料质量固体份为 71.9%,体积固体份 60.7%,颜基比 0.3,聚酯∶HMMM=75∶25,对甲基苯磺酸 2.5%(按总固体树脂计)。

施工黏度为 20 s,烘烤温度 82℃×30 min,膜厚 25～38 μm,硬度 H,耐甲乙酮擦拭>100 次,附着力 98%,60°光泽 88%、20°光泽 77%。

贮存稳定性:室温 14 天的黏度为 33 s,49℃ 14 天的黏度为 33 s。

3. ABS 用热塑性丙烯酸涂料

ABS 塑料的溶度参数 δ_{ABS}=17.38,为避免涂料溶剂对底材的浸蚀作用,需要专用溶剂。专用溶剂的溶度参数要与热塑性丙烯酸树脂一致,与 ABS 塑料要相差大,并且涂料树脂的玻璃化温度要高。

配方示例:

热塑性丙烯酸树脂特性:T_g=96℃,固体份 45%,δ=19.43～20.45。

热塑性丙烯酸树脂 30 份、混合溶剂 40 份、炭黑 6 份、滑石粉 8 份、分散剂 0.8、流平剂 0.7、消泡剂 0.2 份。

混合溶剂Ⅰ　丙酮 10 份、醋酸丁酯 40 份、异丁醇 20、异丙醇 15、甲苯 15 份,δ=19.73。

混合溶剂Ⅱ　丙酮 10 份、醋酸丁酯 30 份、异丁醇 25、异丙醇 15、二甲苯 20 份,δ=19.71。

该涂膜平滑、光亮,光泽 90%。

6.4.5　其他塑料用涂料

1. PMMA 与 PC 用涂料

PMMA 和 PC 都是透明材料,要求涂料透明、耐候、耐磨抗划伤,涂膜应该有高硬度,涂料主要品种为双包装聚氨酯涂料、有机硅改性丙烯酸涂料。其中 PMMA 耐溶剂差，易受酯类、酮类和芳烃等溶剂的侵蚀，故在使用涂料时对溶剂的选择十分重要。涂装前进行退火(70℃)处理，可减少因内应力引起溶剂腐蚀而产生开裂的现象。

2. PA 和 PPO 塑料用涂料

尼龙有较好的韧性、耐磨性、耐热性，可用金属用涂料涂饰，但事先要用磷酸处理或用磷化底漆打底。

PPO 和尼龙一样都是工程塑料，并有很好的耐热性，都用于加工塑料零部件，故选用高性能涂料，如双包装聚氨酯涂料。

3. 热固性模压塑料制品用涂料

热固性酚醛、氨基塑料多采用氨基烘漆；热固性不饱和聚酯、环氧一般使用双包装聚氨酯涂料；用作玻璃纤维增强的材料，用环氧树脂底漆改善附着力，或热塑性丙烯酸底漆弥补表面缺陷。

模压汽车保险杠用丙烯酸底漆：热塑性丙烯酸树脂 48 份、改性丙烯酸树脂 47 份、醋酸丁酯纤维素 5 份混合。取该混合液 23.5 份、64.5/35.5 的炭黑/碳酸钙 6.2 份、68.5 份混合溶剂(含 32%乳酸乙酯)配成 A 组分。

取 10 份环氧树脂、90 份混合溶剂(含 32%乳酸乙酯)配成 B 组分。

混合溶剂：32 份乳酸乙酯、54 份乙醇、14 份环己酮配制而成。

稀释剂：50 份乳酸乙酯、45 份乙醇、5 份环己酮配制而成。

将 10 份 A 组分、1 份 B 组分、4 份稀释剂混合，喷涂，70℃烘 30 min。

6.4.6　特殊功能塑料用涂料

1. 硬质耐磨涂料

塑料表面的耐磨涂料都是硬质涂料，涂膜硬度高达 4H 以上，一般采用高交联密度、高硬度的有机硅涂料，或用光固化有机硅涂料。

(1) 有机硅硬质涂料制备

① 硅树脂预聚物合成：将甲基三乙氧基硅烷和正硅酸乙酯按 $n(\mathrm{R})/n(\mathrm{Si})$ 值为 0.85 的比例，与乙醇和少量的甲醇、异丙醇加到三口烧瓶中，控制温度在 30～40℃，以适量稀盐酸作催化剂，加水进行水解、缩聚反应。当反应体系变透明后，继续保温 3～4 h，得无色透明的硅树脂预聚物溶液。

预聚物合成中的溶剂主要是乙醇，并加少量甲醇和异丙醇。小分子醇类溶剂与单体、水和水解产物互溶性好，有利于分散反应物料，避免形成局部的微小凝胶中心，有利于生成微观组成均匀的硅树脂预聚物，提高硅树脂贮存稳定性。

② 有机硅涂料配制：将甲醇：乙醇：异丙醇：乙二醇甲醚(质量比=5：13：8：1)混合溶剂、三乙酰丙酮铝固化催化剂 0.2%、氨基树脂(耐碱改性剂)2%，加到硅树脂预聚物中，混合均匀，得单组分有机硅硬质涂料。

涂料固含量为 12%，贮存稳定性 6 个月以上，涂膜硬度 6H，对有机玻璃基材附着力 1 级，透光率 93.6%，耐碱性良好。

有机硅涂料混合溶剂各组分的沸点在 70～140℃之间为好，涂料有适宜的干燥速度与流平性，可避免涂膜出现发雾、橘皮、麻点等缺陷。混合溶剂用量使固含量为12%时流平性及贮存稳定性都较好。

许多酸、碱、盐化合物都可以作为硅树脂固化的催化剂，一般以有机碱、金属有机酸盐、硅烷偶联剂与硅树脂涂料的互溶性较好，不影响涂膜透光性。其中四甲基氢氧化铵、二月桂酸二丁基锡和 γ-氨丙基三乙氧基硅烷的催化活性高，但涂料使用期短；环烷酸钙的催化活性弱，添加量大会影响涂膜光学性能；三乙酰丙酮铝催化剂比较适宜，在室温下使用期较长，并可升高温度来达到满意的固化速度。

由于纯有机硅涂膜不耐碱腐蚀，必须外加耐碱性强的树脂。改性树脂要求与硅树脂预聚物相容而完全溶解分散在有机硅涂料中，又能在硅树脂固化时协同固化，并且固化产物具有高硬度和透光性能。氨基树脂固化后具有坚硬、清澈无色等特点，并有较好的耐碱性。

(2) 光固化有机硅涂料

① 光固化有机硅双层耐磨涂层：取248.3 g 3-甲基丙烯酰氧基丙基三甲氧基硅烷(MATS)、30%纳米 SiO_2 异丙醇分散体275 g、500 mL异丙醇、27 g 0.1 mol/L HCl，搅拌反应24 h，再加 4 g 二苯甲酮光引发剂溶解，制得涂料 A。

另用400 g 30%纳米 SiO_2 异丙醇分散体，同上反应得到涂料 B。

在 PC 板上喷涂4 μm涂料 A，闪干后再喷涂2 μm涂料 B，紫外线辐照后再 120℃加热 2 h。

此复合涂层要求 B 涂层比 A 涂层软，两者弹性模量至少相差 20%以上，就有优异的耐磨抗划伤性。

② 光固化有机硅涂料：含双键烷基三甲氧基硅烷与正硅酸乙酯水解缩合的硅树脂醇溶液25%～95%，按硅树脂固体的 5%～85%加入胶体 SiO_2，另加固化催化剂及含烷氧基硅烷的光敏剂 1～20 份(以涂料固体物 100 份计)。涂膜有良好的耐磨性及耐候性。

2. 防静电塑料涂料

塑料表面受气流及液体的摩擦很容易产生静电并积累，静电积累达到一定程度，就引起静电放电，造成各种电子元器件击穿，精密仪器报废；易燃易爆物会起火或爆炸，造成巨大事故。另外，积累在塑料制品表面的静电由于吸尘严重而难于净化，影响了塑料制品的外观及在超净环境(如手术室、计算机室、精密仪器等)中的应用。

一般的有机涂层的体积电阻率在 10^9 Ω·cm 以上，若在涂料中导电材料使涂层的体积电阻率在 10^7 Ω·cm 以下，产生的静电荷就能瞬间消散，实际上体积电阻率在 10^4～10^9 Ω·cm 之间的涂层，就可作为防静电涂料使用。

防静电涂料的防静电性能主要取决于抗静电材料的种类及添加量。抗静电材料又分为导电材料和抗静电剂两大类。

(1) 导电材料包括：①金属材料(如银粉、镍粉和铜粉等)；②炭质导电材料(包括石墨粉、炭黑和碳纤维)；③金属的氧、硫化物材料(如 SnO_2、ZnO、Fe_2S_3 等)。加入导电材料会影响涂膜的透明度和色泽等，例如导电涂料中常常加入大量石墨粉，只能用黑色，影响涂料的装饰性能。

(2) 抗静电剂靠吸附水分起防静电作用。抗静电剂有阴离子型、阳离子型、两性型、非离子型和高分子永久型。阳离子型季铵盐类抗静电剂极性高，抗静电效果优异，对高分子材料的附着力较强。高分子型抗静电剂是指分子内含有聚环氧乙烷链、聚季铵盐结构等导电性单元的高分子聚合物，包括聚环氧乙烷、聚醚酯酰胺、含季铵盐的(甲基)丙烯酸酯共聚物和含亲水基的有机硅等，抗静电效果持久，不受擦拭和洗涤等条件影响，对空气的相对湿度依赖性小，不影响制品的力学性能和耐热性能，但添加量较大(一般为5%～20%)。

涂料中使用的抗静电剂有聚氧乙烯型季铵盐、月桂基苄基甲胺氯化物及脂肪胺环氧乙烷缩合物等。如在改性丙烯酸酯类涂料中加入质量分数为0.4%～0.6%的非离子型复合抗静电剂，可使涂层的表面电阻率降低到10^{10} Ω以下。

抗静电剂受环境限制大，在高温或低湿度条件下很容易失去抗静电作用。但在塑料涂漆之前，喷涂0.5%～2.0%的抗静电剂水或乙醇溶液，其中抗静电剂以阳离子型抗静电剂为主，用非离子型表面活性剂配合，并加适量水溶性树脂，干燥后有抗静电性能。

3. 特殊装饰性涂料

塑料用特殊装饰性涂料品种有绒面涂料、砂面涂料、皮面涂料等。这些特殊装饰性涂料都有较好的弹性，具有消光、防震、隔声作用，多用于塑料仪表盘、汽车内饰件表面，涂膜光泽低至3%左右，具有防眩性。

绒面涂料是在弹性双包装聚氨酯涂料中加入各色绒毛粉配成。绒毛粉是弹性聚氨酯树脂的着色微球，粒径一般在10～50 μm之间，色泽有红、黄、蓝、白、黑、透明等6种。此弹性涂层皆有消光、隔声作用，并有良好的柔软性、强度及抗划伤性。

砂面涂料是由热塑性丙烯酸树脂、颜(填)料、砂粒状聚合物微球配成，所用高分子微球粒径大，在涂膜表面具有砂粒状、珠状，具有特殊的装饰性、消光性，成本比绒面涂料低。采用不同形状的高分子微球，可产生效果各异的外观。

皮面涂料由双包装聚氨酯树脂、专用消光剂配成。该聚氨酯涂膜有很好的柔软度及弹性，专用消光剂配合赋予真皮状的触感，弹性涂膜使之有良好的耐磨抗擦伤性。

6.5　塑料的涂装工艺

6.5.1　塑料的表面处理

各种塑料、玻璃钢等材料表面非常光滑、极性小，涂装涂料后涂膜极易脱落而影响外观。最近出现的可塑性弹性体还要求涂层有较好的伸长率。现在塑料及玻璃钢制品的品种越来越多，它们的表面需要涂装各种涂料时，应根据质量要求，先作有一定针对性的表面处理。

1. 塑料表面处理的目的和作用

(1) 消除表面静电，除去表面灰尘。通过溶剂擦洗，高压空气吹干等方法，创造一个清洁的塑料表面。

(2) 清除脱膜剂。用溶剂、碱水清洗，消除塑料成型过程中添加的各种脱膜剂，以免对涂膜附着力造成危害。

(3) 修理缺陷。通过打磨、涂底漆等方法，去除毛刺、针孔、裂缝等表面缺陷。

(4) 表面改性。增大附着面积或使表面产生有利于涂膜附着的化学物质或化学键。

2. 塑料表面处理的方法

(1) 一般处理

① 退火:将塑件加热至稍低于热变形温度保持一段时间,消除残余的内应力。

② 脱脂:根据污垢性质及批量大小,可分别采用砂纸打磨、溶剂擦洗及清洗液洗涤等措施。塑料件在热压成型时,往往采用硬脂酸及其锌盐、硅油等作脱膜剂,这类污垢很难被洗掉,通常用耐水砂纸打磨除去,大批量生产时,则借助超声波用清洗液洗涤。一般性污垢,小批量时可用溶剂擦洗,但必须注意塑料的耐溶剂性。对溶剂敏感的塑料,像聚苯乙烯、ABS,可采用乙醇、己烷等快挥发的低碳醇和低碳烃配成的溶剂擦洗;对溶剂不敏感的塑料,可用苯类或溶剂油清洗。大批量塑料件脱脂可采用中性或弱碱性清洗液。

③ 除尘:在空气喷枪口设置电极高压电晕放电产生离子化压缩空气,能方便有效地清除聚集的静电,减少灰尘的吸附。

(2) 化学处理

化学处理主要是铬酸氧化,使塑料表面产生极性基团,提高表面润湿性,并使表面蚀刻成可控制的多孔性结构,从而提高涂膜附着力。

① 铬酸氧化:主要用于PE、PP材料,处理液配方为4.4%的重铬酸钾、88.5%的硫酸、7.1%的水,70℃下处理5~10 min。PS、ABS用稀的铬酸溶液处理。

聚烯烃类塑料可用$KMnO_4$、铬酸二环己酯作氧化剂,Na_2SO_4、氯磺酸作磺化剂进行化学处理。

② 磷酸水解:尼龙用40% H_3PO_4 溶液处理,酰胺键水解断裂,使表面被腐蚀粗化。

③ 氨解:含酯键塑料,像双酚A聚碳酸酯,经表面胺化处理而粗化。而氟树脂则应采用超强碱钠氨处理,降低表面氟含量,提高其润湿性。

④ 偶联剂处理:塑料表面有—OH、—CO_2H、—NH_2 等含活泼氢的基团时,可用有机硅或钛偶联剂与涂膜中的活泼氢基团以共价键的方式连接,从而大大提高涂膜附着力。

⑤ 气体处理:氟塑料用锂蒸气处理形成氟化锂,使表面活性化;聚烯烃用臭氧处理使表面氧化生成极性基团。

(3) 物理化学处理

① 紫外线辐照:塑料表面经紫外线照射会产生极性基团,但辐照过度,塑料表面降解严重,涂膜附着力反而下降。

② 等离子体处理:在高真空条件下电晕放电,高温强化处理,原子和分子会失去电子被电离成离子或自由基。由于正负电荷相等,故称之为等离子体。也可在空气中常温常压下,进行火花放电法等离子处理。

③ 火焰处理:塑料背面用水冷却,正面经受约1 000℃的瞬间(约1 s)火焰处理,产生高温氧化。

6.5.2 塑料的涂装方法

鉴于塑料及其制品的特殊性,除了工业上通用的刷涂、辊涂、淋涂、浸涂、空气喷涂、高压无气喷涂外,塑料工业还采用下列较特殊的涂装方法:

（1）转桶涂装法

将形状简单的塑料玩具、日用品都和涂料一起放入圆形、六角形、八角形等转桶中旋转一定时间（一般几分钟至几十分钟），使塑料表面全部浸润，用丝网捞出，沥干、烘烤即可。其转速一般为 20～40 r/min，转速过快，制品被抛向桶壁，缺少自身转动；转速过慢，制品难以滚动，涂膜不均匀。

（2）丝网印刷

一般用于商标的印刷，对于塑料薄膜多采用高速辊筒印刷法。

（3）静电喷涂

以接地的被涂物为阳极，涂料喷口为阴极并施以负电压，雾化后的涂料液滴带着负电荷飞向带正电荷的塑料制品进行涂装。由于塑料容易产生静电，所以首先必须除静电，才能进行涂装。一般采用电晕放电式除静电器，产生与塑料表面相反的电荷，中和由于摩擦等原因产生的不均匀电荷。接着用导电剂对塑料表面进行浸、喷、淋等导电处理，降低表面电阻，使塑料的表面电阻 $<10^8\ \Omega\cdot cm$。而涂料的电阻也要控制在 $10^7\ \Omega\cdot cm$ 以内。

6.5.3 塑料的涂装工艺

一般塑料制品的涂装工艺流程可以用图6-1来表示，但不同的底材和不同的涂装方法，其涂装工艺的繁简程度不同。涂装的工艺流程要根据制品的素材和表面预处理方法及要求，形状、批量大小、涂装方法、干燥温度和方式，选用的涂料类型和配套体系等因素综合进行考虑，以达到最终的涂装要求为目的。下面对几种不同塑料进行涂装实例介绍。

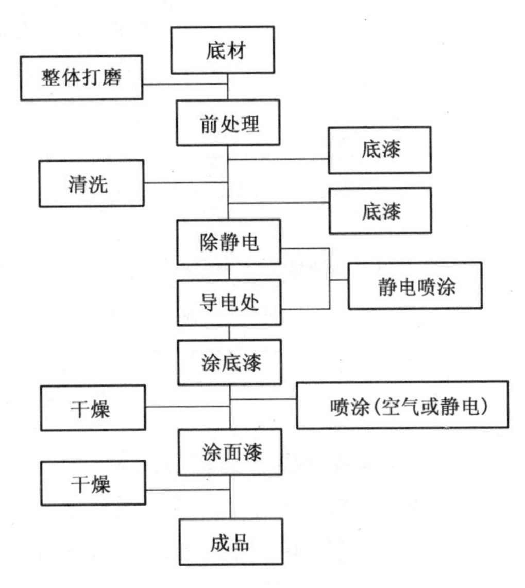

图 6-1　塑料涂装工艺流程

1. 聚苯乙烯制品的涂装工艺

聚苯乙烯（PS）制品与 ABS 相比其耐热性、耐溶剂性及与涂料的附着力均较差。PS 涂装用的涂料以热塑性丙烯酸漆或双组分丙烯酸聚酯涂料为主，大批量涂装可以采用静电喷涂的工艺（见图 6-2）。

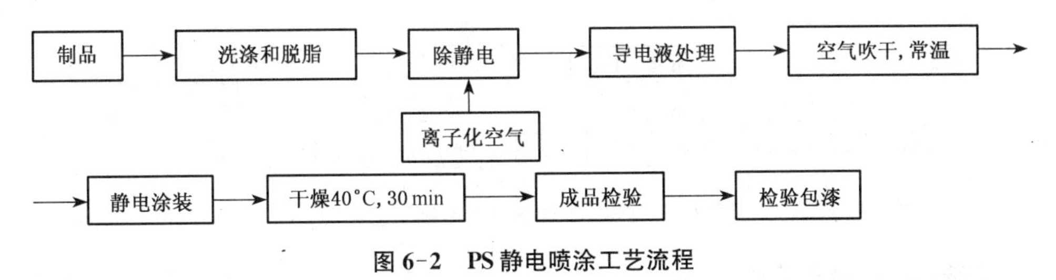

图 6-2　PS 静电喷涂工艺流程

2. 聚丙烯涂装工艺

近年来，聚丙烯（PP）作为汽车用保险杠得到大家的共识，主要采用空气喷涂工艺，也可采用静电喷涂的工艺，其涂装工艺流程如下图 6-3 所示。

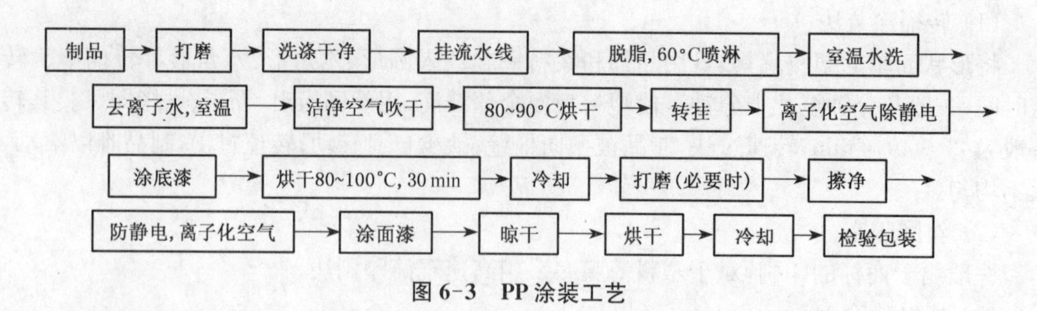

图 6-3 PP 涂装工艺

若采用静电喷涂，则要在离子化空气除静电后，进行表面导电处理再进行喷涂。但是聚丙烯的表面液体附着较差，因此导电剂的选择及导电液涂装量的管理至关重要。目前通用的导电聚合物大多为黑色，导电聚合物和导电颜料的浅色化是目前开发的重要趋势。

3. ABS 制品的涂装工艺流程

ABS 制品比聚苯乙烯制品更好的涂装性能，广泛应用于家电制品、汽车和摩托车零件。主要采用聚丙烯酸清漆（包括丙烯酸改性硝基清漆）、丙烯酸—聚酯、聚酯—聚氨酯以及金属闪光漆等涂料进行涂装。静电喷漆工艺也适合于 ABS 制品的涂装，其工艺流程如图 6-4。

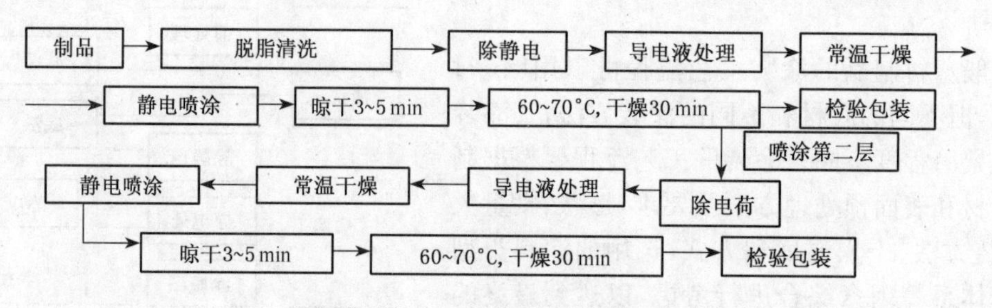

图 6-4 ABS 静电喷涂工艺流程

4. 纤维增强塑料的涂装工艺

聚酯、酚醛、环氧等玻璃或碳纤维增强的塑料广泛应用于汽车、摩托车、家电的零部件。在我国生产的钓鱼竿全部是酚醛玻璃纤维增强钢制品。纤维增强塑料（FRP）制品表面的主要特点是存在成型过程中的表面缺陷，必须进行预处理。目前主要采用聚氨酯涂料（聚酯—聚氨酯涂料、丙烯酸—聚氨酯涂料）为主，也可采用丙烯酸酯涂料，以钓鱼竿涂装为例，其工艺流程如图 6-5 所示。

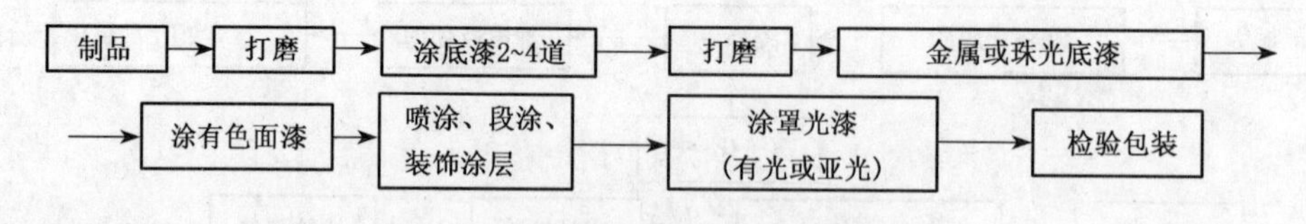

图 6-5 纤维增强塑料的涂装工艺流程

5. 聚碳酸酯的涂装工艺

聚碳酸酯（PC）制品的耐溶剂性及与涂料的附着力优良，耐冲击性好，现已广泛应用于汽车外部零部件。双组分的环氧底漆和丙烯酸或聚氨酯面漆是 PC 常用的配套体系，其涂装工艺流程如图 6-6 所示。

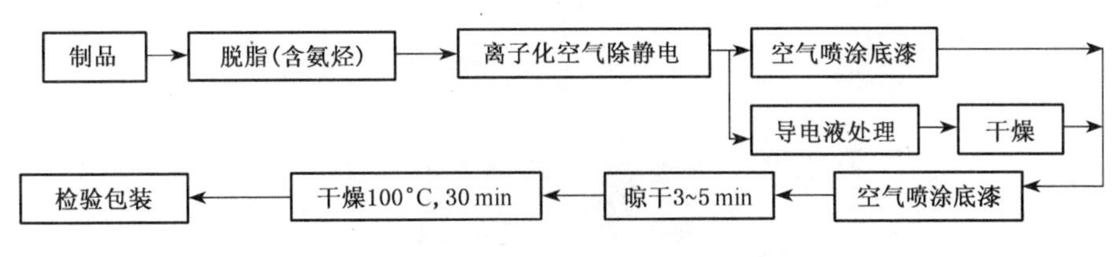

图 6-6　PC 的涂装工艺流程

涂装的工艺流程是根据制品的素材和表面预处理方法及要求、形状和批量大小、涂装方法、干燥温度和方式、选用的涂料类型和配套体系等因素综合进行考虑，以达到最终的涂装要求为目的。

第7单元 木器涂料

木器涂料，又称木器漆，顾名思义是应用于木制品表面上一类涂料的总称。广义地说，任何类型的涂料品种都可以使用在木制品上，但木材的组织结构不同于金属、塑料或混凝土等制品，所以木器涂料与金属涂料、塑料涂料或建筑涂料相比有其特定的技术要求，特别是像木家具这类制品表面透明涂饰需要有较强的装饰性，需用专用的木器涂料和特定的涂装工艺。

7.1 木材的特点

木材是一种多孔性结构的天然高分子化合物，它的结构特性如硬度、密度、外观花纹等除了因木材品种不同而不同外，同一树种木材的内部构造也会因产地不同而不同，即使是同一棵树木的边材和芯材结构也会有较大的差别。更有趣的是同一木材在不同方向进行切割材面还可以得到不同的花纹，例如弦切得到山峰状的花纹，而横切得到的是同心圆状的花纹，这就是木材的特性。在木材表面进行透明涂饰，就是为了更好地显示木材表面的这种天然花纹。

木材具有下述特性：

(1) 木材是一类结构不均匀的多孔性材料，具有吸水膨胀、失水收缩的湿胀、干缩性，并且其弦向和径向的湿胀、干缩性也不一致，所以木材在使用过程中容易出现挠曲、开裂。

(2) 构成木材基本骨架的木纤维具有在阳光下容易泛黄，与化学药品接触容易被污染，又会被微生物侵蚀而产生变色、腐烂的特点。

(3) 随着树种的不同和生长环境的差异，不同树种中含有不同的树脂份和单宁等的色素沉着。像针叶树的油松、马尾松等的木孔中含有较多的松香、松节油，并且在节疤和受伤部位所含的这类树脂会更多；而像栗木、黄橙、紫檀等一类树木的细胞腔中就含有较多的单宁和色素等物质。

由于木材具有重量轻、强度大、导热性低、电绝缘性能好、共振性优良等优点，所以木制品深受人们喜爱。不仅古代人们就喜爱采用木材制造家具、装饰房间和制作乐器、桥梁、游艇等，直至今日，世界各国依然有采用木材制造的木屋来招揽游客，供游客居住，因为它不仅古色古香而且还具有良好的隔热、隔温、隔潮、挡风避雨等功能，让游客居住在里面会另有一番情趣。除此之外，木材还可以制作各式各样的木制品：大到办公用品、家具、餐桌餐椅、地板块、百叶窗；小到台球杆、镜框、鞋楦、铁锨把、眼镜盒、儿童玩具；还有钢琴、小提琴、电吉他等多种乐器，品种繁多，琳琅满目。特别是在家具行业中，木制家具要占90%以上。随着木制品加工业的蓬勃发展，研制适合于木材涂装用涂料、着色剂等，在木材涂装中显得至关重要。

7.2　木器漆的发展

我国是世界上最早使用涂料的国家之一，在涂料发展历史上有着光辉的业绩。天然大漆涂装在我国应用源远流长，古今中外文明，古老中华民族沿用至今。我国发现和使用天然大漆可追溯到公元前7000多年，从新石器时代起，人们就认识了天然大漆的性能并应用，大漆具有防腐蚀、耐强酸、防潮、绝缘、耐高温、耐土抗性等。天然大漆被世界公认为“涂料之王”。

约在19世纪末，从国外传来了虫胶漆，上海等沿海地区开始应用虫胶漆涂饰高级木家具。被称为带油搽亮的涂饰施工方法，是当时较为先进的技术之一。

到了20世纪30年代，又从西方输入了硝基漆，作为高级家具表面罩光涂料。它与虫胶漆相比，不仅减轻了劳动强度，而且提高了漆膜的耐水性、耐热性和光泽等，性能大大超过了虫胶漆。50年代使用酚醛清漆、醇酸清漆、硝基清漆来涂装木制品。60年代末期，聚氨酯涂料开始用于家具，使家具的涂装提高了一个档次。70年代，硝基漆、聚氨酯漆、醇酸漆仍为主导产品。80年代初，在天津、上海、南京和华北地区，兴起了光固化涂料的热潮，上了几十条光固化涂料固化迅速、污染少、适宜流水线施工，漆膜丰满、光泽高、物理机械性能和耐化学药品性均十分优良，很受用户欢迎。80年代末期，由于我国港、澳、台的“聚酯漆”(实为聚氨酯与不饱和聚氨酯)传入内地的沿海地区，并在内地投资设厂，使家具表面的光泽由高光发展到亚光，并将闪光等美术漆也用到了家具上，使家具涂装的档次有了新的突破，为此使光泽很高、曾经风靡一时的光固化木器漆走向了低谷。90年代，广东珠江三角洲地区合资企业、民营企业生产开始“聚酯漆”，并迅速发展、延伸到了上海、江苏、浙江、山东、四川、湖南等地，这时我国的“聚酯漆”无论是品种、结构还是数量上均以惊人的速度发展，甚至到了“遍地开花”的程度。不饱和聚酯漆由原来的厌氧型发展到气干型，聚氨酯漆的品种由初期的黑、白、灰色面漆和闪光、闪彩、闪银等美术漆，发展到外观水白的透明清漆(亮、亚光)、彩色透明系列(亮、亚光)，还出现了一些仿皮漆、裂纹漆、沙面漆等功能性美术漆；许多固体含量高、黏度小、固化快、便于涂饰施工的丙烯酸树脂漆、亚光光固化漆、水性木器漆等也相继出现；亚光光固化木器漆的出现，使光固化漆又恢复了昔日的风采。

21世纪涂料发展的方向之一是环保型涂料即低污染或无污染涂料。环保型涂料包括高固体分及无溶剂涂料、水性涂料、粉末涂料和辐射(UV、电子束等)固化涂料四大类型。其中水性涂料是重中之重，因为水性涂料与溶剂型涂料一样，可以不需要特殊施工设备，不必烘烤加温固化，适用范围广，应用场合多，从而更受青睐。自从20世纪中期以来，作为水性涂料之一的建筑乳胶漆得到了飞速发展，它几乎占领了整个中国建筑涂料主流市场。人们对水性涂料的优点有了认识。进入21世纪后，水性涂料的下一个热点是水性木器漆。

7.3 木器漆的分类

木材制品包括木材和人造板材(胶合板,中密度纤维板和刨花板)的制品,用于木材制品的涂料统称为木器漆。木器用于家具、门窗、地板、护墙板、日常生活用木器、木制乐器、体育用品、文具、玩具等。本节按木器漆的形态分类分别对溶剂型木器涂料和水性木器漆进行介绍。

7.3.1 按照涂装层次分类

无论是溶剂型木器漆还是水性木器漆,木器漆按涂装层次的分类如表 7-1 所示。

表 7-1 木器漆按涂装层次的分类

品种名称	作　用
着色剂	对木材表面着色,使表面色泽均匀或美化
封闭底漆	对木材有填孔作用,驱赶孔隙中空气,封闭表面,防止木材干缩湿胀
头道底漆	增加涂层附着力,提高涂膜丰满度
打磨底漆	有填孔作用,供打磨需要
面漆	木器的主要表面涂层,装饰和保护。分清漆、透明色漆和色漆 3 类,每类又分有光和亚光 2 种
罩光清漆	提高整个涂膜装饰和保护性

7.3.2 常用溶剂型木器漆的分类

溶剂型木器漆按成膜物质品种的分类列于表 7-2。

表 7-2 溶剂型木器漆按成膜物质品种的分类

<table>
<tr><th>类型</th><th colspan="2">品种名称</th><th>类型</th><th colspan="2">品种名称</th></tr>
<tr><td rowspan="5">天然树脂类</td><td rowspan="2">油脂漆</td><td>桐油及其他加工品</td><td rowspan="8">合成树脂类</td><td colspan="2">氨基树脂漆包括酸固化氨基漆</td></tr>
<tr><td>其他干性油及其加工品</td><td colspan="2">丙烯酸漆包括热塑性丙烯酸漆</td></tr>
<tr><td rowspan="3">天然树脂漆</td><td>天然大漆</td><td rowspan="3">聚氨酯漆</td><td>双组分羟基固化型聚氨酯漆</td></tr>
<tr><td>虫胶清漆</td><td>双组分催化固化型聚氨酯漆</td></tr>
<tr><td>松香加工品涂料</td><td>单组分聚氨酯漆</td></tr>
<tr><td rowspan="3">合成树脂类</td><td colspan="2">酚醛树脂漆</td><td rowspan="3">不饱和聚酯漆</td><td>触媒固化型不饱和聚酯漆</td></tr>
<tr><td colspan="2">醇酸树脂漆</td><td>光固化不饱和聚酯漆</td></tr>
<tr><td colspan="2">硝基纤维素漆</td><td>电子束固化不饱和聚酯漆</td></tr>
</table>

1. 天然树脂类

（1）大漆

大漆就是从漆树上采集下来的天然漆，是大自然赋予人类的瑰宝。大漆又称为国漆、生漆、土漆、木漆、金漆等，在国外都将大漆称为“中国漆”。大漆是我国的国宝，是我国著名的特种林产品，是国家经济建设的重要物资，也是我国的出口重要物资之一，并以历史悠久、量多质好著称于世。从漆树上割取的天然漆液叫生漆，经过日照、搅拌、掺入桐油配制的生漆叫做熟漆、木漆或金漆。其漆膜可以耐150～200℃的高温，力学性能较好，有独特的耐酸性、耐油性、耐有机溶剂和耐土壤腐蚀性。

（2）虫胶

虫胶又称紫胶、紫梗。它是一种寄生在树枝上的昆虫——紫胶虫的分泌物，收集后经过洗涤、磨碎，除去杂质，然后溶解过滤，再辊压成片，打碎后即成虫胶片。虫胶漆也属于天然树脂漆，它用虫胶与酒精配制而成，虫胶溶解在乙醇中呈现黄色或棕色半透明的虫胶溶也就是木器常用的虫胶清漆，俗称洋干漆。它是一种挥发性漆，配制方法为虫胶∶酒精＝1∶(3.5～5)搅拌至溶解，采用陶瓷、玻璃等容器配制，不要采用铁制容器。

（3）松香

松香由赤松、黑松所分泌的松脂经蒸馏而制得，它是一种硬而脆的浅黄色或深黄色的透明玻璃状物质，其成分中有90％以上的松香酸。用未加工的松香作涂料，会使漆膜发黏变硬发脆、光泽差，遇水变白，所以必须对松香进行改性。改性后的树脂叫做松香衍生物，其中使用比较多的由顺丁烯二酸酐反应而制成。如果将它添加在醇酸漆、硝基漆、酸固化氨基漆、聚氨酯等涂料中可以提高漆膜的光泽、硬度和丰满度，在硝基木器漆中用量较大。

（4）油脂漆

油脂漆是以干性油(桐油、亚麻油、梓油等)为主要成膜物质的一类漆，它包括清油、厚漆、油性调合漆。油脂漆是古老的涂料品种之一。油脂漆对木材有极好的渗透性，附着力强、漆膜柔软、不容易粉化和龟裂、价格低廉、施工方便，有一定的装饰保护作用。因其漆膜软而不能用于高质量的木制品的涂饰，只能用作质量要求不高的木器和建筑工程涂饰。由于油脂漆性能较差，要消耗大量的植物油，单纯采用干性油制造的涂料已经不能满足目前木材涂装的需要，现在我国木材涂装中已经很少采用，但是出口家具仍有少量使用。

2. 合成树脂类

（1）醇酸漆

用自干型醇酸树脂制成的涂料称之为醇酸漆。醇酸漆的最大特点是在常温下能自然干燥。醇酸树脂是由植物油或脂肪酸与多元醇、多元酸缩聚而成的线性树脂，这时的植物油不像油基漆那样与树脂只作简单的物理混合，而是发生了化学反应，形成了新的树脂——醇酸树脂。醇酸树脂也可以进行改性，根据改性剂的品种不同、用量不同，这赋予醇酸树脂各种各样的品种，也赋予了醇酸树脂多种多样的性能和用途。

（2）丙烯酸木器漆

丙烯酸漆是以丙烯酸树脂为基础的涂料，由于丙烯酸树脂的性能十分优异，所以凡是配方中含有丙烯酸树脂，都会加上丙烯酸三个字，如丙烯酸醇酸漆、丙烯酸氨基漆、丙烯酸聚氨酯漆等。如果只采用丙烯酸树脂制成的漆往往就叫丙烯酸漆。丙烯酸树脂具有极好的耐紫外线性，耐光、耐候、户外暴晒耐久性强。

（3）硝基漆

硝基漆是以硝化棉为主，加入合成树脂、增塑剂、有机溶剂等制成的涂料。硝基漆是依靠溶剂挥发而干燥的，属于挥发性涂料，溶剂挥发完后即干燥，当遇到溶剂后又会被溶解。涂装不当时，可以用溶剂将它洗掉，重新涂装。其优点是施工简便、干燥迅速、对涂装环境的要求不高，具有较好的硬度和亮度，不易出现漆膜弊病，容易修补，可以抛光打蜡，装饰性能好。缺点是固含量较低，需要较多的施工道数才能达到较好的结果，耐久性不太好，使用时间稍长就容易出现失光、开裂、变色等弊病；不耐有机溶剂、不耐热、不耐腐蚀；湿气大、温度高的环境下喷涂，涂膜容易发白。

（4）双组分聚氨酯漆

双组分聚氨酯漆，简称 PU 漆，通常是指(—OH/—NCO)两个组分组成的涂料，它的包装组成是主漆＋硬化剂＋PU 漆稀释剂。这种漆性能优异、用途广泛，是聚氨酯涂料中品种最多、产量最大、用途最广、使用较为方便的产品。由于聚氨酯预聚物(—NCO)与许多树脂有良好的相容性，用它制成的涂料不仅具有很好的物理化学性能，而且还具有极佳的装饰性能。

（5）不饱和聚酯漆

不饱和聚酯漆，简称 PE 漆，是由不饱和聚酯树脂通过引发剂、促进催化剂的催化作用，与活性单体发生自由基聚合反应而形成漆膜的一类涂料，它的包装组成是主漆＋促进剂（蓝水）＋引发剂（白水）＋活性稀释剂（如苯乙烯等）。PE 漆是 100％成膜的无溶剂涂料，所以漆膜硬度高、丰满度好、亮度高。根据它们是否能在空气中固化，可分成两大类：一类为厌氧型；另一类为非厌氧型。厌氧型俗称“玻璃钢漆”和“倒模漆”，它必须隔绝空气才能固化；而非厌氧型在空气中就能固化，所以又称为气干型 PE 漆。它们的漆膜均具有相同的性能。

（6）酸固化氨基漆

木材用酸固化氨基漆是采用脲醛树脂（或三聚氰胺甲醛树脂）与短、中油度的醇酸树脂（也可以采用含羟基的丙烯酸树脂）为主要原料，用酸作为催化剂的二液型涂料。由于脲醛树脂价格便宜、货源充足，反应温度比三聚氰胺甲醛树脂低，适宜与短油度醇酸树脂配合制成酸固化漆，形成的漆膜的附着力和流平性优。虽然采用三聚氰胺甲醛树脂的酸固化氨基漆时其漆膜的耐候性、耐久性、耐水性、电绝缘性要比脲醛树脂好，但是木材用酸固化氨基漆大部分还是采用脲醛树脂。酸固化氨基漆是氨基涂料中固化速度最快的涂料类型。

（7）光固化漆

光固化漆又叫 UV 漆，UV 漆由光固化（UV）树脂（反应性低聚物）、活性稀释剂（活性单体）、光引发剂（光敏剂）、光引发促进剂和各种辅助剂组成。光固化涂料采用光能来促进加聚反应使涂膜固化，如果不采用光照射，它会长期不干。

7.3.3 水性木器漆的分类

1. 按照组成分类

水性木器漆按照其包装形式不同主要分为单组分和双组分两种。目前大量使用的水性木器漆仍以单组分型为主，目前已成功应用于单组分水性木器漆的树脂主要类型有水性醇酸、丙烯酸乳液、水性聚氨酯分散体及水性丙烯酸聚氨酯分散体。

水性醇酸树脂流平性好、丰满度高，但干燥慢，涂膜的硬度较低、耐候性差。丙烯酸乳液具有快干，耐光、耐候性优异等特点，但传统的丙烯酸乳液成膜后，耐水性、抗回黏性及柔韧性较差，采用新型的聚合技术，如核壳、无皂乳液聚合等可改善其性能。由于丙烯酸乳液价格相对较低，目前在市场上仍倍受关注，广泛用于木器的的装饰底漆及面漆的制备。采用水性聚氨酯树脂制备的水性木器漆具有低温成膜性好、流平性好、丰满度高、耐磨、手感好、抗化学品及抗回黏性优等特点，但是由于其价格较高，通常用于制备高档的水性木漆正漆。丙烯酸改性聚氨酯乳液，不但具有丙烯酸树脂的耐候性、对颜料的润湿性等特点，还具有聚氨酯树脂的高附着力、耐磨、抗化学品性及柔韧性等特点。选择丙烯酸乳液和聚氨酯分散体物理混合来制备水性木器漆，必须考虑两者的相容性，且低温成膜性并无明显改善。采用核壳乳液聚合方法制备的水性聚氨酯聚丙烯酸酯复合乳液，其机械性能超出共混体系而接近聚氨酯树脂，耐溶剂（如醇）性超出共混体系，耐化学性能与亚酰胺交联剂固化的体系相当，且成本与共混体系相当。自交联型聚氨酯—丙烯酸共聚树脂，其共溶剂大大降低，VOC大大减少，且增强了耐化学品性、耐沾污性和耐溶剂性。

双组分水性聚氨酯涂料中，一组分为含羟基水性分散体，另一组分为水可分散的多异氰酸酯聚合物，与双组分溶剂型聚氨酯涂料相比，水性双组分聚氨酯木器漆的VOC可减少70%～90%，且其干燥速度、光泽、物化性能和适用期都可适应工业化的要求。但其中的表面活性剂、羟基组分均会导致漆膜对水的敏感性。水相本身及空气中的水汽会在成膜过程中产生CO_2，导致漆膜起泡、缩孔、失光等，所以目前双组分水性聚氨酯木器漆尚未达到商品化的水平，尚需一定的时间去改进和调整。

2. 按照施工分类

与溶剂型木器漆一样，按施工的先后顺序，水性木器漆可分为水性腻子、水性封底漆、水性面漆；根据面漆中颜料的含量，面漆可分为清漆和着色漆；根据面漆的光泽度又可分为高光面漆、半光面漆和哑光面漆等。

（1）水性腻子

水性腻子刮涂在木材表面，填补表面大小孔隙，增加基材表面的平滑度。对水性透明腻子的性能要求是：透明度高、耐水性好、干燥快、打磨性好、强度高、附着力好、不易脱落。同时要求腻子贮存稳定性好、不分层。

（2）水性封底漆

封底漆是基材与面漆间的过渡层，它能增强涂层与基材之间的附着力，也能增加基材的封闭性，防止面漆渗透到基材孔隙而影响漆膜的平整、美观，同时能增加漆膜厚度而显丰满。因此，要求封底漆对基材润湿性好，渗透性优异，能在基材上形成一层均匀连续的漆膜且不影响与下一道漆膜的层间附着力。可以选择粒径较小、玻璃化温度中等的树脂来作为制备封底漆的基料。

（3）水性木器面漆

面漆涂覆在底涂层上，起到装饰、保护木材的重要作用，要求漆膜硬度高，表面平整无缺陷、丰满度高、光泽适宜、光滑且抗划伤；耐水、耐酸、耐碱、耐生活污渍等。在腻子、底漆、面漆的配方中都存在相应的技术问题，但面漆的性能要求更为全面，面漆中的助剂应用相对最复杂。

目前水性木器漆出现的技术难题可以从相对比较成熟的溶剂型木器漆技术和水性乳胶漆技术两个角度考虑加以解决。一方面，水性木器漆多用于门窗、附墙板、地板、家具等，多为清漆，光泽从高光到亚光，透明、丰满度高、手感好、漆膜平整度高，在漆的润湿、流动、流平，漆膜表面缺陷控制等方面可以参考溶剂型木器漆的特点。另一方面，水性木器清漆中树脂固含量大约占30%，其余60%～70%为水和有机溶剂。水的表面张力为72(mN/m)，对基材的润湿能力差；水性树脂体系为乳液型或水分散型，如要分散稳定需添加多种助剂，是一个较为复杂的体系，与溶剂型相比体系的相容性易出现问题。溶剂型木器漆多为树脂溶液，有机溶剂的表面张力数值为30～40(mN/m)，润湿好、溶解能力强，体系相容性较好。因此，水性木器清漆作为一个水油两相体系，必然会存在表面张力不平衡、起泡与消泡、流动与流平等影响漆膜表面性能的问题。

7.4 溶剂型木器漆配方设计

7.4.1 溶剂型木器漆的组成

溶剂型木器漆的组成和其他类型的漆一样，也包含两大部分(不挥发分与挥发分)四个成分(基料、颜填料、溶剂及助剂)。

1. 基料

溶剂型木器漆的基料可分为油类、天然树脂类、人造树脂类及合成树脂类。

2. 颜(填)料与染料

木器漆能采用的着色颜料和体质颜料比较多，一般涂料用的着色颜料和体质颜料基本上都可用。但由于木器涂装有透明涂饰和不透明涂饰两种，透明涂饰可以突出木面美丽的花纹，对于高档木器，常以透明修饰为主，这就需要用着色剂先对素材染色，再以透明涂料修饰。着色剂就是由透明修饰而出现的。着色是喷涂高档木器的第一道工序，着色剂能使木材的颜色均匀并显出木面的纹理和天然美，用得最多的着色剂是染料，其中能用温水溶解者称为水溶性着色剂，溶于石油系溶剂者为油溶性着色剂，溶于醇类溶剂者称为醇溶性着色剂。

3. 溶剂

木器漆经常用到的溶剂品种有：石油溶剂，主要品种是200号溶剂汽油(也称松香水)；芳香烃类溶剂，应用较多的是甲苯与二甲苯等苯类溶剂；萜烯溶剂，绝大部分来自松树分泌物，常用的有松节油与双戊烯；酯类溶剂，溶解力强，能溶解硝化棉与多种合成树脂，属强溶剂，常用的主要是醋酸丁酯、醋酸乙酯与醋酸戊酯等醋酸酯类，这些都是无色透明液体，略有水果香味，其中前二者是硝基漆的强溶剂，用量较大；酮类溶剂，对合成树脂的溶解力很强，是硝基漆、聚氨酯等的主要溶剂，也属强溶剂，常用的有丙酮、丁酮、环已酮等；醇类溶剂，常用的为乙醇、丁醇等；醇醚及醚酯类溶剂，由于乙二醇醚及醚酯类溶剂的毒性十分严重，目前使用的醇醚及醚酯类溶剂一般为丙二醇醚类，主要包括丙二醇甲醚、丙二醇乙醚、丙二醇丁醚及其酯类。

4. 助剂

溶剂型木器漆常使用的助剂有润湿分散剂、增塑剂、防沉剂、催干剂、消泡剂、流平剂、消光剂等。

7.4.2 双组分聚氨酯木器漆

当前常用的溶剂型木器漆中，双组分聚氨酯漆的综合性能相对优异，它通过技术配方上的调整很容易获得广范围的物理、化学性能，品种有清漆、磁漆和底漆。另外，它能使存在于很多其他漆种中的某些相互矛盾的性能(如硬度与柔软性、附着力与耐化学性等)达到平衡，这也是聚氨酯漆在木器漆以及其他涂料中广泛应用的最主要原因之一。

目前应用较多的双组分聚氨酯木器漆是双组分羟基固化型聚氨酯漆，常分为甲、乙两组分。甲组分又称主剂，是带有羟基(—OH)的聚酯、丙烯酸树脂、环氧树脂或其他树脂；乙组分又称固化剂，是含有异氰酸酯(—NCO)的加成物或预聚物。平时将两个组分分装，使用时按一定比例混合，组分利用异氰酸酯与羟基的反应交联固化形成聚氨酯漆膜。

1. 双组分聚氨酯木器漆主剂

(1) 醇酸树脂

作为双组分聚氨酯(PU)木器涂料的基料的醇酸树脂常采用蓖麻油、豆油、椰子油、妥尔油等油改性的短油度醇酸树脂，也可以采用中油度醇酸树脂，以改进漆膜的柔软性。如果为了提高漆膜的附着力、耐候性、柔韧性、丰满度、光泽等性能，可以采用蓖麻油醇酸树脂作为主剂。由于蓖麻油酸含有羟基，所以它与别的醇酸树脂性能不同，可以与别的醇酸树脂合用。椰子油改性的醇酸树脂，其耐黄变性优于其他醇酸树脂。

由于醇酸树脂价格低廉、制成的PU漆综合性能良好，所以它是目前PU漆中用量最大的树脂，约占木材PU涂料中的95%。目前市场上所谓双组分聚氨酯漆、三组分聚氨酯漆都是采用醇酸树脂作为主剂树脂制成的。

(2) 合成脂肪酸树脂和聚酯树脂

合成脂肪酸树脂不含有双键，不会像醇酸树脂中含有的油酸那样被氧化成过氧化物而促使聚氨酯中的氨基甲酸酯键的降解引起泛黄等，所以其耐黄变性比醇酸树脂制成的PU漆好，其外观水白、相对分子质量较低、树脂的黏度较小、漆膜丰满。其缺点是耐水性和耐碱性较差，耐热性和附着力也不够理想，不如醇酸树脂制成的PU漆。它与其他树脂的混溶性好，可以单独使用，也可以与醇酸树脂、含羟基丙烯酸树脂混合使用制成PU漆的主剂。

(3) 羟基丙烯酸树脂

羟基丙烯酸树脂中的羟值较低，所用固化剂的量就较少，从而降低了成本，虽然漆膜的交联密度较低，但是涂膜仍然有很好的物理机械性能。另外羟基丙烯酸树脂的相对分子质量和柔韧性均可以通过单体和交联密度来调整，汽车级的羟基丙烯酸树脂(耐候性较好)配上耐黄变的固化剂，可以制成不变黄的PU漆用于室外木材的涂装，该漆具有极佳的耐候性，如果与CAB(醋酸丁酯纤维素)合用作主剂，用耐黄变的固化剂，成漆的性能也十分优异。

(4) 硝化棉(硝基纤维素)

在PU漆中常加入低黏度的硝基纤维素进行改性。加入硝化棉一方面可以提高漆的干燥速度，另一方面可以促进消光粉的排列，增加漆膜的流平效果。由于硝基纤维素含有游离羟基，它也可与PU的固化剂反应形成坚固的涂膜，是当前较理想的木器漆，但存在易变黄的缺点，为了克服这一弊病，可以改用耐黄变固化剂，或用CAB(醋酸丁酯纤维素)来代替硝化棉，也可以采用 VAGH(氯醋树脂)来代替硝化棉或用于深颜色的涂装。

(5) VAGH(氯醋树脂)

双组分聚氨酯涂料一个常见的问题就是干性较慢,导致施工困难。目前市场上有许多品牌的聚氨酯漆,其干性非常快,施工性能得到很大的改善。但此类产品靠加入大量硝化棉来改进干性,硝化棉极易引起漆膜黄变,所以采用 VAGH 代替硝化棉,再添加紫外光吸收剂等,使涂料干性完全达到有硝化棉产品相同的水平。添加 VAGH 后,提高了漆膜的封闭性,可封闭底层的填料以避免刷痕的形成。

(6) CAB(醋酸丁酯纤维素)

为了提高 PU 的干燥速度,克服硝化棉的黄变性,可以采用 CAB 来代替硝化棉,CAB 可以促进消光粉的排列,提高漆膜的流平性。但它的价格比 NC 或 VAGH 贵,所以使用受到了限制。

(7) 醛酮树脂

醛酮树脂与醇酸树脂、丙烯酸树脂、合成脂肪酸树脂等均有很好的混溶性,它本身也含有—OH,可以与固化剂反应,如果在主剂中加入 1%～2%的醛酮树脂,可以改善涂料的施工性能,防止油窝(缩孔)的产生;如果在主漆中加入 3%～5%的醛酮树脂,可以提高涂膜的抛光性能。

(8) 双酚 A 型环氧树脂

在 PU 主剂中加入少许双酚 A 型环氧树脂和羟胺,可以大大提高漆膜的附着力和固化速度。其原理是双酚 A 型环氧树脂主链上的仲羟基能和固化剂的—NCO 反应,羟胺又可以将环氧基打开形成羟基,进一步与—NCO 反应。在 PU 主剂中加入少许双酚 A 型环氧树脂制成的 PU 头到底漆可以用于会吐油的松木、水冬瓜、尤加利等特殊木材上,大大提高了涂膜的附着力。

2. 固化剂

固化剂是含有异氰酸酯(—NCO)的加成物或预聚物类产品,目前木器涂料使用得最多的固化剂仍是早期开发的加成物类产品。最典型的产品是德国 BAYER 公司(拜耳)的 Desmodur L,虽然它的保光、耐候性不太好,易变黄,但由于家具木器常在室内使用,并且木材本身也是浅黄色的,在这种情况下,以上缺点可以忽略。其次是快干固化剂 Desmodur IL 与 Desmodur HL。IL 是由 TDI(甲苯二异氰酸酯)自聚而成的三聚体,它的相对分子质量较大,所以溶剂的释放性好,IL 硬而脆,快干、耐热性好,耐黄变略好于 L;HL 是 TDI/HDI(己二异氰酸酯)的混合多聚体,其干性、耐候性、耐热性均好,在室内不易黄变,硬而不脆,性能优于 IL。上述三类固化剂,根据需要可以单独使用,也可以混合使用。在采用同种羟基树脂、—OH/—NCO 之比相同时,产品的光泽和柔韧性以 Desmodur L 为优;抗划痕性以 HL 为优,IL 的光泽与柔韧性较差,固化速度 HL 与 IL 相近,均比 L 快 1/4～1/3。缩二脲多异氰酸酯 Desmodur N 因价格昂贵、干燥太慢,除特殊要求外使用甚微。还有许多品种的固化剂,如干燥较快、耐黄变性较好的 Desmodur N3390 固化剂,还有 MDI 与 TDI 的混合固化剂等,后者可以提高漆膜的柔韧性和弹性。

3. 溶剂与稀释剂

双组分聚氨酯涂料选择溶剂与其他涂料不同,除了考虑溶解力、挥发速度等溶剂的共性以外,还需要考虑固化剂中—NCO 基团的活泼性。有两个方面需要注意:①不能含有能与固化剂反应的物质；②不能含有影响固化剂与主剂反应的物质。为聚氨酯涂料选择溶剂时，要考虑溶剂中的水、醇、酸和胺等杂质的含量必须很少。聚氨酯木器漆溶剂俗称天那水，一般由酯类、酮类和醚酯类及苯类溶剂混合而成。聚氨酯木器漆用溶剂配方实例详见第三单元。

4. 体质颜料和着色颜料

在制造PU色漆时，要采用主剂中的树脂作为色浆的研磨用树脂，或采用混用性好的通用色浆。在色浆使用时，其用量要将固化剂的树脂量也计算在内；固化剂的用量也必须将色浆中的羟基树脂也包含在内，以免着色力不足和交联密度不够，影响漆膜性能。

在双组分PU漆中能采用的体质颜料和着色颜料比较多，一般涂料用的体质颜料和着色颜料基本上都可以。

5. 助剂

涂料助剂是构成涂料的基本成分，不仅可以改进涂料的生产工艺、提高涂料的质量，而且赋予涂料特殊的功能、改善涂料的施工条件。PU的助剂主要有：流平剂，消泡剂，分散剂，催化剂，吸水剂，抗氧化剂，紫外线吸收剂等。

6. PU漆配方设计举例

科学合理的配方设计是制备优质涂料的第一步，在配方设计时应在众多的因素中抓主要因素，即以主要成膜物质的选择作为重点。应根据涂料产品的用途、技术性能要求、干燥方法和施工应用条件等初步确定一种基料进行试验，或确定一种颜料及配比来优选各种基料。先逐步对体质颜料和着色颜料的类型进行选择，依次再进行基料与体质颜料，着色颜料之间的配比选择。下面对具体的PU配方进行一一讨论。

表7-3　两种PU漆的底漆配方(%)

配方一：透明底漆		
材　　料		组分含量
主剂	HS129 醇酸树脂	75
	BYK-052 消泡剂	0.3
	醋酸丁酯	5
	硬脂酸锌	5
	466(流平剂)	0.1
	二甲苯	14.6
固化剂	Desmodur L75	55
	醋酸正丁酯	35
	醋酸乙酯	10

配方二：白底漆		
材　　料		组分含量
主剂	PJ12A-70D(椰子油改性醇酸树脂)	45
	BYK-052 消泡剂	0.1
	醋酸丁酯	5
	912(分散剂)	1
	钛白粉	18
	硬脂酸锌	4
	800 目滑石粉	20
	466(流平剂)	0.1
	二甲苯	6.8
固化剂	Desmodur L75	55
	醋酸正丁酯	35
	醋酸乙酯	10

表7-3中所示是两种PU漆的底漆配方，配方一按1∶0.5∶0.8(主漆∶固化剂∶稀释剂)配比来施工，得到的漆膜具有高丰满度、高透明度、光滑平整及防发白的优点，缺点是干燥

速度稍慢，打磨性也相对差一些。为了满足交联度，用的固化剂稍多，成本较高，属于中高挡次的 PU 透明底，黏度在 6 000 mPa·s/25℃左右，细度在 40 μm 以下。

配方二按 1∶0.3∶0.5 配比来施工，可得到高填充性、高遮盖力、高丰满度及打磨性好的白底。与配方一不同的是，该配方树脂用量较少，交联度比配方一要小，因此固化剂的量也少用很多。由于该配方的体质颜料和着色颜料含量较大，所以打磨性很好。因为白底对耐黄变性要求不是很高，所以选用一般的 TDI 加成物即可。此配方用的填料较少、钛白粉较多，遮盖力好，属于中高挡次的 PU 白底，黏度在 10 000 mPa·s/25℃左右，细度在 60 μm 以下。

表 7-4 中所示是两种 PU 漆的面漆配方，配方三是典型的 PU 透明哑光清面漆，黏度在 2 000 mPa·s(25℃) 左右，细度在 25 μm 以下，按 1∶0.5∶0.8 的配比来施工，漆膜光泽大概为 40，具有较好的透明度，较好的流平性和手扫性，漆膜快干，平整光滑。属于中高档 PU 木器哑光清面漆。如果不考虑配方的耐黄变性可以添加硝化棉提高漆膜的干性和手扫性能，哑粉的排列也会更好一些。

表 7-4　两种 PU 漆的面漆配方(%)

配方三：透明哑光清面漆			配方四：耐黄变哑光白面漆		
材料		组分含量	材料		组分含量
主剂	3801 醇酸树脂	70	主剂	PJ12A-70D(椰子油改性醇酸树脂)	50
	BYK-052(消泡剂)	0.2		BYK-052(消泡剂)	0.1
	醋酸丁酯	5		醋酸丁酯	5
	CYC(环己酮)	3		CYC(环已酮)	3
	聚乙烯蜡粉	1		BYK-110(分散剂)	1
	消光粉	5		钛白粉	25
	防沉剂(6%固含)	2		消光粉	4
	VAGH(20%)	4		聚乙烯蜡粉	1
	BYK-325(流平剂)	0.1		紫外线吸收剂	0.5
	二甲苯	9.7		防沉剂(6%固含)	2
固化剂	Desmodur L75	40		BYK-323(流平剂)	0.3
	醋酸正丁酯	30		二甲苯	8.1
	醋酸乙酯	10	固化剂	Desmodur HL	40
	TDI 三聚体	20		Desmodur N3390	15
				醋酸正丁酯	35
				醋酸乙酯	10

配方四是耐黄变哑光白面漆，黏度在 6 000 mPa·s/25℃左右，细度在 45 μm 以下，光泽大概为 40。选用椰子油改性醇酸树脂，搭配紫外光吸收剂，主剂已经具有较好的耐黄变性，生产过程中也很好分散，再加上固化剂是耐黄变固化剂，按 1∶0.5∶0.8 的配比施工，产品的漆膜经久耐黄变，持久恒白。

在配方设计过程中，还应注意各种原料的性能及来源、质量检验方法和价格，了解涂料的主要生产设备情况，使配方设计与生产工艺设备能紧密结合以提高生产效率。配方设计不仅要考虑质量指标，还要考虑生产成本，要充分选用价格低、资源丰富的原料，以达到以最低的成本制造出质量最好产品的目的。

7.4.3　硝基木器漆

硝基漆又称硝酸纤维素漆、喷漆、蜡克等，是以硝化棉为基础的一类涂料，不含颜料的品种称硝基清漆，含颜料的品种有硝基磁漆、硝基底漆与硝基腻子等。

硝基漆是国内外木器油漆长期使用的少数几类涂料之一，由于它干燥快、光泽好、坚硬耐磨、装饰性强，调整组分比例可以制出多种规格的品种，因此广泛应用于金属、木材、皮革等各种制品的涂饰。其缺点是固含量较低，需要较多的施工道数才能达到较好的装饰效果，耐久性不太好，漆膜保护作用过强，耗用的有机溶剂过多，在石油价格节节攀升的今天，成本相对较高。硝基漆一般由硝化棉、合成树脂、颜填料、增塑剂及溶剂组成。

1. 硝化棉

硝化棉是硝酸纤维素酯的简称，是硝酸与纤维素作用生成的一种酯，外形为白色或微黄色纤维状，不溶于水，能溶于酮或酯类有机溶剂。将其溶液涂于物体表面，溶剂很快挥发，剩下一层硝化棉薄膜，比较坚硬，有一定的抗潮与耐化学药品腐蚀的能力，所以用它作成膜物质制漆。

硝酸纤维素的应用面很广，选用时以其含氮量及黏度为技术要求。含氮量低于10.5%的硝酸纤维素溶解性很差，10.5%～11.2%的较多用于赛璐珞，而高于12.3%时则易于分解爆炸，12.6%以上者常用于制造炸药。应用于涂料工业的含氮量为11.2%～12.2%，其中11.7%～12.2%的更多。含氮量相同的硝化棉可以制成不同的黏度，黏度反映其相对相对分子质量的大小。硝化棉的黏度常用落球黏度计测量，一般制成1/4、1/2、5、10、30、40 s等多种。黏度高的硝化棉机械强度、抗张强度与韧性增加而溶解性差；低黏度硝化棉脆硬弹性差，但溶解性好。

单独用硝化棉制漆，其漆膜光泽不高(半光状态)、硬脆、柔韧性不足、附着力差，固体分含量低，涂料的基本性能很差，为克服这些缺点在制漆时需加入一些与硝化棉混溶性好的合成树脂。

2. 合成树脂

合成树脂也是硝基漆的重要组分，虽称硝基漆，但漆中树脂的数量常为硝化棉的0.5～5倍。漆中加入合成树脂可以在不明显增加漆液黏度的情况下提高漆的固体分含量，并使漆膜丰满光亮附着力好。加入某些树脂能不同程度地提高耐候、耐水、耐化学性等。大部分合成树脂都可与硝化棉拼用制漆，其中应用较多的是醇酸树脂与松香树脂。

(1) 醇酸树脂

多用短、中油度的不干性醇酸树脂，如短油度蓖麻油醇酸树脂或椰子油醇酸树脂，改善漆膜柔韧性、附着力、耐候性、光泽、丰满度及保色性，但如用量过多，会降低漆的硬度、耐磨性与打磨抛光性。

(2) 松香树脂

松香树脂中主要采用甘油松香与顺丁烯二酸酐松香甘油酯(也叫马来酸树脂)，其熔点高达 125～145℃，用于硝化纤维素漆中可以产生光泽高，打磨抛光性好、较高的硬度及较高的固含量。但由于本身的耐候、耐寒性及柔韧性差，因而一般用于木器清漆及底漆中。其用量不宜太多，往往和醇酸树脂合用。

3. 颜填料

着色颜料与体质颜料为各种硝基磁漆、底漆与腻子的重要组分。由于硝基漆的漆膜薄，所用的颜料必须具备比重轻、遮盖力强、性质稳定及不渗色等特点。常用的有：钛白、甲苯胺红、酞青蓝、铬黄、铬绿、炭黑、氧化铁黑等。

4. 增塑剂

硝基漆中加入增塑剂改善了涂膜的柔韧性与附着力，并促使各成分更均匀的混合，也提高了光泽与耐寒性。但加入较多可能会降低漆膜抗张强度、硬度及耐热性等。

常用的增塑剂分为溶剂型与非溶剂型二类，前者能与硝化棉无限混溶，与硝化棉的溶剂相似，常用的有苯二甲酸二丁酯、磷酸三甲酚酯、磷酸三苯酯等。常用的非溶剂型有不干性油，如蓖麻油，还有软树脂如不干性油改性醇酸树脂，兼作硝基漆的添加树指与增塑剂。

5. 溶剂

根据对硝化棉与树脂的溶解能力，并考虑挥发速度与成本，硝基漆中主要采用混合溶剂，俗称香蕉水，又名天那水。混合溶剂主要包括酯类、酮类、醇醚类等真溶剂，醇类等助溶剂，以及苯类等稀释剂。

6. 硝基漆配方实例

(1) 腻子。典型的透明腻子配方见表 7-5。

表 7-5 硝基透明腻子

原料	用量(质量份)	原料	用量(质量份)
H1/2 s 硝化棉	9.0	甲苯	10.0
滑石粉	23.0	天那水	21.0
422 树脂	10.0	短油度醇酸树脂	4.00
硬脂酸锌	23.0		

422 树脂是一种马林酸树脂，是以松香和顺丁烯二酸酐进行加成反应并且用甘油酯化而成。具有软化高、色泽浅、不易泛黄、热稳定性好及附着力强等优点，适用于清漆、油漆、油墨、黏合剂等行业。

天那水即硝基漆溶剂，其典型配方见表 7-6：

表 7-6 NC 天那水配方

原料	用量(质量份)	原料	用量(质量份)
乙酸丁酯	30.0	乙酸乙酯	20.0
丁醇	2.00	乙氧基乙醇	1.50
异丁酮	3.50	甲基异丁基酮	2.50
醋酸戊酯	3.50	甲苯	37.0

(2) 底漆。透明底漆典型配方见表 7-7。

表 7-7　硝基透明底漆

原料	用量(质量份)	原料	用量(质量份)
H1/4 s 硝化棉	20.0	422 树脂	15.5
天那水	46.4	BYK-141	0.15
硬脂酸锌	4.00	短油度醇酸树脂	11.5
邻苯二甲酸二辛酯	2.00		

(3) 面漆。全亚光面漆典型配方见表 7-8。

表 7-8　硝基全亚光面漆

原料	用量(质量份)	原料	用量(质量份)
H1/4 s 硝化棉	17.0	ED-30	3.00
MW-1135	1.50	天那水	40.1
BYK-300	0.20	椰子油醇酸树脂	28.0
邻苯二甲酸二辛酯	2.00		

ED-30:二氧化硅消光剂,美国格雷斯公司;MW-1135:deuchem 消光剂。

7.4.4　光固化木器漆的配方设计

涂料按照固化方式可分为光(UV)固化、热固化、潮气固化、空气固化。光固化涂料的固化光源一般为紫外光(光固化)、电子束(EB)和可见光,由于电子束固化设备较为复杂且成本高,而可见光固化涂料又难以保存,因此目前最常用的固化光源依然是紫外光,光固化涂料一般是指紫外光固化涂料(光固化 Curing Coating),也称光敏漆,它属于辐射固化。

1. 光固化木器漆的分类

光固化木器漆是光固化涂料产品中产量较大的一类,它的应用包括三个方面,即浸涂(塑木合金)、填充(密封和腻子)和罩光。按使用场合与质量要求,光固化木器漆可分为拼木地板漆和装饰板材漆;按光泽度高低又分为高光、哑光等多种类型。其涂装方式绝大多数以辊涂为主,也有部分喷涂、淋涂、刮涂等。就施工方面而言,光固化木器涂料包括光固化腻子漆、光固化底漆和光固化面漆。

(1) 光固化腻子漆

光固化腻子漆通常用于表面较粗糙的木基材料,如刨花板、纤维板等,其作用是填充底材小孔及微细缺陷、密封底材表面,使随后涂装的装饰性涂料不会被吸人而引起表观不平整,为粗材质材料提供光滑的表面。

光固化腻子漆通常为膏状物,除了含有光引发剂、低聚物、活性稀释剂等光固化涂料基本组分外,还含有较高比例的无机填料。

(2) 光固化底漆

光固化底漆与光固化腻子漆的使用场合和作用不同,后者常用于表面平整、光滑度较差的木材,而光固化底漆则应用于表面较为光滑平整的木材。光固化底漆与光固化腻子漆相比,所含无机填料较少、黏度较低。光固化底漆中所添加的无机填料与光固化腻子漆中加入填料的品种和作用相同。另外，光固化底漆中有时还加入少量硬脂酸锌，它可起到润滑作用，还可防止在打磨涂层表面时产生过多的“白雾”。

(3) 光固化面漆

光固化面漆不含无机填料，这是它与光固化腻子漆和光固化底漆在成分上的主要区别。若要获得亚光或磨砂效果可以适当添加硅粉类消光剂。光固化面漆广泛用于天然木材或木饰面，可产生高光泽闭纹的涂饰效果。根据不同的用途可配制各种不同类型的木器漆，如高光泽或消光型、有色或无色、辊涂/淋涂/喷涂、家具/硬木地板/软木板漆等。一般光固化面漆较难配制得到完全无光的漆面，常选粒径 25 μm SiO_2用作消光剂较为适宜。

2. 光固化木器漆的基本组成

油性 UV 固化木器漆主要由光敏预聚物(光固化树脂)、光引发剂、活性稀释剂及其他添加剂(如着色剂、流平剂、增塑剂等)组成，质量配比一般为：基质树脂 30%～60%，活性稀释剂 40%～60%，光引发剂 1%～5%，其他助剂 0.2%～1%；水性 UV 固化涂料由水性光固化树脂、水性光引发剂、水和助剂组成。其中，树脂即预聚物是光固化体系最重要的组份，它决定着固化膜的物理机械性能和化学性能如硬度、柔韧性、黏附性、耐磨性、耐腐蚀性等，且对光固化速度也有很大的影响。

(1) 光固化树脂(光敏树脂)

常用的溶剂型光固化树脂是含双键的预聚物，主要包括：不饱和聚酯、环氧丙烯酸酯、聚氨酯丙烯酸酯和丙烯酸酯类等，如表 7-9 所示。但实际应用最多的还是环氧丙烯酸酯，其次是聚氨酯丙烯酸酯。

表 7-9 UV 固化涂料常用预聚物

预聚物	优 点	缺 点
不饱和聚酯	价低，固化较快，对颜填料润湿性好，韧性高	光泽低，耐抗性差，易乳化
聚酯丙烯酸酯	价较低，对颜填料润湿性好，综合性能好	耐化学药品性能差
聚醚丙烯酸酯	固化较快，附着力高，光泽较好，柔韧性好	耐抗性差，易乳化
环氧丙烯酸酯	价低，固化快，附着好，光泽高	柔韧性差，易乳化
聚氨酯丙烯酸酯	固化较快，光泽高，柔韧耐磨，综合性能优	价格高，粘度大

环氧丙烯酸酯(EA)是目前使用量最大、应用最广的 UV 预聚物，具有硬度大、光泽高、耐化学药品性能优异、较好的耐热性和电性能及价格低廉等优点。其结构中有芳环和侧位羟基，芳环赋予树脂较高的刚性，固化后涂膜有较高的硬度，但同时会使涂膜变脆，柔韧性不理想，树脂体系黏度大，因此国内外对 EA 的研究大都集中在对其改性上。

$$\underset{\diagdown O \diagup}{CH_2—CH}—R—\underset{\diagdown O \diagup}{CH—CH_2} + CH_2{=}CH—COOH \xrightarrow{催化剂}$$

$$CH_2{=}CH—\overset{\overset{O}{\|}}{C}—O—CH_2—\underset{\underset{OH}{|}}{CH}—R—\underset{\underset{OH}{|}}{CH}—CH_2—O—\overset{\overset{O}{\|}}{C}—CH{=}CH_2$$

环氧丙烯酸酯

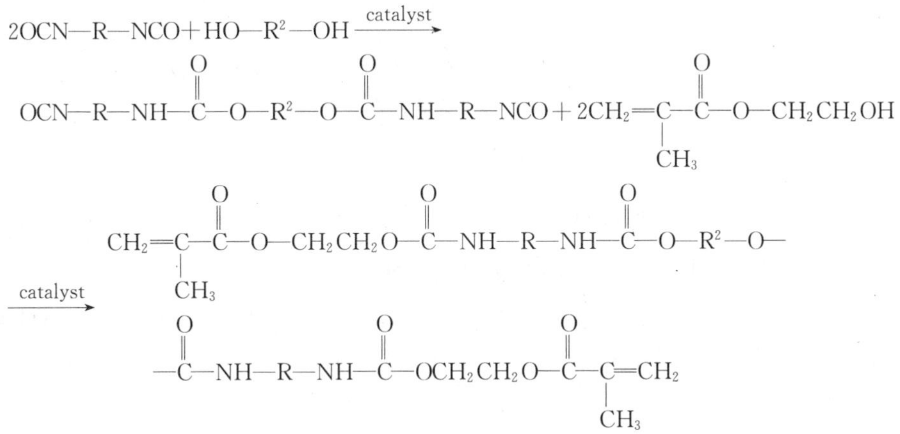

$$2OCN{-}R{-}NCO + HO{-}R^2{-}OH \xrightarrow{catalyst}$$

$$OCN{-}R{-}NH{-}\overset{\overset{O}{\|}}{C}{-}O{-}R^2{-}O{-}\overset{\overset{O}{\|}}{C}{-}NH{-}R{-}NCO + 2CH_2{=}\underset{\underset{CH_3}{|}}{C}{-}\overset{\overset{O}{\|}}{C}{-}O{-}CH_2CH_2OH$$

$$\xrightarrow{catalyst} CH_2{=}\underset{\underset{CH_3}{|}}{C}{-}\overset{\overset{O}{\|}}{C}{-}O{-}CH_2CH_2O{-}\overset{\overset{O}{\|}}{C}{-}NH{-}R{-}NH{-}\overset{\overset{O}{\|}}{C}{-}O{-}R^2{-}O{-}$$

$$-\overset{\overset{O}{\|}}{C}{-}NH{-}R{-}NH{-}\overset{\overset{O}{\|}}{C}{-}OCH_2CH_2O{-}\overset{\overset{O}{\|}}{C}{-}\underset{\underset{CH_3}{|}}{C}{=}CH_2$$

聚氨酯丙烯酸酯

聚氨酯丙烯酸酯预聚物的综合性能最优，这是因为聚氨酯具有的氨酯健在高聚物分子间很容易形成氢键，在外力的作用下氢键可分离而吸收外来的能量，当外力除去后可重新再形成氢键，如此氢键裂开、再形成，可逆重复，使得漆膜具有优异的性能如耐磨性和柔韧性亮好、断裂伸长率高，同时有良好的耐化学药品性和耐高、低温性能，较好的耐冲击性。聚氨酯丙烯酸酯虽然具有较佳的综合性能，但也存在着固化速度相对慢、黏度大价格高等缺点。

水性光固化树脂是指可溶于水或可用水分散的光固化树脂，分子中既含有一定数量的强亲水基团，如含有羧基、羟基、氨基、醚基、酰氨基等，又含有不饱和基团，如丙烯酰基、甲基丙烯酰基或烯丙基。水性光固化树是可分为乳液型、水分散型和水溶型三类。主要包括三大类：水性聚氨酯丙烯酸酯、水性环氧丙烯酸酯和水性聚酯丙烯酸酯。

（2）活性稀释剂

活性稀释剂是指具有可聚合的反应性官能团，能参与光固化交联反应，并对光固化树脂起溶解、稀释、调节黏度作用的有机小分子。通常将活性稀释剂称为单体或功能性单体。活性稀释剂可参与光固化反应，因此减少了光固化涂料有机挥发分（VOC）的排放，这赋予了光固化涂系的环保特性。

按反应性官能团的种类，活性稀释剂可分为（甲基）丙烯酸酯类、乙烯基类、乙烯基醚类和环氧类等。其中以丙烯酸酯类光固化活性最大，甲基丙烯酸酯类次之。

① 单官能团活性稀释剂，主要有丙烯酸酯类和乙烯基类。丙烯酸酯类活性稀释剂有丙烯酸正丁酯（BA）、丙烯酸异辛酯（2-EHA）、丙烯酸异癸酯（IDA）、丙烯酸月桂酯（LA）、（甲基）丙烯酸羟乙酯、（甲基）丙烯酸羟丙酯，以及一些带有环状结构的（甲基）丙烯酸酯等；乙烯类活性稀释剂有苯乙烯（St）、醋酸乙烯酯（VA）以及 N－乙烯基吡咯烷酮（NVP）等。单官能团活性稀释剂一般相对分子质量小，因而挥发性较大，相应地气味大、毒性大，其使用受到一定限制。

② 双官能团活性稀释剂，它含有两个可参与光固化反应的活性基团，主要有乙二醇类二丙烯酸酯、丙二醇类二丙烯酸酯和其他二醇类二丙烯酸酯。应用较广泛的主要有：

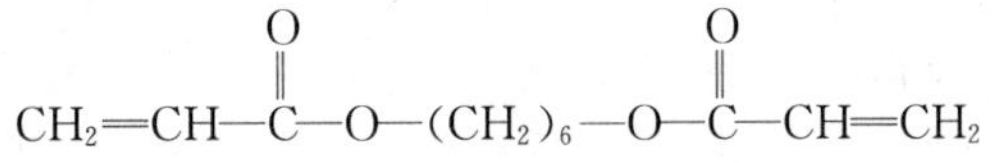

$$CH_2{=}CH{-}\overset{\overset{O}{\|}}{C}{-}O{-}(CH_2)_6{-}O{-}\overset{\overset{O}{\|}}{C}{-}CH{=}CH_2$$

1,6-己二醇二丙烯酸酯（HDDA）

$$CH_2{=}CH{-}C({=}O){-}O{-}CH_2{-}CH(CH_3){-}O{-}CH_2{-}CH(CH_3){-}O{-}C({=}O){-}CH{=}CH_2$$

二缩丙二醇二丙烯酸酯(DPGDA)

$$CH_2{=}CH{-}C({=}O){-}O{-}CH_2{-}CH(CH_3){-}O{-}CH_2{-}CH(CH_3){-}O{-}CH_2{-}CH(CH_3){-}O{-}C({=}O){-}CH{=}CH_2$$

三缩丙二醇二丙烯酸酯(TPGDA)

③ 多官能团活性稀释剂，它含有 3 个或 3 个以上的可参与光固化反应的活性基团，常用的多官能团活性稀释剂主要有：

$$CH_2{=}CH{-}C({=}O){-}O{-}CH_2{-}C[CH_2{-}O{-}C({=}O){-}CH{=}CH_2]_2{-}CH_2{-}CH_3$$

三羟甲基丙烷三丙烯酸酯(TMPTA)

$$CH_2{=}CH{-}C({=}O){-}O{-}CH_2{-}C[CH_2{-}O{-}C({=}O){-}CH{=}CH_2]_2{-}CH_2{-}OH$$

季戊四醇三丙烯酸酯(PETA)

$$CH_2{=}CH{-}C({=}O){-}O{-}CH_2{-}C[CH_2{-}O{-}C({=}O){-}CH{=}CH_2]_2{-}CH_2{-}O{-}C({=}O){-}CH{=}CH_2$$

季戊四醇四丙烯酸酯(PETTA)

$$CH_3{-}CH_2{-}C[CH_2{-}O{-}C({=}O){-}CH{=}CH_2]_2{-}CH_2{-}O{-}CH_2{-}C[CH_2{-}O{-}C({=}O){-}CH{=}CH_2]_2{-}CH_2{-}CH_3$$

二缩三羟甲基丙烷四丙烯酸酯(DTMPTTA)

④ 光引发剂，又称光敏剂或光固化剂，是一类能在紫外光区（250～420 nm）或可见光区（400～800 nm）吸收一定波长的能量，产生自由基、阳离子等，从而引发单体聚合交联固化的化合物。用量一般占涂料重量的 3%～5%；成本一般占涂料成本的 25%～35%

光引发剂按光解机理分为自由基聚合光引发剂和阳离子聚合光引发剂两大类，又以自由基型光引发剂最为广泛，占商业化产品总量的 90%以上。自由基型光引发剂按产生自由基的作用机理可分为裂解型光引发剂和夺氢型光引发剂。按结构特点光引发剂可分为六类：a. 苯偶姻及衍生物（安息香、安息香双甲醚、安息香乙醚、安息香异丙醚、安息香丁醚）；b. 苯偶酰类（二苯基乙酮、α，α-二甲氧基-α-苯基苯乙酮）；c. 烷基苯酮类（α，α-二乙氧基苯乙酮、α-羟烷基苯酮、α-胺烷基苯酮）；d. 酰基磷氧化物（芳酰基膦氧化物、双苯甲酰基苯基氧化膦）；e. 二苯甲酮类（二苯甲酮、2,4-二羟基二苯甲酮、米蚩酮）；f. 硫杂蒽酮类（硫代丙氧基硫杂蒽酮、异丙基硫杂蒽酮）。

阳离子型光引发剂也是重要的光引发剂，包括二芳基碘鎓盐、三芳基碘鎓盐、烷基碘鎓盐、异丙苯茂铁六氟磷酸盐等。

3. 光固化木器漆的配方举例

(1) 丙烯酸酯体系光固化白色腻子配方

原　　料	用量(质量份)	原　　料	用量(质量份)
双酚A环氧丙烯酸酯	28.2	表面活性剂	0.130
三羟甲基丙烷三丙烯酸酯	7.53	钛白粉	14.1
异丙基硫杂蒽酮(ITX)	1.00	滑石粉	14.1
苯甲酸二甲基氨基乙酯	4.80	氧化钡	28.2
N-乙烯基吡咯烷铜	1.88		

(2) 丙烯酸酯体系光固化木器底漆配方

原　　料	用量(质量份)	原　　料	用量(质量份)
双酚A环氧丙烯酸酯(含20%TPGDA)	33.5	二苯甲酮	5.00
四官能度聚酯丙烯酸酯	15.0	Darocure 1173 α-羟烷基苯酮	1.50
TPGDA	40.0	硬脂酸锌	0.500
叔胺	4.00	流平助剂	0.500

(3) 丙烯酸酯体系光固化木器面漆配方

原　　料	用量(质量份)	原　　料	用量(质量份)
双酚A环氧丙烯酸酯	32.0	四乙氧基化三羟甲基丙烷三丙烯酸酯	10.0
聚氨酯丙烷酸酯(Photomer6008)	10.0	DMPA(Irgacure651)	4.00
TPGDA	38.0	二苯甲酮	2.00
三乙氧基化三羟甲基丙烷三丙烷酸酯	3.00	三乙醇胺	1.00

7.5　水性木器漆的配方设计

水性木器漆是以水为分散介质和稀释剂的涂料，可以定义为以聚合物乳液或分散体为基料，使颜(或染料)填料及各种助剂分散在其中而组成的均匀水分散系统。与常用的溶剂型涂料不同，其配方体系是一个更加复杂的体系。配方设计时，不仅要关注聚合物的类型、乳液及分散体的性能，还需要合理选择各种助剂并考虑到各成分之间的相互影响进行合理匹配。有时还要针对特殊要求选用一些特殊添加剂，最终形成适用的配方。

7.5.1 水性木器涂料的基本组成

从前面介绍可知,水性木器漆的基本组成为聚合物乳液或分散体、颜料(或染料)、填料、各种助剂及水。聚合物乳液或分散体是成膜的基料,决定了漆膜的主要性能;颜料(或染料)又称着色剂,主要针对色漆而言,使得水性漆具有所需颜色。颜料用于实色漆(不显露木纹的涂装),染料用于透明色漆(显露木纹的涂装);填料主要用于腻子和实色漆中,增加固体份,填料可少加或不加。水性腻子中必须加少量填料,如滑石粉、重钙以及硬脂酸锌等,总用量在15%~30%之间均可。填料越多腻子的透明性越差,但填隙性越好。配方中有颜填料时要加入颜填料总量2%~10%的润湿分散剂帮助颜填料分散。

助剂可分为如下种类:

a. 成膜助剂:在水挥发后,使乳液或分散体微粒形成均匀致密的膜,并能改善低温条件下的成膜性。常用的成膜助剂有丙二醇苯醚、甲基苄醇、乙二醇醚类及其酯、丙二醇醚及其酯、醇酯-12聚结剂(2,2,4-三甲基-1,3-戊二醇单异丁酸酯)等。也常采用混合体系。

b. 抑泡剂和消泡剂:抑制生产过程中漆液产生的气泡并能使已产生的气泡逸出液面并破泡。

c. 消光剂:木器漆主要用于木材涂装,要保持木材的天然美感,透木纹性要好,所以多用高光及亚光清漆,制造亚光清漆必须使用消光剂。

d. 流平剂:改善漆的施工性能,形成平整的,光洁的涂层。常规的流平剂有丙烯酸共聚物、有机硅和氟碳表面活性剂三类

e. 润湿流平剂:提高漆液对底材的润湿性能,改进流平性,增加漆膜对底材的附着力。

f. 分散剂:促进颜料和填料在漆液中的分散。

g. 流变助剂:对漆料提供良好流动流平性,减少涂装过程中的弊病。

h. 增稠剂:增加漆液的黏度,提高一次涂装的湿膜厚度,并且对腻子和实色漆有防沉淀和防分层的作用。主要有无机增稠剂(以膨润土为主)和有机增稠剂(纤维素类、丙烯酸酯类、缔合型聚氨酯类)。

i. 防腐剂:防止漆液在贮存过程中霉变。

g. 香精:使漆液具有愉快的气味。

k. pH调节剂:调整漆液的pH值,使漆液稳定。

l. 蜡乳液或蜡粉:提高漆膜的抗划伤性和改善其手感。

m. 特殊添加剂:针对水性漆的特殊要求添加的助剂,如防锈剂(铁罐包装防止过早生锈)、增硬剂(提高漆膜硬度)、消光剂(降低漆膜光泽)、抗划伤剂、增滑剂(改善漆膜手感)、抗黏连剂(防止涂层叠压黏连)、交联剂(制成双组份漆,提高综合性能)、憎水剂(使涂层具有荷叶效应)、耐磨剂(增加涂层的耐磨性)、紫外吸收剂(户外用漆抗老化,防止变黄)等,凡此种种不一而足。

此外,配方设计时往往还要添加少量的水以便制漆。助剂是包含在涂料中的少量却必不可少的材料,使涂料改变某些性能。可能的组合是无限的,不同的应用也是无限的。

1. 聚合物乳液或分散体

水性木器漆面漆清漆的配方中,基料即聚合物乳液或分散体要占80%以上,最好在90%

以上。由于乳液特别是水分散体的固体份较低(水分散体一般在30%～35%),配方设计时应尽量提高基料的用量,使得漆液中的有效成膜物含量尽可能多,这样才能保证制成的漆一道涂装时漆膜较厚、丰满度高。

聚合物乳液一般较水分散体的固体份高。水性基料固体份提高到一定程度后黏度增加很快,甚至稠到不能顺利制漆的程度。水分散体因粒子小,所以这种现象更显著,通常只能做成35%以下的浓度。因为乳液粒子比较大,同样固体份下的黏度小一些,一般能制成50%左右的固体份。配方设计时应该考虑到这种差别,采用水分散体制漆时,更要尽可能多地提高分散体的用量。

水性木器漆实色漆中有部分颜料和填料,乳液或水分散体的用量相应要降低,一般在70%～80%左右,而腻子中填料更多,乳液或分散体的用量基至可低至50%左右。

2. 颜填料

实色漆中,以白漆为例,钛白粉用量要能保证漆膜有足够的遮盖力,钛白粉的用量不应低于13%,但也不必高于22%,这种情况与溶剂型白漆是一样的。填料可少加或不加。水性腻子中必须加少量填料,如滑石粉、重钙以及硬脂酸锌等,总用量在15%～30%之间均可。填料越多,腻子的透明性越差,但填隙性越好。配方中有颜填料时要加入颜填料总量2%～10%的润湿分散剂帮助颜填料的分散。

3. 助剂

(1) 成膜助剂

又称成膜助溶剂,能够对乳液中聚合物粒子产生溶解和溶胀作用,使粒子在较低温度下也能够随水分的挥发产生塑性流动和弹性变形而聚结成膜,但在成膜以后较短时间内又能挥发逸出,而不影响涂膜的玻璃化转变温度,高温涂膜不回黏。理想的成膜助剂应符合以下要求:①成膜助剂应是聚合物的强溶剂,因而能降低聚合物的玻璃化温度,并有很好的相溶性,否则会影响漆膜的外观光泽;②在水中的溶解度小,易被乳胶微粒吸附而有优良的聚结性能。微弱的水溶性,容易被乳胶漆其他组分所乳化;③应具有适宜的挥发速度,在成膜前保留在聚合物中,成膜后能完全挥发。

可以用作成膜助剂的有机溶剂有很多,成膜助剂在被采用后,将首先在水相和聚合物中(有机相)进行分配,其成膜效能取决于两相中的分配系数,取决于该助剂的增效性能,还取决于它的挥发速度。

在聚合物及水相中,成膜助剂的浓度是平衡的,满足下式关系:

$$D=\frac{C_w}{C_p}$$

式中D为分配系数,C_w指成膜助剂在水中的浓度(%),C_p指成膜助剂在聚合物中的浓度(%)。当D值越低时,水相中所含成膜助剂越少,成膜助剂效能才能比较显著。试验表明,氢键作用参数高的成膜助剂在水相中含量高,如丙二醇、乙二醇在水中溶解度大,不能作成膜助剂,但可用作防冻剂及改进涂刷性。

成膜助剂可以看作聚合物的内增塑共聚单体;成膜助剂的玻璃化温度可用来判定它对聚合物的增塑性;增塑聚合物的玻璃化温度,与聚合物的及成膜助剂的玻璃化温度具有加合性。成膜助剂在聚合物中挥发速度太快,则对成膜无助或少助;如挥发太慢,长期存在于涂膜中,则涂膜干性差、易沾污，且硬度低、不耐擦洗。因此二者必须平衡。

常用的成膜助剂有丙二醇苯醚、甲基苄醇、乙二醇醚类及其酯、丙二醇醚及其酯、醇酯-12聚结剂(2,2,4-三甲基-1,3-戊二醇单异丁酸酯)等。也常采用混合体系。

(2) 消泡剂

① 消泡剂的成分和作用机理，一般认为消泡可分为以下四个过程：消泡剂吸附到泡膜的表面；消泡剂渗透到泡膜的表面；消泡剂在泡膜表面上扩散，并吸附表面活性剂；泡膜的表面张力不平衡——破泡。简单示意图如图7-1所示。

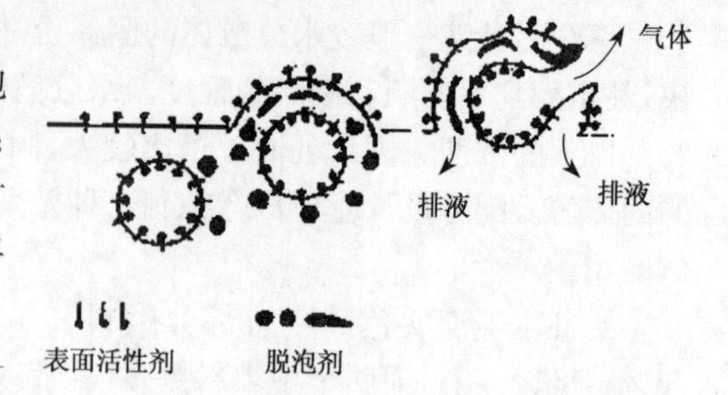

图7-1　脱泡剂、消泡的简单示意图

构成消泡剂的主要成分有：载体、扩展剂——矿物油、石蜡、含氧油、天然油、脂肪醇；表面活性剂分子的吸收剂——蜡、皂、氨基化合物、疏水二氧化硅；机械破坏泡沫壁层，同时也是扩展剂和表面活性剂的吸附剂——硅油、改性硅油；还有调节相容性的非离子表面活性剂。由上述成分构成的各类消泡剂在水性木器漆中的适用情况不同，在面漆中的应用比较复杂。

② 水性木器漆用消泡剂的类型，消泡剂按其组成成分主要分为低级醇类、矿物油类、有机硅化合物类(有机聚硅氧烷、有机聚硅氧烷/无机硅复合)及超支化聚合物类。水性木器漆常用的消泡剂主要是矿物油类和有机硅化合物两大类。矿物油类消泡剂的成本较低、消泡能力较弱，主要由载体油和憎水颗粒组成，憎水颗粒一般用憎水的气相二氧化硅，易出现漆膜发乌现象，可用于光泽不高的腻子、底漆；有机硅树脂类是现在水性木器漆主要选用的消泡剂，主要为强憎水有机硅乳液，如二甲基硅氧烷和聚醚改性二甲基硅氧烷组成，且对光泽和透明性没有什么影响，在透明、高光泽面漆中应尽量采用这类消泡剂。

(3) 消光剂

在木器漆中作为消光剂可分为有机物和无机物两大类。无机物主要是合成的二氧化硅、天然的硅藻土及高岭土等；有机物主要有聚乙烯蜡、聚丙烯蜡、乙烯-丙烯共聚蜡，含氟的乙烯蜡及硬脂酸的金属皂等。目前国内市场销售量比较大的是SiO_2。其中哑光漆根据哑度要求不同消光粉可在0%～4%之间选择。水性漆比溶剂性漆容易消光，全亚水性木器漆中消光粉的用量也不会超过4%。

(4) 流平剂

流平的推动力是表面张力，它使涂层从凹槽、条痕或皱纹表面流平成一个光滑面。

常规的流平剂有丙烯酸共聚物、有机硅和氟碳表面活性剂三类。以甲基丙烯酸酯作为单体的均聚物和共聚物通常可作为流平剂，通过控制它们同基料树脂的不相容的程度来起到流平的作用。选择不同的单体、控制平均相对分子质量和用不同的官能团改性都可改变流平效果。有机硅类流平剂的表面张力低，表面活性极高，这是因为有机硅可在表面上富集大量的甲基基团。新一代的有机硅流平剂常用聚醚改性、聚酯改性或烷基改性。除此之外，还可通过调节相对分子质量和硅含量来达到调节流平剂性能的目的。氟碳类流平剂是所有流平剂中对降低表面张力最有效的，但是存在再涂时易起泡的缺点。

(5) 润湿流平剂

它能有效地降低体系的表面张力，显著改善水性木器漆的施工效果。加入润湿流平剂后漆液对底材的润湿性和渗透性增加,漆液的流平性得到改善,有时还能克服缩边(镜框效应)问题。更重要的是润湿流平剂能解决常见的缩孔问题,特别是过度使用消泡剂后引起的缩孔。但过量的润湿流平剂会抵消消泡剂的消泡作用,使得漆液在施工时产生气泡,有的还有明显的稳泡作用,所以应尽量选用流平性好、起泡性低、稳泡性小的润湿流平剂。润湿流平剂与消泡剂的配合,包括品种的选择和用量的控制,是水性木器漆配方研究的重点。

润湿流平剂一般用量在0.1%～1.0%,最好控制在0.3%左右,当消泡剂超量时,为了克服缩孔,润湿流平剂的用量甚至会超过1%。腻子配方中可不用润湿流平剂。

(6) 增稠剂

水性涂料黏度通常都较低,表面张力大,在存储时很容易发生沉降而有分层、絮凝、沉淀等问题,在立面涂装时会发生流挂。当加入增稠剂之后,由于增加了涂料的流变性,基本上可以克服以上缺陷。

水性木器涂料用的增稠剂应具备以下性能:①用量小而增稠性、触变性好;②贮存稳定性好,无副作用;③能改善其施工性能和涂膜致密性,提高丰满度。目前市场上可选用的增稠剂品种很多,主要有无机增稠剂(以膨润土为主)和有机增稠剂(纤维素类、丙烯酸酯类、缔合型聚氨酯类)。其中缔合型聚氨酯类增稠剂的分子结构中含有憎水剂和强极性基团,能与乳液粒子发生缔合作用,形成瞬间网状结构,无阴离子存在,许多性能优于其他增稠剂。

(7) 防腐剂

异噻唑啉类防腐剂用量在0.1%已足能防止漆液在贮存过程中霉变。加0.1%的防腐剂后,水性木器漆密封贮存期可达两三年。

(8) 香精

香精的用量只要能起到改善漆液的气味作用即可,用量0.05%左右已足够,个别情况可高至0.1%。

(9) pH调节剂

乳液或水分散体的pH值为8～9时不必再用pH调节剂,否则制漆过程中要加0.05%～0.1%的pH调节剂,将漆液的pH值调至7～9。许多水性木器漆只有在中性至微碱性条件下才能稳定,当pH值过高或过低时,漆液可能会产生絮凝、沉淀、返粗、施工性能恶化等现象,应予以充分重视。

(10) 蜡乳液

蜡乳液要加至配方总量的2%～8%才会有明显的效果,过多的蜡乳液影响漆膜光泽度并降低层间附着力,用量为3%～5%最好。腻子不用蜡乳液,除非有特殊的表面效果要求。一般实色漆中多不必加蜡乳液,有时蜡乳液可用蜡粉代替。

(11) 其他

针对特殊要求,可选用某些特殊的添加剂,其总量不超过5%。室内用水性木器漆很少用紫外吸收剂,对用TDI制的乳液或水分散体生产的清漆以及户外用漆,特别是户外用白漆最好添加0.2%～0.6%的紫外吸收剂,以阻止光降解和降低光致变色的速度。防锈剂的用量为0.05%～0.3%,憎水剂的用量为0.1%～5%,增滑剂为0.1%～0.5%等等。

双组分水性木器漆所用交联剂用量,依交联机理不同和品种不同有很大差别,少的只加1%～3%已足,多的可能用到30%～50%才能有很好的交联效果。

7.5.2 单组分水性木器涂料配方及制备工艺

现阶段的水性木器涂料领域中已成功工业化的多为单组分水性木器涂料。

其主要配方技术要求概括起来有以下几个方面：①消泡；②表面流平；③成膜黏度条件；④配合其他分散体调整性能。

水性木器涂料同溶剂型木器涂料一个很大的不同，即制备过程中在制备有颜料的涂料体系时，由于乳液的机械稳定性略差，不能直接分散颜填料，所以会有一个将颜填料预先分散打浆的过程。

1. 单组分水性木器涂料制备工艺

(1) 单组分水性木器涂料制备工艺(无颜料)

组分 1： 成膜助剂 消泡剂 水 pH 调节剂 其他助剂 组分 2： 聚合物分散体 蜡分散体	① 无蜡分散体配方 将组分 1 中所有材料放入容器中完全混合分散约 30 min，然后将组分 2(只有聚合物分散体，无蜡分散体)加入到组分 1 中搅拌直至涂膜无缩孔即可。 ② 含有蜡分散体配方 首先准备组分 2，将蜡分散体在聚合物分散体中完全分散，再准备组分 1，将 1 中所有材料放入容器中完全混合约 30 min。然后将组分 2(已预先分散)加入组分 1，搅拌直至涂膜无缩孔即可。

(2) 单组分水性木器涂料制备工艺(有颜料)

将成膜助剂、消泡剂、增稠剂、消光剂/砂磨料/颜料、以及润湿剂/分散剂和水等按照顺序添加，直至分散至所设定细度。然后将聚合物分散体和消泡剂等助剂依次加入，搅拌直至涂膜无缩孔为止。

2. 单组分水性木器涂料实用配方举例

(1) 水性腻子。主要用于填补木材表面细小的孔隙，对水性腻子的性能要求是：透明度高、耐水性好、干燥快、打磨性好、强度高、附着力好、不易脱落。同时要求腻子贮存稳定好、不分层。

水性木器透明腻子配方设计关键包括乳液树脂选择、填料种类、颜基比和打磨性。

乳液树脂是主要的成膜物质，其性能的优劣将会直接影响腻子的使用性能。水性木器透明腻子用树脂要求强附着力、高的耐水性和填料润湿性。

透明腻子的颜料体积浓度(PVC)将直接影响到腻子的透明性和附着力，同时影响腻子膜的打磨性。

滑石粉具有高透明度和良好的打磨性、增加腻子滑爽度，在极低 PVC 时，碳酸钙、沉淀硫酸钡的透明性良好，加适量的硬脂酸锌能显著提高腻子膜的打磨性而不影响透明度。

几个水性木器透明腻子的配方如表 7-10 和 7-11 所示。

(2) 水性底漆。封底漆是基材与面漆间的过渡层，要求封闭底漆对基材润湿性好、渗透性优异、打磨性好、附着力强，能在基材上形成一层均匀连续的漆膜且不影响与下一道漆膜的层间附着力，可以选择粒径较小、玻璃化温度中等的树脂来作为制备封底漆的基料。几个水性底漆的参考配方如表 7-12 与 7-13 所示。

表 7-10　水性木器透明腻子参考配方一

编号	原材料	质量百分数(%)	备注
1	水	10	
2	SN-5027	0.5	分散剂
3	H3204	0.1	润湿剂
4	Nopco NXZ	0.2	消泡剂
5	滑石粉	20	填料
6	Texnoal	1.5	成膜助剂
7	TEGO810	0.2	消泡剂
8	乳液(丙烯酸乳液或聚氨酯分散体皆可)	50	基料
9	氨水	0.2	pH 调节剂
10	SN-636(10%水溶液)	15	增稠剂
11	Thicklevelling 632	0.2	增稠剂
12	Perenol 1097A	2.0	打磨助剂
13	水		
合计		100	

制备工艺:在 400 r/min 下按照顺序加入组分 1～5,在 2 000 r/min 下高速分散 40 min,至细度<40 μm,然后在 400 r/min 下依次加入组分 6～13。

表 7-11　水性木器透明腻子参考配方二

编号	原材料	质量百分数(%)	备注
1	水	10	
2	乙二醇丁醚	2	成膜助剂
3	SN-5040	0.2	分散剂
4	H875	0.1	润湿剂
5	Nopco NXZ	0.2	消泡剂
6	沉淀硫酸钡	5	填料
7	滑石粉	5	填料
8	Filmer C40	2	成膜助剂
9	水	2	

（续 表）

编号	原材料	质量百分数(%)	备注
10	TEGO810	0.3	消泡剂
11	丙烯酸分散体或乳液	60	基料
12	氨水(28%)	0.1	pH 调节剂
13	HBR-250(3%水溶液)	11	增稠剂
14	Thickleveling 632	0.4	增稠剂
15	Perenol 1097A	2	打磨助剂
16	水		
合计		100	

制备工艺：在 500 r/min 下，按照顺序加入组分 1～7，在 2 000 r/min 下高速分散 40 min 至细度<30 μm，然后在 500 r/min 下，将 8 与 9 先混合后加入，再依次加入组分 10～16。

表 7-12　水性底漆参考配方一

编号	原材料	质量百分数(%)	备注
1	Neocryl XK 61(丙烯酸乳液)	80	基料
2	Dehydran 1293	1	消泡剂
3	乙二醇丁醚	8	成膜助剂
4	水	9.7	
5	H875	0.3	润湿剂
6	DSX2000	0.5	流平剂
7	水	0.5	

制备工艺：将 2～5 混合后在 600 rpm 下加入到 1 组分中，1 000 rpm 下分散 30 min；将转速调至 600 rpm，将 6 用水稀释后加入，搅拌均匀。

表 7-13　水性底漆参考配方二

编号	原材料	质量百分数(%)	备注
1	乙二醇丁醚	5.5	成膜助剂
2	二乙二醇丁醚	2.0	成膜助剂
3	水	5.53	
4	BYK307	0.25	流平剂
5	BYK346	0.25	流平剂

（续　表）

编号	原材料	质量百分数(%)	备注
6	TEGO805	0.7	消泡剂
7	DC65	0.07	消泡剂
8	PU85	0.7	增稠剂
9	1097A	5	打磨助剂
10	Luhydran A848S(水性聚氨酯分散体)	80	基料
合计		100	

制备工艺：将1～3先预混合分散，依次加入4～8，在800～1 500 r/min分散30 min(以分散均匀为标准)，加入9后搅拌搅匀，将10加入后分散均匀。

(3) 水性面漆

在单组份水性木器涂料中，面漆的选择主要集中在基料树脂的选择上。一般可作为面漆基料树脂的有如下几种：

① 水性聚氨酯分散体，分子结构中含有氨基甲酸酯键的聚合物称聚氨酯，氨基甲酸酯键易形成氢键，通过氢键架桥作用形成的致密聚合物网络，使聚氨酯涂膜具有优异的物理和化学性能。此外，还可通过分子设计和分子裁剪使得聚氨酯涂膜的硬度和低温柔韧性达到良好平衡。因此，聚氨酯涂料得到广泛应用并占有很大市场份额。

聚氨酯具有流平好、丰满度高、耐磨、抗化学品性好和硬度高等优点，非常适用于配制各种高档水性木器面漆，如家具漆和地板漆等。

② 丙烯酸改性聚氨酯，丙烯酸改性聚氨酯是通过核—壳等聚合法将丙烯酸和聚氨酯聚合在一起的一种新型树脂，不但具有丙烯酸树脂的耐候性、耐化学性和对颜料的润湿性，而且继承了聚氨酯树脂的高附着力、耐磨性和高硬度等性能，所以常用于中高档木器面漆。

③ 丙烯酸乳液，丙烯酸树脂具有快干、光稳定性优异的特点。传统的丙烯酸共聚物系热塑性树脂，机械性能较差，如硬度、耐热性较低。目前的发展趋势是采用多步聚合法制备常温自交联乳液，其优点是干燥迅速、硬度高、透明性、流动性好、耐化学品优异，并具有良好的低温柔韧性和抗黏连性。另外，采用核—壳聚合方法，也可以制备成膜温度低、抗黏连性及柔韧性好的多相分散体乳液，但硬度稍差。丙烯酸类乳液由于相对低廉的成本目前在市场上仍倍受关注，广泛用于水性木器装饰漆、水性底漆等领域。

下面对高光清面漆、亚光面漆及白色面漆分别进行配方举例，如表7-14、7-15，7-16及7-17所示。

表7-14　高光清面漆参考配方一

编号	原材料	质量百分数(%)	备注
1	乙二醇丁醚	5.5	成膜助剂
2	二乙二醇丁醚	2.0	成膜助剂
3	水	4.93	

（续　表）

编号	原材料	质量百分数(%)	备注
4	BYK307	0.25	流平剂
5	BYK346	0.25	流平剂
6	TEGO805	0.7	消泡剂
7	DC65	0.07	消泡剂
8	PU85	0.4	增稠剂
9	Luhydran A848S(水性聚氨酯分散体)	80	基料
10	Poligen WE1	6	蜡乳液
合计		100	

制备工艺：将1～3预混合分散，依次加入4～8后高速分散30 min，将A848S和WE1先预分散后和上述组分混合均匀。

表7-15　高光清面漆参考配方二

编号	原材料	质量百分数(%)	备注
1	NeoPac E-106(改性聚氨酯分散体)	88	基料
2	水	1.1	
3	乙二醇丁醚	8	工业级
4	H140	0.4	润湿剂
5	Dehydran 1293	0.6	消泡剂
6	Foamstar A34	0.6	消泡剂
7	Perenol S5	0.3	增滑剂
8	DSX 2000D	1	增稠剂
合计		100	

制备工艺：准确称量1组分，在600 r/min搅拌条件下加入预混后的2～7，在2 000 r/min下转30 min，将转速调至600 r/min加入8调整黏度并慢速消泡10 min。

表7-16　亚光面漆参考配方

编号	原材料	质量百分数(%)	备注
1	乙二醇丁醚	5.0	成膜助剂
2	二乙二醇丁醚	3.0	成膜助剂
3	水	3.43	
4	BYK307	0.25	流平剂
5	BYK346	0.25	流平剂
6	TEGO805	0.6	消泡剂

（续　表）

编号	原材料	质量百分数(%)	备注
7	DC65	0.07	消泡剂
8	PU85	0.4	增稠剂
9	Luhydran A848S(水性聚氨酯分散体)	80	基料
10	TS100	3	消光粉
11	Poligen WE1	4	蜡乳液
合计		100	

制备工艺：将 1～3 预混合后在 500～600 r/min 分散速度下，依次加入 4～8 后高速分散(800～1 500 r/min)30 min，将 9～11 预分散后和上述组分混合均匀。

表 7-17　白色面漆参考配方

编号	原材料	质量百分数(%)	备注
1	水	4.18	
2	AMP-95	0.2	pH 调节剂
3	OPTIGEL SH	0.25	膨润土防沉剂
4	乙二醇丁醚	2	成膜助剂
5	分散剂	0.2	成膜助剂
6	BYK307	0.25	流平剂
7	BYK346	0.25	流平剂
8	R-706	20	钛白粉
9	DC65	0.07	消泡剂
10	丙二醇	1	增稠剂
高速分散研磨至粒径≤20 μm			
11	Luhydran A848S(水性聚氨酯分散体)	6	基料
12	Poligen WE1	4	蜡乳液
13	乙二醇丁醚	2	成膜助剂
14	二乙二醇丁醚	2	成膜助剂
15	水	1.5	
16	TEGO805	0.6	消泡剂
17	PU85	1.0	增稠剂
合计		100	

制备工艺：在 500～600 r/min 转速下依次加入 1～7，慢速加入粉料 8，依次加入 9～10，在 1 500～2 000 r/min 速度下高速分散研磨至粒径≤20 μm，将 11～17 预混合后和 1～10 的混合

组分搅拌均匀。

7.5.3 双组分水性木器漆

双组分水性木器漆以双组分水性聚氨酯漆为主，由聚多元醇乳液或分散体组成的羟基树脂及亲水改性含 NCO 基的固化剂组成。

水性羟基树脂组分包括水性聚合物多元醇乳液和水性分散体，不仅提供与固化剂交联的活性基团，而且必须能够乳化和分散固化剂，还要与固化剂树脂具有较好的相容性。羟基树脂的性能影响着固化剂在水相的分散稳定性、成膜过程中的扩散与交联以及涂膜最终性能。水性羟基树脂包括水性醇酸（聚酯）、丙烯酸酯、聚氨酯及杂合树脂等。

异氰酸酯单体的选择是决定双组分聚氨酯涂膜性能的关键因素，脂肪族异氰酸酯单体，如1,6-己二异氰酸酯（HDI）和异佛尔酮二异氰酸酯（IPDI）合成的固化剂涂膜外观好，干燥速度和活化期具有良好的平衡性。HDI 具有长的亚甲基链，其固化剂黏度较低，容易被多元醇分散，涂膜易流平，外观好，具有较好的柔韧性和耐刮擦性。IPDI 固化剂具有脂肪族环状结构，其涂膜干燥速度快、硬度高，具有较好的耐化学品性和耐磨性。但 IPDI 固化剂黏度较高，不易被多元醇分散，其涂膜的流平性和光泽不及 HDI 固化剂。异氰酸酯的二聚体和三聚体是聚氨酯涂料常用的固化剂，环状的三聚体具有稳定的六元环结构及较高的官能度，黏度较低、易于分散，因此涂膜性能较好；而缩二脲由于黏度较高、不易分散，较少直接用于水性双组分聚氨酯涂料。

羟基树脂的多样性、可调性及可功能性化等优点使得双组分水性聚氨酯涂料具有高性能和多功能化，能满足高档木器涂料需求，是水性木器涂料研究的热点。但固化剂中的 NCO 基易与水发生反应生成聚脲和 CO_2，不仅降低有用的反应基团浓度，降低涂膜机械性能，而且 CO_2 会残留在涂膜中降低涂膜外观和装饰性能。因此开发高性能水性双组份聚氨酯涂料存在较大的难度，还需在理论和实践上寻求新的突破。

7.6 木器漆的施工工艺

木器漆施工时，按照木制品是否需要显露木材表面纹理可分为透明涂饰和不透明涂饰两类。透明涂饰需要采用透明的树脂漆；不透明的涂饰工艺即俗称的色漆工艺或实色工艺，采用具遮盖力的彩色漆。木制品表面的实色涂装工艺一般为：白坯处理→填孔处理→打磨→喷涂实色底漆→打磨→喷涂二度底→打磨→喷涂面漆→打磨→喷涂面漆→抛光成品（根据需要可重复步骤 4 和 5，直至满意为止；喷涂面漆的喷涂道数取决产品对漆膜厚度的要求）。透明涂饰工艺根据使用者对制品表面形态要求的不同而不同，一般包括表面处理、涂封闭底漆、着色、调整色差、涂透明底漆、砂光、涂面漆等过程，本节将详细介绍透明涂饰工艺过程。

7.6.1 涂装前处理

未经表面处理的木制品叫白坯，是木材经加工以后的初制品。这些白坯由于树木本身在生长过程中受到外界影响的原因，如割裂、碰伤等，或由于在采伐、运输和加工成材的各个生产环节中受损的原因，表面上往往会出现一些缺陷，主要有节疤、裂纹、色斑、刨痕、波纹、砂痕等，在进行涂漆以前必须予以修补解决。根据木材表面出现缺陷类型的不同，涂前处理也有多种方法，综合起来常用方法大致有如下几种：

1. 砂磨

砂磨有机械砂磨和手工砂磨二种方法，是用木砂纸在木材表面顺木纹方向进行来回研磨，以去除在木加工过程中由于锯、削、刨等动作将木纤维切割断裂而产生的残留在木材表面上的木刺，以及波纹、刨痕等表面缺陷。

进行白坯砂磨的砂纸（布）常选用如下型号：国产砂纸（布），手工研磨时选用120#～240#，机械研磨时选用80#～150#；采用日本砂纸时，常选用120#～280#。

砂磨的基本要领是选用合适的砂纸；顺木纹方向有序进行，反对杂乱无单元的乱砂。边、角、弯头必须砂透。

2. 去油脂

某些木材的节疤、导管中多含有油脂、松香、松节油等物质，这些油脂的存在会影响涂膜干燥性和附着力，因此涂饰前必须除去。清除木材中的这类油脂类物质的常用方法是用1%非离子表面活性剂的溶液或5%～6%的碱溶液加热至60～90℃，涂刷在待处理的表面上，约过0.5～2 h后，再用热水或2%的碳酸钠水溶液清洗。

3. 漂白

木材表面由于霉菌或化学药品污染等外界因素使木材表面变色，需用化学药剂对其进行漂白处理。常用的方法是在待处理的污染表面上涂布含双氧水的氨水溶液，经漂白后再用清水冲洗。也可采用次氯酸钠漂白和燃烧硫黄漂白等多种方法。

4. 填孔

填孔指用虫胶清漆、油性凡立水及硝基蜡克等树脂液料与老粉、氧化铁红、氧化铁黄，氧化铁黑等颜、填料拌和成一稠厚的填孔料，使用填孔用的脚刀逐个地将填孔料嵌填于木材表面的裂缝、钉眼、虫眼等凹陷部位，使其充填饱满，待填孔料干透后再用砂纸仔细地磨平，并将残留在凹陷周围的填孔料仔细磨去。对那些缝隙较大、较深的孔、眼有时还需作多次填孔，使孔、眼填充结实，以防因虚填而在日后出现新的凹陷或脱落。

进行填孔作业的另一关键是调制填孔剂的颜色，应基本接近样板，太深或太浅都会在透明涂饰后出现深浅不一的斑点。

7.6.2 着色工艺

对表面处理后的白坯进行涂装工作的第二步就是着色，或称染色，其目的是更明显地突出木材表面的美丽花纹或使木材表面获得统一的颜色，有时是为了仿造各种贵重木材的颜色如榛木、桃花心木、梨木等。木制品透明涂饰的着色工艺十分重要，涂装质量的好坏很大程度上取决于此，因为木制品表面颜色的好坏、颜色是否均匀一致都由这道着色过程完成，因此不但应懂得常用颜料的色相、使用配比和颜料间的相互影响，而且还需根据样板色编制着色工艺和配制着色液。

木制品的着色工艺通常分为基础着色法和涂膜着色法两种，并且以基础着色法为最流行。

实际操作工艺中为使涂膜既有面层的着色力，又能突出基层基材表面的美丽花纹，常将这二种着色方法结合起来，可使其表面的颜色更具丰满性和立体感。下面以木家具为例进行着色工艺介绍。

1. 基础着色

基础着色是对木材表面进行直接的着色处理，该法常应用于水曲柳、柞木、樟木、花梨木等一类有花纹、大孔径木材的表面着色。

基础着色又可分为基层着色法和木纹着色法两种。基层着色法是通过着色颜料或染料使整个涂饰表面获得均匀、统一的颜色；木纹着色法则是通过着色颜料使木材的导管着色，目的是突出木材表面的花纹。

基层着色与木纹着色的根本区别在于基层着色是对整个表面着色，而木纹着色只对木孔眼子着色。因此木材表面先进行木纹着色，再进行基层着色，这样整个涂饰表面就获得材面和木纹之间相间深浅不一的近似色调，从而达到了突出木纹美丽花纹的目的，如水曲柳、柞木或柳安等。

(1) 木纹着色

木纹着色的关键在于突出木材的纹理，使木纹的颜色有别于材面的整体颜色。在透明涂饰时，木纹常被着色成稍深于周围的整体表面色，而在作玉眼工艺时，木纹被着色成与整个材面颜色有明显的差别，属于特种着色工艺的范畴。

木纹着色上海地区称作润老粉，有润水老粉和油老粉二种。由氧化铁红、氧化铁黄、氧化铁黑或碳黑等一类具着色力遮盖力的着色颜料，配以碳酸钙之类的体质颜料配合成所需的颜色，再用水调配成黏稠浆料的称水老粉；用油性树脂加稀释剂调配成黏稠浆料的称油老粉。现在家具厂里常使用的称之谓树脂色浆的实际上也是一种油老粉，差别在于油老粉使用的体质颜料是碳酸钙(俗称老粉)，树脂为油性凡立水，而树脂色浆中使用的体质颜料是滑石粉，树脂为双组份聚氨酯涂料中含羟基组份或单组份的聚氨酯树脂。

在配制木纹着色剂时所用的颜料经研磨处理，常现配现用，目的是便于擦涂作业。因为未经研磨处理的颜料粒子容易被擦入木孔中，同时留于木孔外的着色剂又易被擦去，起到只填塞木孔而不着色材面的作用，有利于下一步的基础着色。超细透明氧化铁系颜料着色力强、遮盖力弱，对配制木纹着色剂有利，但价格偏高，日前仅在少数高级家具的木纹着色剂配制中应用。通常多使用一般的工业品氧化铁系颜料，现今也有将铁系颜料分别与树脂混合研磨轧成各色色浆，然后与滑石粉配合调制成树脂色浆的，可达到使用超细铁系颜料的目的，虽增加了研磨工序，但价格较直接使用超细铁系颜料低许多，所以这一配制工艺在某些家具制造厂已得到了应用。

在进行木纹着色的操作时，通常是用硬质的猪鬃漆刷涂刷，然后用具弹性的竹花或纱头回丝按先横后竖，或先圈涂后顺木纹方向擦涂的方式将填孔着色剂擦入木孔中，最后用干净的纱头回丝将木孔周围的着色剂擦除干净，这样木孔内充填着所需颜色的填充料，而木孔周围的整个材面上只有淡淡的着色，无粉质附着，这样就达到了木孔填孔着色的目的。如在树脂色浆中加入适量的透明染料着色剂，那么经如此作业以后，整个材面也会被均匀地着色，此时树脂色浆的填孔、着色合二为一。

(2) 基层着色

基层着色可以改变基材的颜色，从而达到使用高档材的效果。如将一般的柳安材经仿红木的基层着色工艺处理，就可获得类似采用了红木材制作的高档家具的效果。同样，通过基层着色，也可以在同一造型、同一用材的情况下制成不同色彩的家具制品，如采用同一水曲柳贴面的同一造型家具初制品，通过采用淡柚木色的基层着色与通过咸菜色的基层着色工艺，就可获得两种完全不同的色彩效果，满足不同消费者对家具表面色彩的要求。

用于基层着色的是透明有机染料，主要有水色和油性色两种配制方法。油性着色剂是使用透明性强、在有机溶剂中能溶解的油溶性染料或醇溶性染料，先溶解于有机溶剂中配成称为色晶的高浓度染料液，然后再加到稀释过的树脂液中，在木材表面进行喷涂着色。目前用得最多的是醇溶性的金属络合染料，溶解于酮类、醇类为主的混合溶剂中，配制成红、黄、黑三元色为主的三元色色晶，也有将三元色按一定比例配制成常用的几种家具表面色，如醉红、仿木红、泥壳、琥珀黄、琥珀红等色的色晶液，家具生产厂可利用这种色晶液与硝基清漆配成基础着色液，用于基础着色工序。油性着色剂具有透明性好、附着力强、操作容易，不易发花等优良特性，所以目前一般家具制造厂多采用这种工艺进行基础着色。

2. 涂膜着色

与基础着色不同的是涂膜着色法。这种方法不进行木纹着色，整个材面的统一颜色通过带色的涂膜来实现，虽操作简单，但家具表面色泽的观赏性不如基础着色法丰满而具有层次性、立体感，更适合细木孔的针叶材的表面涂饰。所以，目前细木孔材表面的涂饰作业多采用涂膜着色和涂饰面层涂料同步进行的方法来处理。

涂膜着色法，像上节所述的油性着色剂的配制一样，是先将油性透明有机染料的色晶液溶解于作面层涂饰的透明树脂液中，然后喷涂于涂饰的透明底漆上。由于涂膜着色法在实施喷涂作业时有每喷涂一层会增加涂层颜色的倾向，所以配制着色的面层涂料时，着色剂的加入宜浅不宜深，并且操作时应注意喷涂层重叠部位有加重色泽趋向的问题。在进行涂膜着色作业时需注意：

(1) 涂膜的厚度越厚，其颜色就越深，因此施工作业时涂层厚度要求均匀一致，颜色才统一；

(2) 配色时的颜色宜浅，宜多层涂饰，可采用渐近法以达到与样板色所需的色度，切忌一次涂饰；

(3) 有机染料在不同溶剂中有不同的溶解度，配制着色涂料时应注意避免因溶剂配合不当而出现有的染料粒子析出的问题。

3. 调整色差

调整色差，又称修色或拼色，是调整被涂物可能出现的色彩差异进行的重要操作工艺过程。

一件家具制品，乃至一批家具制品的表面颜色经过木纹着色、基层着色或涂膜着色工艺后，由于材质或操作者的原因，要一次着色达到完全统一的外观颜色要求通常是不可能的，特别是实木家具，往往由于门面的板材和框架的用材不能完全统一而出现着色上的不均匀，这就需要经过拼色处理而使其颜色达到一致。此外，就是采用合板制成的框架式家具，其顶棚和脚盘也会因采用实木制作而出现色差。这是因为实木质硬，吸液少而色浅；而合板质软，吸液多而色深，更不用说由几个部件组合的整套家具或几套家具组合而成的整批家具了，此时颜色的差别是必然存在的。因此，只有通过调整色差的拼色操作才能获得解决，即在基础着色或涂膜着色工序完了以后,在自然光线下一个部件一个部件地对照样板色有序地进行,对于整套家具或整批家具则多在装配以后和出厂以前进行。

拼色用的着色剂多采用具快干性的硝基清漆掺和所需色彩的颜料或染料,也有采用虫胶清漆的。但虫胶清漆对树脂涂料的附着力较差,特别是未经漂白处理的虫胶因含蜡质而附着力更差,所以目前拼色作业中已很少使用。拼色作业是一次缺啥补啥的过程,因此要求操作者能具有三元色互补原理的一般知识,比如表面色较样板色偏黄而缺红,此时往往可薄薄地喷涂一道含红色晶的着色剂,但红色晶往往会因生产厂家不同而有色彩的差异,有的红色晶偏黄,有的红色晶偏紫,也有的可能就是正好是所需色种。所以在拼色时,除了识别缺哪种颜色,还应了解各种常用色晶或颜料、染料的色相特征,这对于拼色操作时正确选用材料品种和用量非常重要。

常用的拼色操作有加色法和遮盖法二种。加色法就是缺什么色补什么色,多使用于较大面积的因材质吸液不同或材质色干扰的影响而出现的色差。遮盖法则多应用于材面上出现的色彩明显的斑点,此时多采用先将斑点用具遮盖力的颜料配成近似色遮盖起来的方法,然后再进行透明涂饰作业。

7.6.3 木家具透明涂饰的几种表面形态

在木家具表面上进行透明涂饰作业时,需要了解几种常见的涂膜层表面形态,这对于了解样板的涂饰工艺和制定生产作业时的操作工序十分有利,并且也是必不可少的工艺环节。

各类使用者对家具表面形态有不同要求:有的要求表面能光鉴照人,有的要求表面光泽柔和舒畅,有的要求体现原木制作,有的要求仿古作旧。不同的使用要求就必需有不同的涂饰方法,提供不同的表面形态,因此家具的涂饰工艺具有多样性和灵活性。

在现行的木家具透明涂饰工艺中,常用的表面形态可按显露木纹的程度分为显孔型(开放型)涂饰、填孔型(封闭型)涂饰和半显孔型(半开放型)涂饰三种;按表面光泽高低分为高光涂饰和亚光涂饰两类;还就一类就是为了适应某些追求古朴风格的用户而作的仿古型表面涂饰。

1. 显孔型涂饰工艺

显孔型涂饰又称开放型涂饰,是能显示木孔眼子的一种表面涂饰工艺。

显孔型涂饰是不经表面处理,具有原汁原味,看似未经涂饰处理,实有涂层保护的一种薄涂层的表面涂饰工艺,它保留了木材表面的原始形态,有显露的木眼,有材面原有的节疤、斑点,有的经着色处理,有的为木材原有的本色。其多应用于出口家具的表面涂饰。

目前应用于显孔型表面涂饰工艺的多为亚光涂饰,有时虽也有要求亮光涂饰的,但因其涂层薄,所以即使用了高光的面层涂饰,其表面光泽也达不到高光光泽,多在60%～70%的光泽范围。多使用硝基木器清漆,常采用一底一面或一底二面的涂饰工艺。

2. 填孔型涂饰工艺

填孔型涂饰工艺又称封闭型涂饰,是一种将木材表面的木眼纹理深深地掩埋在透明树脂涂膜中的一种厚涂层涂饰,这是填孔型涂饰与显孔型涂饰的根本区别。

由于填孔型涂饰需填没表面木孔,所以涂层的厚度常需在100～200 μm之间,需作多层涂饰。为了获得填孔型涂饰的厚涂层,故多采用具高固含的双组份聚氨酯透明树脂涂料,少数单位也有采用PE不饱和聚酯涂料或光固化涂料的。填孔型表面涂饰工艺是目前市场家具中常用的涂饰工艺。

3. 半显孔型的涂饰工艺

半显孔型涂饰又称半开放型涂饰,该涂饰工艺的特点是木材表面的木孔眼子部分被透明涂膜层填充掩埋,部分木孔眼子显留在涂膜表面,是一种介于显孔与填孔二种涂饰工艺之间的涂饰工艺。

半显孔型涂饰工艺的操作类似于填孔型的涂饰工艺,可以进行木纹着色,即原着色基础上进行底涂和面涂,也可进行涂膜着色时的底涂和面涂,其操作要点在于木纹着色时不要求填严、填实;涂膜着色时也不要求涂层过厚,所追求的是有一定的涂层厚度,但不将木孔眼子全填的效果。

4. 高光涂饰工艺

高光涂饰是指家具表面涂膜层的表面光泽在90%(60°)以上的高光泽要求的涂饰工艺,是高级家具透明涂饰的一种表面形态。

涂膜表面的光泽高低,除涂料本身的涂膜层对光的反射程度有密切关系外,还与基材的平整程度有密切关系。对于多孔性的木材表面而言,只有将其表面密实填孔、涂膜层有一定厚度、并取得平整光滑的涂膜面的前提下,才可对不同的涂料涂膜层的光泽度高低作一对比,因此家具表面的高光泽的涂饰工艺多见于填孔型的厚涂膜涂饰工艺,其涂膜厚度多在100～200 μm,而对于半显孔型的涂饰工艺中所使用的高光面漆,则不能获得填孔型厚涂膜表面上可获得的高光泽的使用效果,因为半显孔型表面并不能获得平整光滑的涂膜表面,所以此时的高光涂饰所能得到的涂膜光泽也只能在70%～80%,严格地说不属高光涂饰的范围。

过去在硝基清漆、聚氨酯清漆面上获得高光效果,多采用水砂擦蜡的操作工艺,因为经水砂擦蜡操作以后的涂膜面可改刺眼的涂膜原始高光光泽为柔和、舒畅的高光光泽,但工序比较繁琐。现在大多采用喷涂法施工工艺,这样就可以在经砂磨以后的平整光滑的表面上再喷涂一定高光面漆,即可获得所需的高光要求。

目前用于木家具表面高光涂饰的面层涂料品种大多是双组份的PU聚酯漆和685聚氨酯漆。气干型不饱和聚酯漆和光固化涂料在少数单位中也有应用。硝基高光面漆在市场家具中虽已使用不多,但在出口家具中仍有使用。

5. 亚光涂饰工艺

亚光涂饰是近十余年内所使用的一种专用名字,且多见于家具表面涂饰工艺中。因为在涂料工业中涂膜层的表面光泽以往多以有光(光泽度在80%～100%),半光光泽(70%～80%),蛋壳光(光泽在10%～20%)和平光(光泽在0%～10%)分类,而现在家具表面涂饰中将涂膜的表面光泽分为:高光(光泽在80%以上),7分光(光泽在60%～80%),5分光(光泽在40%～60%),3分光(光泽在20%～40%),和全亚光(光泽在0%～20%)几种。目前在家具表面涂饰中所指的亚光涂饰多为5分光的亚光光泽。有的产品因特殊需要也会指定需用3分光、7分光或全亚光的。

家具表面进行亚光涂饰时对亚光涂料有以下要求:

(1) 干燥快

家具表面进行亚光涂饰的目的是为了在取得柔和光泽的同时,还可以遮盖在制作过程中的某些缺陷,更不希望涂膜面上有灰尘、粒子黏附。因为这是最后的一层涂料,所以要求快干,其表干时间一般要求在10～15 min。

（2）流平性好

亚光涂饰通常只作表面涂膜的最后一层涂饰，其涂膜层的厚度常控制在 20 μm 左右，因此在薄涂层快干要求的前提下，其涂膜的流平性是一个不容忽视的质量指标。

（3）手感要滑爽

滑爽的外层涂膜可以给人以一种能摸的舒适感，也可以增加对外力作用时的抗划伤能力，这是面层涂膜的一种使用要求。

（4）亚光光泽要均匀一致

面层亚光光泽的均匀一致是生产亚光涂料的基本要求，同样也是施工作业的基本要求，好的亚光涂料涂膜厚度的影响是不大的，但质差的亚光涂料其涂膜厚度会对亚光光泽有影响，而在施工亚光涂料时以喷涂法较刷涂法有利。

目前应用最多的家具亚光涂料是硝基亚光漆和双组份 PU 聚酯亚光漆两种，硝基亚光的特点是易于修补，但在聚氨酯涂膜面上或 PU 聚酯涂膜面上的附着力就较差，而 PU 聚酯亚光漆的最大特点是附着力好、耐热、耐溶剂，但其缺点是修补较困难。

6. 仿古作旧的美式涂装工艺

据说新制家具的基本特征在于一个“新”字。但近年出口美国的家具有很大一部分是要求具有仿古效果，这在家具表面涂饰工艺中就出现了被称作为“美式家具的涂装工艺”。

美式家具涂装工艺的基本特征是要求新制家具的涂饰表面具有看似已使用多年的“陈旧感”。它要求新涂饰的家具表面上刻意制作出有划痕、苍蝇叮过的黑点，凹陷处有积尘等仿古作旧的表面形态，这就形成了美式家具表面涂饰的独特工艺特点。

美式涂装通常使用快干型的硝基漆，常作成半显孔状态，为浅色、棕色或灰白色的亚光涂饰。操作时通常先将基材涂饰成棕色或灰白色，经涂饰稀释后的硝基漆作保护基色的封闭涂层以后，再将半透明的棕黑色着色剂成点状不规则地洒落在漆膜上，形似使用多时，经常被苍蝇等昆虫停留而留下陈旧的痕迹，被称作仿古处理。然后再在其上涂饰透明底漆，砂光滑后再涂饰亚光面漆，并在凹陷的造型处擦涂棕色的蜡质，以示长期使用在家具凹陷处有较多积尘的状态。在有的家具面上还需作钉眼、敲痕处理。通过部分破坏家具表面涂膜面形态的方法来达到形似使用多时的仿古目的，符合人们追求古朴、怀旧的理念。

美式涂装工艺在具体操作上往往需根据来样要求经仔细观察以后才可制定出具体的操作工艺，因为不同的来样有不同的仿古要求。这也是美式仿古涂饰的特点之一。

7.6.4 几种常见的木家具透明涂饰工艺实例

木家具的涂饰工艺是一个灵活可变的过程，可针对产品的需求进行调整。下面举例常见的木家具涂饰工艺的一般过程。

1. 贴纸透明清漆涂装工艺

白坯处理→刷封闭底→打磨→底漆→打磨→贴纸→喷涂透明底漆→打磨→喷涂二度底漆→打磨→喷涂透明清漆→抛光成品

白坯处理时如若表面木孔较深、缝隙较大，可使用腻子进行填孔处理，使材面平整。涂刷底得宝时要充分且包括木材边缘和背面，防止贴纸时有水渗入木材内而引起变形、起泡、发霉等弊病。贴木纹纸时可将白乳胶兑稀以便施工；贴纸需保证质量和平整，以免影响外观。

2. 显孔型着色涂装工艺

白坯处理→刷封闭底→打磨→擦色→轻磨→修色→轻磨→罩清面漆

着色涂装要求家具底材为木质坚硬、木眼粗深、纹理清晰的纤维板贴木皮或阔叶木等木材。白坯处理时要清除油污和胶印，以避免在底着色时产生着色不匀的现象。根据底着色材料来确定是否需要刷封闭底，其目的是防止下陷和便于均匀着色。待封闭底干透后轻轻磨去木径上竖起的木毛，去除导管染迹。擦色是重要的环节，先用着色剂着色，再将色料擦入木导管中，并清除木径上是色料。修色根据需要调配所需的颜色，薄喷；待干后使用细砂纸轻轻打磨，切勿磨穿修色层；最后薄薄喷涂一层清面漆。

3. 填孔型着色涂装工艺

白坯处理→刷封闭底→打磨→擦色→轻磨→喷涂透明底漆→打磨→喷涂透明底漆→打磨→修色→轻磨→罩清面漆→抛光成品

填孔型底着色涂装工艺的前五个步骤基本上与显孔型的相同。但在打磨时需用较粗的砂纸，使木纹磨得平一些。在喷涂透明底漆时需厚涂，目的是将木纹填平，并可多次喷涂，直至将木眼、木纹填充平整为止，以获得平整的漆面。

4. 半显孔型着色涂装工艺

白坯处理→刷封闭底→打磨→擦色→轻磨→喷涂透明底漆→修色→轻磨→罩清面漆

半显孔型着色涂装工艺与显孔型涂装工艺差不多，区别在于半显孔型可喷涂透明底，喷涂清面漆时漆膜厚度可稍微厚些。

7.7　木器漆常见弊端

木器漆与表面张力有关的涂膜缺陷有缩孔、泡沫、浮色发花，成膜的弊病主要包括回黏、泛白、抗黏连性差的问题。

7.7.1　缩孔

空气中的表面张力低的微粒（如硅酮粒子），涂料内部自聚或析出的表面张力低的胶粒或粒子，涂覆底材表面张力低或局部被表面张力低的物质污染（例如木材内部渗出的树脂），通常人们称这些物质为缩孔施体。如果涂料的表面张力比这些缩孔施体高 1～2(mN/m)时，缩孔施体就能把周围的涂料推开，形成缩孔。缩孔有露底的（涂膜薄时），有不露底的（涂膜厚时），有火山口形的，有鱼眼形的。这主要与缩孔施体性质和表面张力的高低及涂膜的薄厚有关，基本原因是表面张力差造成的。另外，如果被涂覆物底材的表面张力过低，涂料的表面张力较高时，涂料不能在其上很好地展布，涂装时就会发生卷缩现象。

7.7.2　泡沫

泡沫的产生与表面张力有关，表面张力较小的体系容易产生泡沫，因为增大表面积所需的功较小。泡沫的稳定与表面流动效应有关,也就是与表面张力差有关。纯净液体不会产生表面张力差(恒温下),所以虽然表面张力较小较易产生泡沫,但泡沫不会稳定,泡沫产生后很快就消失了。水性木器漆含有大量的表面活性剂(乳化剂、润湿剂、分散剂等),泡沫产生后,由于泡沫液膜的扩张和下流使表面活性剂浓度减小,表面张力上升,形成了表面张力差。根据马兰戈氏效应和凝胶效应,临近的表面活性剂移向液膜,在移动中夹带了缔合着的水分子,使泡沫液膜不至因扩张和下流而变薄以至破裂,这样就稳定了泡沫。有些表面活性剂在泡沫液膜上的取向和排列中会相互缔合,使表面拉伸黏度增大,从而抑制了液膜的下流,也使泡沫稳定。简单示意图如图 7-2 所示。

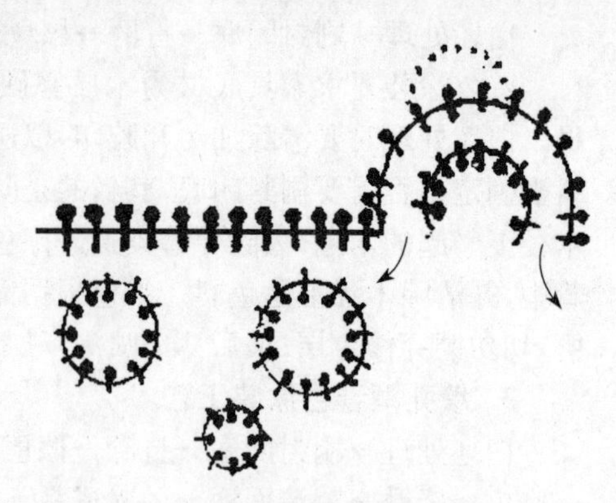

图 7-2　表面活性剂在气/液界面上的吸附

7.7.3　浮色发花

发花是指色漆中多种颜色在干燥的涂膜表面上呈现出不均匀分布,多为条斑或蜂窝状,可以理解为颜料在垂直方向的分离,多是由"贝纳德涡流"造成的。浮色是指着色漆中多种颜料中的一种或几种,以较高的浓度均匀分布在涂膜表面上,但与原配方的颜色有较大的差别,可认为这是颜料呈水平方向的分离面。但木器漆多以透明的清漆或亚光清漆为主,色漆较少见。着色剂也是以透明的油溶或醇溶颜料为主,因此溶解在涂料中不会出现浮色和发花现象,但有析出现象。所以浮色发花在木器漆中并不是主要的弊病。

还有其他如桔皮、波纹等由于表面状态引起的弊病。

此外,水性漆分子中存在亲水基团使得形成的漆膜有很大的亲水性,这在单组分非交联型水性漆中是一个十分普遍而严重的问题。水性漆涂装后易回黏、黏连、泛白、耐水差,这些在溶剂型涂料中不常见的现象往往成了水性漆的致命缺点。

7.8　木器漆的主要检测项目

木器漆的主要检测项目见表 7-18。

表 7-18　木器漆的主要检测项目

项　目		标准或项目评估方法	应　用
1	涂料外观	目测描述色相或罐内状态	所有主漆
2	涂料黏度(mPa·s, 25℃)	Brookflied 黏度计测	所有主漆
3	涂料细度(μm)	GB/T 1724—79(89)和 GB/T 6753.1—86	所有主漆
4	施工黏度(s, 25℃)	涂 4 号杯测配好油漆的黏度	所有主漆

（续　表）

	项　　目	标准或项目评估方法	应　　用
5	施工密度（g/cm^3）	GB/T 6750—1986　37 cm^3 比重杯	所有主漆
6	VOC（g/L）	GB/T 6751—1986	所有主漆
7	活化期（h）	配比后油漆黏度达到施工黏度两倍（约为30 s）的时间	所有主漆
8	表干时间（min）	GB/T 1728—1979	所有主漆
9	实干时间（h）	GB/T 1728—1979	所有主漆
10	可打磨时间（h）	可打磨至不黏砂纸的最短时间	清底、白底、色底
11	硬度 H	GB/T 6739—1996	所有主漆
12	柔韧性	GB/T 1731—1993	所有主漆
13	附着力	GB/T 1720—79	所有主漆
14	光泽（60°）	GB/T 9754—2007 光泽仪	清面、白面、色面
15	手感	手膜漆膜的爽滑度或油滑度	清面、白面、色面
16	丰满度	漆膜填平木纹的能力	清面、白面、色面
17	透明度	漆膜的木纹清晰度	清漆
18	打磨性	GB/T 1770—79（89）	清底、白底、色底
19	耐黄变性	使用 UV 灯照或日晒前后的色差值	白漆、耐黄变清漆
20	遮盖力	黑白格纸测对比率	白漆、色漆（有色透明除外）
21	储存稳定性	50℃烘箱存储一定时间	所有主漆、固化剂
22	防发白性	目测	清底、清面
23	气味	自定	所有主漆、固化剂、稀释剂
24	F-TDI	GB/T 18446	固化剂
25	容忍度	固化剂忍受二甲苯的比率	固化剂
26	三苯含量	GB/T 18581—2001	所有主漆、固化剂、稀释剂
27	苯含量	GB/T 18581—2001	所有主漆、固化剂、稀释剂
28	重金属的测定	GB/T 18581—2001	色漆
29	甲醇	色谱测试含量	硝基漆测
30	卤代烃	色谱测试含量	所有主漆
31	耐水性	GB/T 1733—1993	全部面漆
32	耐干热性	GB/T 4893.3—1985	全部面漆
33	耐冲击性	GB/T 1723—1993	全部面漆
34	耐磨性	GB/T 1769—1979	全部面漆

第 8 单元 建筑涂料

建筑物有工业、商业、公共设施、居民住宅和其他特种建筑之分，档次有高有低。建筑物应用涂料的部件有墙壁、门、窗、顶棚、地面和各种装饰件，材质分别为混凝土或砂浆、木材、金属以及塑料复合材料等。一般建筑涂料施工对象主要指混凝土或砂浆，多用乳胶涂料，行业内通称乳胶漆。本单元即重点介绍乳胶漆的相关知识。

8.1 概 述

8.1.1 乳胶漆的概念

乳胶漆是合成树脂乳胶漆的简称，属于水性涂料，与传统的油脂漆相比具有无毒、不燃、无火灾危险、符合环保要求；质轻、价廉；施工方便、维修容易；色彩丰富、使用期长等优点，很适合做建筑物的内外墙面装饰。近年来，在美国、日本、西欧以及亚太地区，无论是产品品种、使用量和质量还是研究水平，乳胶漆都有了很大发展，已成为国外涂料中产量最大的品种。我国随着建筑行业的蓬勃发展，乳胶漆用量逐年猛增，产品质量不断提高，新品种不断增加。

乳胶漆可定义为以合成聚合物乳状液为基料，使颜料、填料、助剂分散于其中而组成的水分散系统。也可定义为以乳状液为基料，均匀分散颜料、填料并包含有助剂的双重非均相分散系统。乳胶漆具有和传统油漆相同的形态，相似的组成（漆料、颜料、填料、助剂），大致相同的生产流程（树脂合成、过滤、颜料预分散、分散、调漆、配色过滤、包装），近似的施工方法（刷、喷、滚），但技术原理是不同的。

8.1.2 乳胶漆的分类

根据制备方法不同，乳胶有聚合乳胶和分散乳胶之分。聚合乳胶是指在乳化剂存在下的机械搅拌过程中，不饱和单体聚合而成的小粒子团分散在水中组成的乳状液；分散乳胶则是在乳化剂的存在下靠机械的强烈搅拌，使树脂分散在水中形成的乳液或酸性聚合物加碱中和后分散在水中形成的乳状液。

乳胶漆按其受热所呈现的状态可分为热塑性乳胶漆及热固性乳胶漆，常用的是前者。按乳液的树脂分子结构又可分为大分子结构及交联型乳胶漆；按乳胶漆的应用领域不同可分为建筑用乳胶漆、维护用乳胶漆、工业用乳胶漆。乳胶漆的应用开始于建筑行业，至今它仍是建筑行业应用最多最重要的涂料。

人们习惯于按乳液的单体成分将乳胶漆的漆基分类，直至现在已形成具有重要应用价值的十大类非交联型乳液，它们分别构成各自的乳胶漆。具体是：醋酸乙烯均聚物乳液（醋均乳液）、丙酸乙烯聚合物乳液（丙均乳液）、纯丙烯酸共聚乳液（纯丙乳液）、醋酸乙烯—丙烯酸酯共聚物乳液（醋丙乳液，乙丙乳液）、苯乙烯—丙烯酸酯共聚物乳液（苯丙乳液）、醋酸乙烯—顺丁烯二酸酯共聚物乳液（醋顺乳液）、氯乙烯—偏氯乙烯共聚物乳液（氯偏乳液）、醋酸乙烯—叔碳酸乙烯共聚物乳液（醋叔乳液）、醋酸乙烯—乙烯共聚物乳液（EVA 乳液）、醋酸乙烯—氯乙烯—丙烯酸酯共聚物乳液（三元乳液）。

8.2　乳胶漆常用乳液的合成操作与质量检验

8.2.1　乳胶漆常用乳液的合成操作

聚合乳液是乳胶漆的主要成分，它在很大程度上决定着漆膜的物理、化学及机械性能。

1. 聚醋酸乙烯乳液的配方及操作

(1) 配方(%)

醋酸乙烯单体	46
聚乙烯醇	2.5
乳化剂 OP-10	0.5
邻苯二甲酸二丁酯	5
脱离子水	45.61
过硫酸钾	0.09
正辛醇	0.15
碳酸氧钠	0.15

醋酸乙烯是合成乳液的单体，一般为乳液组成的 40%～50%。水是乳液的连续相，水必须使用脱离子水或蒸馏水，因为硬水中含有钙、镁等金属离子，这些离子可以使乳液破乳。

邻苯二甲酸二丁酯是增塑剂，可以提高乳胶漆膜的柔韧性和附着力，更重要是可以降低乳液的最低成膜温度，如不加增塑剂的聚醋酸乙烯乳液的最低成膜温度为 15℃，加入 10%的邻苯二甲酸二丁酯后，最低成膜温度可降至 5℃以下。含有邻苯二甲酸二丁酯的乳液漆膜，经过日晒雨淋，二丁酯就挥发掉了，乳液漆膜变成硬脆的，引起粉化或剥落，因此这种乳液适于配制室内用乳胶漆。

碳酸氢钠是 pH 调节剂，可使碱性增加，以中和乳液贮存中产生的酸性，保持乳液的稳定性。正辛醇起消泡剂的作用，可以降低乳液泡沫的表面张力，减少涨锅的现象。

(2) 操作

将脱离子水置入溶解釜内，开始搅拌，逐渐加入聚乙烯醇，加完升温至80～85℃，在此温度保持约2小时，使聚乙烯醇完全溶解，降温至50℃，将溶液经纱网过滤，置入聚合釜中，加乳化剂OP-10、正辛醇、开搅拌，再置入醋酸乙烯总配方量的15%和过硫酸钾总配方量的40%，开始加热升温，当温度升至60～63℃时，停止加热。当温度升至66℃时，开始有回流，待温度自升至80～83℃，且回流减少时，开始从滴加罐加入醋酸乙烯，滴加速度为每小时加入总量的10%左右。全部的单体用8 h左右加完。从开始滴加单体同时加入过硫酸钾，每小时加入量为总量的4%～5%，加入时须用水溶解成10%的水溶液。反应温度控制在78～82℃，当醋酸乙烯加完后，将余下的过硫酸钾全部加入聚合釜，釜内温度自然升至90～95℃，保温30 min。然后降温至50℃以下，加入已经配好的10%的碳酸氢钠水溶液，再加入邻苯二甲酸二丁酯，搅拌约80 min，冷却出料，经纱网过滤后备用。

2. 丙烯酸酯类共聚物乳液

(1) 纯丙乳液

① 配方(质量份)

丙烯酸乙酯	48
甲基丙烯酸单酯	32
甲基丙烯酸	0.8
过硫酸铵	0.2
乳化剂	9.6
脱离子水	100

② 操作

用80份水与配方其余品种的全量在预乳化罐中制成单体乳液，将单体乳液置于高位罐中，将20份水和20份单体乳液置入聚合釜中，加热至82℃，开始聚合，温度升至90℃。待回流减弱，开始连续而均匀地滴加单体乳液，约2 min加完，滴加过程中维持在88～94℃，单体乳液加完后，升温到97℃，完成转化，冷却至室温，过滤。

(2) 丙-苯乳液(回流法)

① 配方(质量份)

苯乙烯	52
丙烯酸丁酯	47
丙烯酸	1
乳化剂(阴离子型)	10
过硫酸铵	0.2
脱离子水	120

② 操作

乳化剂、引发剂和脱离子水全部入釜，使乳化剂、引发剂完全溶解，将全部单体混合均匀，置入高位罐中，将1/10的混合单体放入聚合釜中，加热升温至80℃后，产生回流，开始连续而均匀地滴加单体混合物，两小时加完，待回流有所减弱，升温到95℃保持半小时，冷却至室温，过滤。

丙烯酸共聚乳液的聚合方法大都采用回流法(或称逐步滴加法)。在乳液制造中有时产生

"结渣"问题，或称凝块。乳液中含有少量的结渣还是允许的，但产生大量结渣是不应该的，应加以防止。

8.2.2　乳液的质量检验

每批乳液制成后，应检验外观、黏度、固体含量、残余单体、稀释稳定性等项目。现将质量控制指标列举如下表8-1：

表8-1　乳液质量控制指标

质量指标	聚醋酸乙烯乳液	纯丙浆乳液	丙苯共聚乳液
外观		白色均匀乳状	
固体含量(%)	50	43	48
黏度(mPa·s，25℃)	10 000	1 150	3 000
稀释稳定性(%)	≤3	≤3	≤3
冻融稳定性	5次	5次	5次
残余单体(%)	≤0.5	≤0.5	≤0.5
pH值	4～6	2.7	3.5
最低成膜温度(℃)	10	9	10

1. 黏度

测定黏度的方法常用的有两种，一种是用涂-4黏度杯测定，一种是用旋转黏度计测定。旋转黏度计可以测定出乳液的绝对黏度，即使是黏度很大的或假稠状的乳液也可以直接测定，测定结果用mPa·s表示。用涂-4黏度杯测定黏度大的乳液应先加适当的水将乳液稀释后再测定，测定结果用s表示之。测定方法可参见GB/T 1723—79涂料黏度测定法。

2. 固体份

是指乳液中不挥发物的含量，以重量百分数表示。将大约2 g的聚合物试样放入直径为4 cm的铝盘中，盖上铝盖称重，然后将其置于带有通风装置的烘箱中，于105～120℃下干燥20 min后，称重，计算固体含量。测定温度视聚合物的类型而定。测定方法可参见GB/T 1725—79涂料固体份测定法。

3. 残余单体含量

是指乳液中残留的没有发生聚合反应的单体的含量，以质量百分数表示。残余单体含量是一个非常重要的性质，含量过高时，不但是一种浪费，而且会伤害乳液的稳定性，更重要的是残余单体气味太浓，令人难以忍受，特别是丙烯酸酯类的气味。

单体残余含量，必须控制在0.5%以下，采取脱除单体的方法后，使之控制在0.1%以下完全可能。乳液中残存单体含量越少，贮存稳定性越好，乳液的臭味也小。检验方法有：

(1) 化学分析

将乳液稀释、中和，然后用水蒸气蒸馏，收集一定量的馏出物，用氢氧化钾酒精溶液皂化，再滴定过量的氢氧化钾。也可以应用碘量法测定双键而定量。

(2) 气相色谱法

适宜快速测定残余单体含量,热导池、氢火焰法均适用,以氢火焰法比较准确。

4. 稳定性

(1) 稀释稳定性。用 50 mL 量筒取 40 mL 蒸馏水,加 10 mL 乳液用玻璃棒上下搅均匀,静置 1 小时后应不分层;或用 100 mL 量筒,取 90 mL 蒸馏水,加 10 mL 乳液,用玻璃棒上下搅均匀,静置 24 h 后观察上层清液。

(2) 贮存稳定性。乳液装在玻璃瓶中,置于 50℃的恒温烘箱中,放置两周后观察乳液变化情况。黏度变化可用时间—黏度曲线表示,没有分层现象,外观和黏度随时间无变化的乳液,无疑贮存的稳定性最好。对于贮存稳定性,一般要规定时间,在规定时间内保持不变化,则视为通过。例如:国内外乳液大都规定为一年,大多制备性能良好的乳液可是远远超过这个期限的。

(3) 冻融稳定性。乳液怕冻,更怕冻后融化,冻融后的乳液会破乳,失去使用价值。这是由于冷冻后,介质变化成冰产生强大的冰压,使保护层、双电层破坏造成的。乳液冻融稳定性的通常标准是经受五个冻融循环。乳液在－15℃冷冻 16 h,再移至室温下放置 8 h 作为一个循环。但乙—丙乳胶漆或苯丙乳胶漆例外,规定冻 8 h,融化 16 h 为一个循环。

5. 最低成膜温度(*MFT*)

最低成膜温度是指乳液能够形成完整涂膜的最低温度,以℃表示,可以表明某乳液或乳胶漆对施工环境气温的适应性能。测定方法是用最低成膜温度测定仪,将乳液以一定厚度、均匀地涂在梯度板上,待水分挥发后逐渐成膜,发现一端的膜是透明的,一端的膜是不透明的,其间有一条分界线,此处所指示的温度,就是该乳液的最低成膜温度 *MFT*。

此外还有 pH 值、外观、相容性、粒度及其分布等指标的测定。

8.3 乳胶漆配方设计

8.3.1 概述

任何一种涂料都包括树脂(起黏接作用)、溶剂或水、颜料及填料、助剂四大部分;乳胶漆也不例外,它是由乳液、水、颜填料及助剂等组成。乳胶漆与传统的油漆相比,其区别就在漆基,正是由于漆基的不同产生了一系列区别,如下表 8-2 所示:

表 8-2 传统漆基与乳胶漆系统漆基的区别

项 目	传统漆基	乳胶漆系统漆基
状 态	中相对分子质量聚合物溶液	高相对分子质量水分散液
流变性	牛顿流体	非牛顿流体
黏 度	黏稠状液体	稀薄液体
调 漆	必须用稀释剂稀释	需增稠

（续　表）

项目	传统漆基	乳胶漆系统漆基
颜料润湿性能	易润湿，不需润湿剂	不易润湿，需加分散剂
表面性质	表面张力低，无表面活性剂	表面张力高，有表面活性剂
起泡性	没有泡，不需加消泡剂	需加消泡剂
成膜性	自然膜	粒子变形融合膜

因此为了制得在性能上与传统的油漆相近甚至比其更佳的乳胶漆，在配制时必须添加一系列的助剂，助剂的应用使乳胶漆的组成大为复杂化，溶剂漆配方相对简单，乳胶漆配方则较其复杂。

8.3.2　乳胶漆的组成及其与涂料性能的关系

乳胶漆的组成可归纳如下图8-1，根据实际应用可以得到：①乳液与涂料的生产工艺及其全部性能有关，因此可以说乳液的性能决定了乳胶漆的性能；②基料的其他组成成分增塑剂和成膜助剂可以改性乳液，主要影响涂膜性能；③添加剂只是在较狭窄的范围内与涂料的制造及性能发生联系。如：增稠剂影响涂装性能；分散剂和润湿剂影响颜料的分散效果与涂装作业性；防腐剂和防霉剂影响涂膜的性能；防冻剂影响涂料的贮存稳定性；消泡剂只与涂料制造和施工有关。所以在乳胶漆配制时既要考虑各组分对涂料具体性能的影响，还要考虑各组分之间的相互作用、相互影响，才能得到综合性能优异的乳胶漆产品。

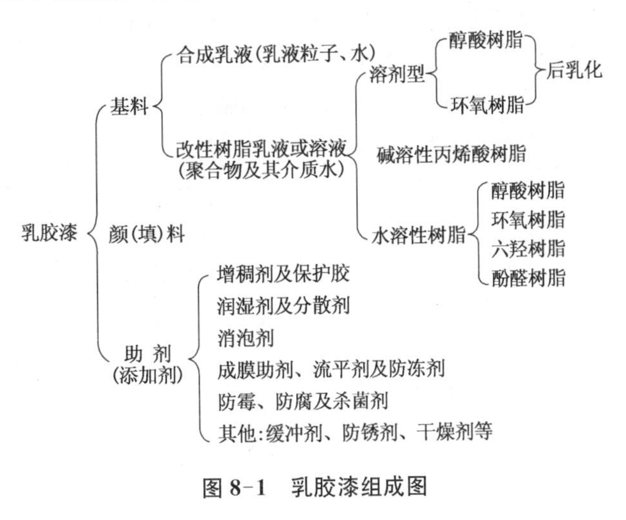

图8-1　乳胶漆组成图

8.3.3　乳胶漆用助剂

1. 增稠剂

增稠剂的加入能增加乳胶漆的黏度，使颜料沉淀慢，且沉淀松散，易于搅拌均匀，防止颜色不均匀，保证涂料的贮存稳定性，在涂刷时可以防止漆膜流挂。常用增稠剂主要有以下几种：

（1）水溶性纤维素衍生物

羟甲基纤维素、甲基纤维素、羧甲纤维素等应用较广泛。此外还有羟丙基纤维素、羟丙基甲基纤维素、羟丁基纤维素、羟乙基纤维素。用量：浓度一般在2%～5%之间。

（2）聚羧酸盐

主要是聚丙烯酸盐、聚甲基丙烯酸盐、顺丁烯二酸盐类。低相对分子质量的盐类用作颜料分散剂；中、高相对分子质量用作增稠剂。

聚丙烯酸盐最大的优点是与乳液的相溶性好，所增稠的乳液容易成膜，涂膜平整且不会被消光，适用有光漆的制备。

(3) 乳液增稠剂也称碱增稠剂

主要品种是丙烯酸型，也就是含丙烯酸或甲基丙烯酸的丙烯酸酯共聚物属于可交联型。这类增稠剂是通过乳液聚合制备的，经加碱后转化成水溶性聚合物，是一种高分子型表面活性剂。可以被乳液粒子所吸附，也可以自身聚集成胶束。

(4) 无机增稠剂

如膨润土、胶态二氧化硅。增稠剂加入后会引起漆膜耐水性下降，同时容易长霉菌，因此尽量少用，并加入适量的防霉剂。使用增稠剂时，一般应用冷水溶解，并控制 pH 值在 7 以上。用热水溶解易结成大块。先配成 2%左右的水溶液，再配入乳胶漆的色浆中一起分散。

2. 润湿剂与分散剂

润湿剂能够降低乳液与固体表面之界面张力，使固体表面易于为乳胶漆所润湿，而分散剂能够润湿固体表面，同时促进固体粒子在乳液中的悬浮。

润湿剂和分散剂的作用是使颜料和填料能很好地分散在乳液中，防止颜料和填料絮凝而引起乳胶漆的沉淀或变稠，同时可以提高乳胶漆的遮盖力、流平性和漆膜表面的平滑性。

常用的润湿剂有：OP-10、Triton GR-5M 和 GR-7M(同一公司)、TAMOL-731 和 SPERSE188-A(美国产)，用量约为总配方量的 1%。

常用的颜料分散剂有：六偏磷酸钠、多聚磷酸钠、多聚磷酸钾、焦磷酸四钙等无机化合物以及聚丙烯酸盐类、聚异丁烯顺丁烯二酸盐类和兰州涂料研究院研制的 SG8001、DR-8701、F-4、F-5、F-501，美国大祥公司生产的 SN-5040 等。用量一般为颜料重量的 0.2%～0.5%，把无机磷酸盐和有机分散剂搭配使用可以得到良好效果。

由于各种颜料和填充料所需润湿分散剂数量不同，应该通过大量的试验工作来确定，决不能单靠计算。分散剂选用是否恰当可通过乳胶漆的贮存稳定性来鉴定。检验方法是将乳胶漆放在 60℃恒温箱中贮存 35 天以后，测定乳胶漆的黏度增长多少。黏度增加越多的说明贮存稳定性越不好。

3. 消泡剂

在乳胶漆生产过程中，因加入较多的表面活性剂又需高速搅拌，因而会产生泡沫，在刷漆施工过程中，也会产生泡沫，使漆膜产生麻坑。加入消泡剂可减缓上述问题的发生。

常用的消泡剂有：磷酸三丁酯、松香醇、水溶性硅油及商品消泡剂(美国产 Nopcon-2 和 NDW 品种，国产 SPA-202)。

4. 成膜助剂

又叫胶体凝结剂或软化剂。加入成膜助剂是为了使乳液树脂颗粒表面软化，以便更好地凝结在一起成膜，从而降低最低成膜温度。待漆膜形成后，其中的成膜助剂就逐渐挥发，漆膜的硬度恢复。另外还可提高耐洗刷性，改善涂刷性能。

常用的成膜助剂有：乙二醇、一缩二乙二醇、乙二醇乙醚、乙二醇丁醚、三乙二醇单丁酯、三乙二醇单丁醚醋酸酯、丁氧乙醇、醋酸乙(丁)氧基乙酯等。

5. 防霉剂(防腐剂)

在乳胶漆中因加有纤维素等易引起霉菌产生的物质，使涂料产生霉变、污染、劣化变质，因此需加入防霉剂。

常用的防霉剂有：五氯酚钠、醋酸苯汞以及低毒型的防霉剂：TBZ（美国）、BCM（德国）等。

6. 其他助剂

（1）防锈剂

为了防止包装铁桶的生锈腐蚀，常在乳胶漆中加入防锈剂。

常用的防锈剂有：苯甲酸钠、亚硝酸钠、硼酸钠等。采用亚硝酸钠/苯甲酸钠（1∶10）二者混合使用效果更好，10%的水溶液，其用量一般为 0.5%左右。但乳胶漆长期贮存还应装入塑料桶中或有防腐涂层的铁桶中。防锈剂只能起到短期防锈作用。

（2）防冻剂

改善乳胶漆低温贮存稳定性。常用的防冻剂有：乙二醇、1，2-丙二醇及二醇醚类等，最常用的是乙二醇。加入防冻剂要因地而异，气温低，空气干燥的地区应适当多加，反之则少加。

（3）流平剂

改善漆膜的流平性能，使漆膜平整光滑。常用的流平剂结合防冻剂一起使用，以 1，2-丙二醇效果最佳。

8.3.4　乳胶漆用颜料

1. 白色颜料

最常用的为钛白和锌钡白。

2. 体质颜料

体质颜料的俗名叫填充料，用在乳胶漆中可以提高稠度，减少沉淀现象，改善涂刷性能，提高漆膜的机械性能。填充料的价格便宜，可以降低产品的成本。选用的填充料需具有较好的耐碱性，制成乳漆液后贮存稳定性要好。常用的填充料有滑石粉、碳酸钙，瓷土等。

3. 彩色颜料

彩包颜料在乳胶中是调色用，使用量较少，但要求具有较好的耐碱性。常用品种有铁红、铁黄，铁黑、氧化铬绿等无机颜料。有机颜料有酞菁蓝，酞菁绿、耐晒黄 G 和 10 G 等，所有彩色颜料都应予先加润湿剂经研磨制成很细的色浆，再加入乳胶漆中调色用。铁蓝、铅铬黄、钼铬红的耐碱性差，不能用在乳胶漆中。

8.3.5　乳胶漆配方设计规范

1. 确定乳胶漆的主体组成—乳液和颜填料

乳胶漆的配方变化基本上是乳液的颜基比和颜料体积浓度（*PVC*）的变化。这两者的选择取决于：施工条件、黏接剂品种、颜料和填料的遮盖力等，如表 8-3 所示。

2. 助剂用量的确定

（1）从属于乳液或乳液中黏结剂的量来确定，如增稠密剂；

（2）从属于颜料、填料的量来确定，如润湿剂、分散剂；

（3）从属于乳胶漆的量来确定，如消泡剂等。

表 8-3　乳胶漆品种颜/基比与 *PVC* 的参考值

乳胶漆品种	颜/基比	*PVC*(%)
有光乳胶漆	1∶0.6～1.1	15～18
石板水泥板用漆	1∶1～1.4	18∶30
木面用漆	1∶1.4～2	30～40
表面、砂浆表面用漆	1∶2～4	40～55
室内墙面漆	1∶4～11	55～80

3. 考虑乳胶漆的总固体分水平

在乳胶漆浓度达到 50%左右的情况下，通常要加入一定量的水把总固体分调到乳胶漆规格范围内。乳胶漆的另一个重要指标是黏度和 pH 值，通常可以加入适量的氨水，把其调到漆的规定范围内。

8.3.6　乳胶漆参考配方

1. 聚醋酸乙烯乳胶漆参考配方(%)

原料名称	配方一	配方二	配方三
聚醋酸乙烯乳液(50%)	42	30	26
钛白	26	10	—
锌钡白	—	10	30
碳酸钙	—	—	12
硫酸钡	—	10	—
滑石粉	8	5	—
瓷土	—	—	7
乙二醇	—	3	2
磷酸三丁酯	—	0.4	0.3
羟乙基纤维素	—	—	0.2
羧甲基纤维素	0.1	0.17	—
聚甲基丙烯酸钠	0.08	—	—
六偏磷酸钠	0.15	0.2	0.3
五氯酚钠	—	0.2	0.2
苯甲酸钠	—	0.17	—
亚硝酸钠	0.3	0.02	—
醋酸苯汞	0.1	—	—
脱离子水	23.27	30.84	22.00

聚醋酸乙烯乳胶漆是适于内用的乳胶漆，干燥后的漆膜是无光的。在这一前提下，通过调整配方组成即可配制成高档、中档、低档的品种。内用乳胶漆的颜料份一般较高，基料与颜料份的比(重量比)可以在 1∶1.5～1∶1.4 的范围内调整。基料(指乳液固体份)较多的，漆膜的

耐水性、耐洗刷性较好。颜料份(包括颜料和填料)较多的，耐水性，耐洗刷性下降。

配方一的白颜料全部是钛白，填料用量少，乳液用量较高，此乳胶漆的遮盖力强，耐洗刷性好，防霉性好，适用于剧院、宾馆、博物馆、医院等要求较高的室内墙面涂装，但售价较高。配方二的白颜料是钛白和锌钡白合用，乳液用量较少，故遮盖力和耐洗刷性较差，适用于旅馆，饭店、办公室墙面涂装，使用量每公斤可刷 4 m^2 左右。配方三的白颜料全部是锌钡白，填料量高，乳液更少，漆的耐水性和耐洗刷性都较差，但价格便宜，适用于民间住宅，厂房，天花板等涂装。

2. 聚丙烯酸酯类乳胶漆——色漆参考配方(质量份)

组分	浅色	较深色	深色
颜料分散剂(40%)	5.5	5.5	5.5
消泡剂	2.0	2.0	2.0
丙二醇	20.0	20.0	20.0
一缩乙二醇甲醚	45.0	45.0	45.0
水	120.0	123.0	200.0
羟乙基纤维素	2.0	2.0	2.0
三聚磷酸钾	1.5	1.5	1.5
氧化硅	213.9	280.4	326.9
凹凸棒土	10.0	10.0	10.0
钛白粉	200.0	100.0	30.0
在高速搅拌机的高速搅拌下分散 20 min 后，在低速下加入下列组分：			
丙烯酸酯乳液	327.1	327.1	327.1
三甲基戊二醇单丁酸酯	8.7	8.7	8.7
十二烯基琥珀酸二苯汞酯	9.0	9.0	9.0
消泡剂	4.0	4.0	4.0
壬基酚多环氧乙烷缩聚醚	10.0	—	—
氨水(28%)	1.6	1.7	1.9
水或 2.5%羟乙基纤维素溶液	163.2	164.5	92.3
合计	1 143.5	1 104.4	1 103.9
颜料体积浓度，%	45	45	45
pH	9.2	9.2	9.2

3. 内外墙乳胶漆参考配方

乳胶漆以内、外墙上用得最多。

(1) 内墙用平光乳胶漆参考配方(质量份)：

组分	质量份	组分	质量份
水	100.0	三甲基戊二醇单异丁酸酯	5.0
三聚磷酸钾	1.0	消泡剂	1.5
溴化醋酸苄酯(90%)(防腐剂)	1.0	防霉剂	4.0
颜料分散剂 25%	4.0	羟乙基纤维素	5.0
非离子型表面活性剂	2.0	乙二醇	25.0
2-氨基-2-甲基丙醇	2.0		

以上各物溶解或混和均匀后，加入以下组分：

钛白粉	250.0	无定形氧化硅	75.0
陶土	200.0	水	81.0

在高速下分散15 min，然后在低速下再加入下列组分：

消泡剂	15.0
水或3%羟乙基纤维素溶液	92.0
醋酸乙烯/丙烯酸酯乳液	232.0(调节黏度)
合计	1 195.5

此配方乳胶漆黏度82～110 KU(斯托默黏度计测黏度)，含固量50%，85°光泽为3～10，刮板细度不小于3级，洗擦性不小于1 000周期，pH约7.5。

(2) 半光外墙乳胶漆参考配方(质量份)：

水	43.1	颜料分散剂(25%)	10.0
丙二醇	10.0	润湿剂	2.0
消泡剂	2.0	二甲基乙醇胺	2.0

混合匀后，加入以下组分：

钛白粉	250.0	微细化高岭土	58.0

用高速分散后，在低速下加入以下组分：

丙烯酸酯乳液(60%)	463.8	三甲基戊二醇单异丁酸酯	14.0
消泡剂	6.0	2-辛基-4-异噻唑啉-3-酮(防霉剂)	2.0
溴化醋酸苄酯(防腐剂)	2.0		
水	30.0	2.5%羟乙基纤维素溶液	142.4
丙二醇	35.0	合计	1 102.3

此漆的颜料体积浓度为25%；黏度75～80 KU；60°光泽为35～45；pH为8.7～9.0。

(3) 白色平光外墙乳胶漆参考配方(质量份)：

水	150.0	氨基甲基丙醇	4.0
三聚磷酸钾	1.5	乙二醇	25.0
颜料分散剂	5.0	羟乙基纤维素预溶解	4.0
润湿剂	2.5	水	100.0
消泡剂	1.5		

混和均匀后加入下列组分：

钛白粉	225.0	三甲基戊二醇单异丁酸酯	7.0
氧化锌	45.0	丙二醇	34.0
云母粉	25.0	溴化醋酸苄酯类防腐剂	1.0
高岭土	149.0	防霉剂	4.0

在高速下分散20 min后，在低速下加入下列组分：

长油豆油醇酸树脂(100%加有催干剂)	21.6		
消泡剂	1.5	水	25.0
丙烯酸酯乳液	312.0	2%羟乙基纤维素溶液	25.0
		合计	1 168.6

此漆的颜料体积浓度为45%；含固量35%；pH 9.2；60°光泽4.0。

8.4　乳胶漆的调制与生产

乳胶漆的制造可以说是各种组成物的混合。颜料和填料进厂后，都是由数百个到数千个一次粒子聚集起来的二次粒子组成的。在与乳液混合的时候，是将颜料的二次粒子还原成一次粒子再混合，还是将二次粒子直接加到乳液中去，导致配制方法的不同。

前一种混合方法叫做研磨着色法，对颜料二次粒子施加大量的机械能，使其先在水中解聚、分散形成色浆，再与基料混合。后一种混合方法叫作干着色法，将颜料二次粒子直接加入到基料中进行搅拌分散。

（1）研磨着色法（色浆法）

其制造工艺流程：颜料分散剂、润湿剂、增稠剂水溶液、水及其他组成物→用搅浆机或捏合机进行预混合→用砂磨机或胶体磨将颜料二次颗粒解聚、分散，调成颜料浆→移到搅浆机中，把加有增稠剂和成膜助剂的乳液加进去进行混合→加水调节黏度→乳胶涂料→过滤→检验包装。

（2）干着色法，将乳液、颜料和添加剂在搅浆机或捏合机中混合制得涂料。用干着色法制漆比色浆法工艺简单，且可以制得高浓度涂料。缺点：颜料分散状态不能达到要求的标准，应用较少。

8.4.1　乳胶漆的制备

乳胶漆的制造过程主要用研磨着色法（色浆法），包括两个部分：色浆的研磨分散和乳胶漆的调配。色浆研磨分散采用高速分散机或砂磨机、球磨机、三辊磨均可，如下图 8-2 为乳胶漆的制备工艺流程。

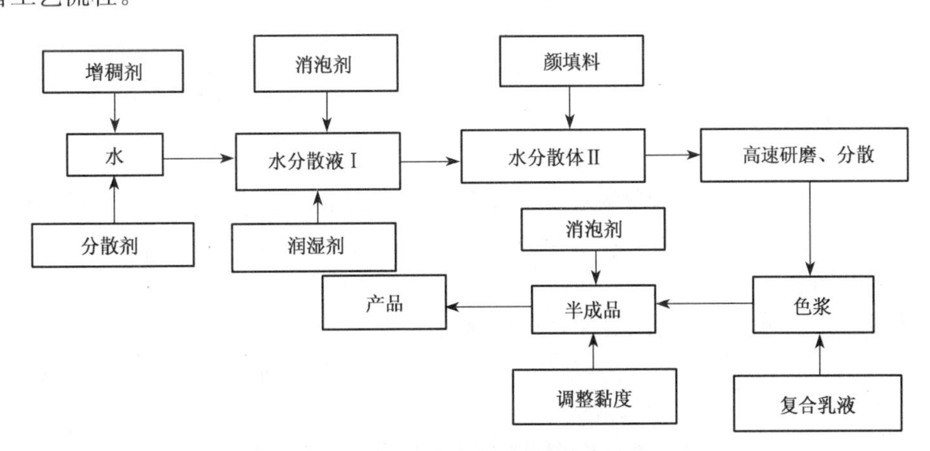

图 8-2　乳胶漆的制备工艺流程

以高速分散机为分散设备制备色浆为例，乳胶漆的制备过程如下：

1. 色浆的研磨分散

（1）配料，按配方要求的数量将所需原料称量准确；

（2）低速分散，将水、增稠剂投入高速分散罐内，低速搅拌，使增稠剂溶解后，再加入其他助剂，搅拌均匀；

（3）高速分散，开动高速搅拌，按先体轻后体重的次序加入颜料、填料和其他粉料，高速搅拌分散到细度合格后，将分散罐夹套通冷却水，使漆浆温度不超过45℃。

2. 乳胶漆的调配

（1）用水预先溶解好的防霉剂、防锈剂等助剂按配方量加入调漆罐内搅拌均匀。

（2）将前面已研磨合格的色浆打入，再加入乳液、消泡剂等，搅拌均匀（有时需用氨水调pH=8～9），取样分析固体分、黏度、pH值。

3. 产品过滤包装

漆液检验合格后，经振动筛过滤，装入贮罐，包装入库。在冬季时乳胶漆应存放在0℃以上的库房内。分散罐、调漆罐、振动筛等设备用后必须进行清洗，清洗水留作调漆用，不能排入下水道，以减少污染。

8.4.2 乳胶漆的生产设备

以下将乳胶漆生产设备的特性做一简单介绍。

（1）乳胶漆生产设备的材质应该采用不锈钢或铝的，输送管道应选用不锈钢或塑料的。以防生锈污染乳胶漆的颜色。

（2）乳胶漆的打浆设备是用砂磨机、高速分散机或胶体磨，目前国内使用最大的高速分散机是100/50马力双速分散机，它的主要规格如下：

电机功率	100/50 HP
电机转速	1 450/720 r/min
电机额定电流	138/101 A
叶轮直径	ϕ508 mm（20 英寸）
叶轮转速	1 022/511 r/min
叶轮升降行程	1 676 mm（66 英寸）
分散罐容量	ϕ1 500 mm×2 000 mm
搅拌轴转动角度	120°

叶轮升降是利用高压油泵，分散罐有水冷夹套，为色浆降温用。

这种分散机每小时可打浆约8吨，生产效率较高；而砂磨机每小时可打浆数百公斤，但砂磨机的研磨细度较好。

（3）调漆机和一般调漆机类似，搅拌轴转速在80～100 r/min，搅拌翅型式一般采用桨式。

8.5 乳胶漆涂装工艺

现代建筑物墙壁主要用混凝土建造，有现浇混凝土、预制混凝土板和加气混凝土板，此外还有混凝土砌块，砖砌块。内部隔墙有石膏板、水泥石棉板和水泥纸浆板、水泥刨花板等材料。

在混凝土板表面及砖砌墙表面大多抹上砂浆，一般砂浆用水泥砂浆和石膏灰泥，白灰灰泥及白灰麻刀灰泥用于中低档建筑。在混凝土板表面直接涂漆，装饰性差，用于非主要房间墙壁。除石膏板及灰泥略呈中性外，其他材质的碱性均很强，且吸水率高。在涂装前必须进行表面处理。

混凝土砂浆及灰泥基层在涂漆前应尽量干燥，含水率一般应小于 8%，pH 值应小于 8。水泥砂浆约在 7～10 d 后，含水率可降至 8%，可以涂刷乳胶漆，灰泥表面则至少需 30 d。

砂浆灰泥基层应做到表面平整，立面垂直（在规定公差内），高档涂装表面偏差应小于 2 mm。对表面的蜂窝、麻面应修补。涂漆前对表面尘土、浮尘、污物应彻底清除。

最佳的涂漆情况是在水泥砂浆等基层的水分挥发后再进行涂漆，如果基层不干，析出的湿气会将基层内部的碱带至表面，而影响装饰表面质量。涂溶剂型漆时通常对砂浆灰泥基层干燥 30～60 d 后进行中和处理，即用 5%硫酸锌水溶液清洗基层表面，中和其碱性，再经清水洗净干燥后，进行涂漆。也可采用有机硅防水剂均匀涂刷在灰泥表面，以防止基层中水分对涂层的破坏。涂乳胶漆可不用中和处理。

8.5.1　砂浆墙壁涂饰乳胶漆施工工艺

通常在基层处理清洁，打磨平整之后，可涂一道乳胶水溶液，作为封底漆。用乳胶腻子嵌补空隙。腻子一般涂刮 2～3 道，先稀后稠，最好不用满刮。每道干后再刮第二道。最好干燥打磨平整。然后用刷涂、滚筒涂或喷涂乳胶漆，一般 2～3 道，视饰面要求质量而定。

8.5.2　涂饰立体花纹涂层的工艺

立体花纹涂层首先在基层表面涂饰基层封闭材料，一般涂 2 道，再涂成型材料，可用滚筒涂或喷涂，膜层较厚，制成立体凸起花纹，根据花纹要求，用橡胶或塑料辊筒压成各种形式。在其干透后，涂饰罩面材料即面漆 2～3 道。面漆有溶剂型和乳胶型不同品种，当前以用氟树脂涂料的户外耐久性最高。立体花纹漆层所用 3 类材料应配套。

8.5.3　涂饰多彩花纹涂层的工艺

过去涂饰多种颜色花纹的涂层是通过装饰工艺来实现，即在一种颜色涂层上采用点喷、喷溅或弹漆等放过涂上另外不同品种颜色的涂料得到多种花纹。现在由于制成多彩花纹涂料，可一次涂饰得到。多彩花纹涂料对环境污染较少的是水包水型涂料，实际上是乳胶漆的一种变形品种，其施工工艺与涂装乳胶漆基本相同，通常是用滚筒涂刷封底漆 1～2 道，再涂乳胶漆 1～2 道，作为中间层，在其表面喷涂多彩花纹面漆，施工时靠喷枪喷嘴和压力影响所得花纹，需要熟练的技术。但比原来方法减少一道工序，节省劳力和财力。

主要参考文献

[1] [美]Zeno W. 威克斯，Frank N. 琼斯，S. Peter 柏巴斯. 有机涂料科学和技术[M]. 北京：化学工业出版社材料科学与工程出版中心，2002.

[2] 顾南君编著. 涂料工艺[M]. 北京：化学工业出版社，1997.

[3] 刘安华编著. 涂料技术导论[M]. 北京：化学工业出版社，2005.

[4] 虞兆年主编. 涂料工艺第二分册(增订本)[M]. 北京：化学工业出版社，1996.

[5] 涂料工艺编委会编. 涂料工艺(第三版)上册[M]. 北京：化学工业出版社，1997.

[6] 陈剑棘. 丙烯酸改性醇酸树脂的合成、应用及发展趋势[J]. 现代涂料与涂装，2012，15(7)：14-16.

[7] 王季昌. 涂料用丙烯酸树脂配方设计及其影响因素[J]. 中国涂料，2010，25(2)：45-48

[8] 朱燕. 丙烯酸树脂市场分析与展望[J]. 黏接，2012，33(11)：31-33.

[9] 李桂林编著. 环氧树脂与环氧涂料[M]. 北京：化学工业出版社，2003.

[10] 姜英涛编著. 涂料基础[M]. 北京：化学工业出版社材料科学与工程出版中心，2004.

[11] 李绍雄，刘益军编. 聚氨酯树脂及其应用[M]. 北京：化学工业出版社，2002.

[12] 闫福安主编. 涂料树脂合成及应用[M]. 北京：化学工业出版社，2008.

[13] 黄元森主编. 新编涂料品种的开发配方与工艺手册[M]. 北京：化学工业出版社，2003

[14] 武利民，李丹，游波. 现代涂料配方设计[M]. 北京：化学工业出版社，2000.

[15] 郑顺兴主编. 涂料与涂装科学技术基础[M]. 北京：化学工业出版社，2007.

[16] 姜佳丽主编. 涂料配方设计[M]. 北京：化学工业出版社，2012.

[17] 仕铭，杜长森，周华. 涂料用颜料与填料[M]. 北京：化学工业出版社，2012.

[18] 洪啸吟，冯汉保编著. 涂料化学(第二版)[M]. 北京：科学出版社，2005.

[19] 林宣益，倪玉萍编著. 涂料用溶剂与助剂[M]. 北京：化学工业出版社，2012.

[20] 虞莹莹主编. 涂料工业用检验方法与仪器大全[M]. 北京：化学工业出版社，2007.

[21] 全国涂料和颜料标准化技术委员会，中国标准出版社第二编辑室编. 涂料工业用原材料检验方法标准汇编(基础通用树脂溶剂助剂卷))[M]. 北京：中国标准出版社，2004.

[22] 沈球旺，刘忠，周荣华. 高固体分丙烯酸氨基烘漆的研制[J]. 上海涂料，2009，47(6)：22-24.

[23] 沈球旺，刘忠，周荣华. 高光泽醇酸氨基汽车面漆的研制[J]. 上海涂料，2009，47(3)：1-4.

[24] 张小琴，樊君凤，周小勇. 高固体分低温超快干氨基烘干磁漆的制备[J]. 中国涂料，2007，22(4)：31-33.

[25] 葛义谦编著. 汽车摩托车涂料与涂装技术[M]. 北京:化学工业出版社,2002.
[26] 蔡柏龄编著. 家电涂料与涂装技术[M]. 北京:化学工业出版社,2002.
[27] 庄光山,李丽,王海庆,等编. 金属表面涂装技术[M]. 北京:化学工业出版社,2010.
[28] 李正仁,李锐,杨涛编著. 金属表面粉末涂装[M]. 北京:化学工业出版社,2010.
[29] 涂伟萍主编. 水性涂料[M]. 北京:化学工业出版社,2006.
[30] 耿耀宗,赵风清主编. 现代水性涂料配方与工艺[M]. 北京:化学工业出版社,2004.
[31] 梁增田主编. 塑料用涂料与涂装(有机涂料与涂装)[M]. 上海:科学技术文献出版社,2006.
[32] 刘登良编. 塑料橡胶涂料与涂装技术[M]. 北京:化学工业出版社,2001.
[33] 封凤芝,封杰南,梁火寿编著. 木材涂料与涂装技术[M]. 北京:化学工业出版社,2008.
[34] 戴信友编著. 家具涂料与涂装技术[M]. 北京:化学工业出版社,2000.
[35] 张玉龙,王喜梅主编. 有机涂料改性技术[M]. 北京:机械工业出版社,2007.
[36] 张玉龙,齐贵亮主编. 水性涂料配方精选[M]. 北京:化学工业出版社,2010.
[37] 王彦为. 聚丙烯酸酯乳酸涂料的制备[J]. 通化师范学院学报,2005,26(4):53-54.
[38] 杨文远. 内外墙乳胶漆原材料的选用[J]. 上海涂料,2012,50(4):45-46.